食品安全微生物检验技术

主　　编　朱军莉
副主编　赵广英　许光治
　　　　　石双妮　黄建锋

浙江工商大学出版社
ZHEJIANG GONGSHANG UNIVERSITY PRESS
·杭州·

图书在版编目(CIP)数据

食品安全微生物检验技术 / 朱军莉主编. — 杭州:
浙江工商大学出版社,2020.3(2021.8 重印)
ISBN 978-7-5178-3579-0

Ⅰ. ①食… Ⅱ. ①朱… Ⅲ. ①食品检验－微生物检定
Ⅳ. ①TS207.4

中国版本图书馆 CIP 数据核字(2019)第 257614 号

食品安全微生物检验技术
SHIPIN ANQUAN WEISHENGWU JIANYAN JISHU

主编 朱军莉　　副主编 赵广英　　许光治　　石双妮　　黄建锋

责任编辑	吴岳婷
责任校对	唐桂礼
封面设计	林朦朦
责任印制	包建辉
出版发行	浙江工商大学出版社
	(杭州市教工路 149 号　邮政编码 310012)
	(E-mail:zjgsupress@163.com)
	(网址:http://www.zjgsupress.com)
	电话:0571-88823703,88831806(传真)
排　　版	杭州朝曦图文设计有限公司
印　　刷	杭州高腾印务有限公司
开　　本	787mm×1092mm　1/16
印　　张	14.5
字　　数	335 千
版 印 次	2020 年 3 月第 1 版　2021 年 8 月第 2 次印刷
书　　号	ISBN 978-7-5178-3579-0
定　　价	49.80 元

序　言

　　浙江工商大学食品与生物工程学院重视专业实践教学是长期坚持的传统,老一辈教师在二十世纪七八十年代为实验课制作的标本、切片、教具等至今仍然留存,老校友常常津津乐道求学时老师们手把手指导实验以及带队实习时与同学们同行、同吃、同住的美好往事。

　　二十一世纪初,随着食品质量与安全(原食品卫生与检验)专业教学改革的进行,实践教学的重要性越发凸显,从之前作为理论教学的补充和辅助,逐步发展为自成一体的知识体系和技能模块,成为课程体系的重要组成部分。针对专业人才的培养,学院设定了"精食品、强检验、善管理"三位一体的目标,经过多年摸索实践,"'技术管理型'食品质量与安全专业人才培养模式的创新及实践"获得了 2005 年国家教学成果二等奖。在之后该成果推广应用的过程中,学院结合自身学科特色和行业发展要求,对食品人才培养目标有增加了时代特征,提出了"精技术、善管理、承商道、求创新"的人才培养新理念,在实践教学方面,以原有的一体化实践训练平台为基础,重构了适应学生个性化发展,整合各方面资源要素的"多阶段、多方向、多能力"的立体化实践教学体系,"'工商融和'的食品类专业人才培养模式创新与实践"荣获 2014 年浙江省教学成果一等奖。

　　基于上述教学成果和实践教学改革的尝试,我院食品工程与质量安全实验教学中心也于 2014 年获批为国家级实验教学示范中心。中心现设"食品工程实验教学""工程教学与实训""食品质量与安全专业实验"等 3 个分中心,面积达 8000 平方米,各类、各层次实验室 20 个,校内外实习基地十余个。中心面向校内多个学院的本科专业开设《食品理化检验实验》《食品感官科学实验》《食品工艺学实验》《水产品加工综合实验》《金工实训》《化工原理实验》等 20 门实验课程,年接纳实验学生 1900 多人,完成 8.3 万实验人时数;同时还实施对社会开放,成为多家中小学的教学对接点。

　　为了提高示范中心的建设水平,更好地发挥示范中心的专业育人作用,结合本学科的优势和特色,经过中心教师的多次研讨,决定编辑出版系列实验指导教材,主要包括《食品产品开发实验技术》《食品质量安全快速检测原理及技术实验手册》《食品安全微生物检验技术》《食品新产品开发虚拟仿真平台指导手册》等。系列教材立足于从基础到专业、从群体到个体、从学校到企业、从学习到创新的"四位一体"立体网络化实验教学体系,涉及《食品理化检验实验》《食品感官科学实验》《食品工艺学实验》《水产品加工综合实验》《金工实训》《化工原理实验》等多门实验课程。实验内容结合学科知识基础、行业技术进展及教师最新科研成果,以单一知识点和单项技能为出发点,将上游与下游的相关实验串联成知识链,将不同的实验课程结成面,促使单独的实验课程或实验项目变成具有内在逻辑关系的项目链和课程群,辅以问题引导、结果反推等教学方法,强化学生知识和技能的系统性、实验设计的主动性,最终完成构建满足学生的共性学习要求和个性化发展要求的教学实验体系,逐步强化学生的科学思维,培养他们的工程思维和系统思维,发展其创新创业的能力。

　　本系列实验教材的编辑出版,是示范中心建设的重要内容,是我校实践教学改革的组成部分,得到了校、院领导的大力支持,相关教师也付出了大量的心血,在此,谨表示由衷感谢!

　　由于时间仓促,教材中不免存在不足甚至错误之处,敬请提出宝贵意见,我们将在后续修订中加以改进。

　　　　　　　　　　　　　　　　　　示范中心执行主任　顾振宇 教授

　　　　　　　　　　　　　　　　　　二〇一七年十二月

国家级食品工程与质量安全实验教学示范中心系列教材编委会

主　任：顾振宇　饶平凡

委　员：（按姓氏笔画排序）

邓少平　陈建设　陈忠秀　孟岳成

顾　青　韩剑众　戴志远

目 录

第一章 食品微生物学检验总则

《食品安全国家标准 食品微生物学检验 总则》(GB 4789.1—2016)(下称《总则》)是我国食品安全微生物标准方法体系中食品微生物检验的通用基础标准。《总则》规定了食品微生物学检验基本原则和要求,明确检验人员、环境与设施、实验设备、检验用品、培养基和试剂、质控菌株六方面微生物检验实验室的基本要求,适用于从事食品微生物学检验的实验室检验人员。本标准遵循国际食品安全风险分析的现代理论,借鉴国家食品卫生法典委员会"高危食品—重要致病菌"组合的风险管理模式,采纳了国际社会普遍认同的先进的分级采样方案。《总则》详细说明了采样方案在我国食品安全标准体系中(致病菌限量标准、产品标准)的微生物指标和限量设置,保证了食品安全国家标准体系的科学性与国际性。

一、范围

本标准规定了食品微生物学检验基本原则和要求。

本标准适用于食品微生物学检验。

二、实验室基本要求

(一)检验人员

1.应具有相应的微生物专业教育或培训经历,具备相应的资质,能够理解并正确实施检验。

2.应掌握实验室生物安全操作和消毒知识。

3.应在检验过程中保持个人整洁与卫生,防止人为污染样品。

4.应在检验过程中遵守相关安全措施的规定,确保自身安全。

5.有颜色视觉障碍的人员不能从事涉及辨色的实验。

(二)环境与设施

1.实验室环境不应影响检验结果的准确性。

2.实验区域应与办公区域明显分开。

3.实验室工作面积和总体布局应能满足从事检验工作的需要,实验室布局宜采用单方向工作流程,避免交叉污染。

4.实验室内环境的温度、湿度、洁净度及照度、噪声等应符合工作要求。

5.食品样品检验应在洁净区域进行,洁净区域应有明显标示。

6.病原微生物分离鉴定工作应在二级或以上生物安全实验室进行。

（三）实验设备

1.实验设备应满足检验工作的需要,常用设备见表1-1、常用设备的工作原理见表1-2所示。

2.实验设备应放置于适宜的环境条件下和便于维护、清洁、消毒与校准,并保持整洁与良好的工作状态。

3.实验设备应定期进行检查和/或检定(加贴标识)、维护和保养,以确保工作性能和操作安全。

4.实验设备应有日常监控记录或使用记录。

表 1-1 微生物实验室常用设备和检验用品

类别	用途	仪器名称
设备	称量	天平
	消毒灭菌	干烤/干燥设备、高压灭菌、过滤除菌、紫外线等
	培养基制备	pH 计
	样品处理	均质器(剪切式或拍打式均质器)、离心机等
	稀释	移液器、吸管
	培养	恒温培养箱、恒温水浴等
	镜检计数	显微镜、放大镜、游标卡尺等
	冷藏冷冻	冰箱、冷冻柜等
	生物安全设备	生物安全柜、超净工作台
检验用品	常规检验	接种环(针)、酒精灯、镊子、剪刀、药匙、消毒棉球、硅胶(棉)塞、吸管、吸球、试管、平皿、锥形瓶、微孔板、广口瓶、量筒、玻棒及 L 形玻棒、pH 试纸、记号笔、均质袋等
	现场采样检验	无菌采样容器、棉签、涂抹棒、采样规格板、转运管等

表 1-2 食品微生物实验主要设备的工作原理

设备		工作原理
高压蒸汽灭菌锅		高压蒸汽灭菌锅利用高压饱和蒸汽穿透力强,可杀灭包括芽孢在内的所有微生物的原理,成为热力消毒灭菌效果最有效,一旦温度超过它的上限,其蛋白质、酶及核酸就会遭到永久性的破坏,微生物也会随之发生不可逆的死亡。因此,高压蒸汽灭菌器适用于培养基、稀释液等在高温和湿热条件下不发生或损坏的物质灭菌
鼓风干燥箱		用于玻璃器皿等器具的干燥、消毒和灭菌,不适用于培养基和稀释液等样品的灭菌
生物安全柜		生物安全柜是由特殊气流组织结构、高效空气过滤器、风机压力系统和必要的在线仪表等组成的一种负压箱式结构的安全设备。使用该设备可用来保护操作者、实验环境、实验对象,以免在操作具有传染性的实验材料时可能产生的传染性气溶胶和溅出,是实验室生物安全中一级防护屏障中最基本的安全防护设备

设备		工作原理
超净 工作台		超净工作台原理是在特定空间内,室内空气经预过滤器初滤,由小型离心风机压入静压箱,再经空气高效过滤器二级过滤,从空气高效过滤器出风面吹出的洁净气流具有一定的和均匀的断面风速,可以排除工作区原来的空气,将尘埃颗粒和生物颗粒带走,以形成无菌的高洁净的工作环境
生化 培养箱		生化培养箱同时装有电热丝和压缩机,具有制冷和加热双向调温系统,温度可控,可适应范围很大,一年四季均可保持在恒定温度,是细菌、霉菌等微生物培养、保存、育种试验的专用恒温设备
光学 显微镜		显微镜由机械装置和光学系统两部分组成,其中光学系统主要包括物镜、目镜、反光镜和聚光器四个部件。它是一种光学显微镜结构,精密的光学仪器主要是对各类微生物的形态观察和结构研究
拍打式 均质机		拍打式均质器广泛应用于食品微生物分析,用于多种肉、鱼、蔬菜、水果等固体组织均质。将固体样品和稀释液加入到无菌的样品袋中,然后将样品袋放入拍打式均质器中即可完成样品的处理。处理后的样品溶液可以直接进行取样和培养,减少交叉污染的危险
离心机		离心机是利用离心力,分离液体与固体颗粒或液体与液体的混合物中各组分的机械
PCR 仪		PCR 是利用 DNA 聚合酶对特定基因做体外大量合成,基本上它是利用 DNA 聚合酶进行专一性的连锁复制。PCR 仪能利用升温使 DNA 变性,在聚合酶的作用下使单链复制成双链,进而达到基因复制的目的,可以将一段基因复制为原来的一百亿至一千亿倍
真空冷冻 干燥机		真空冷冻干燥机原理是将含水物品预先冻结,然后将其水分在真空状态下升华而获得干燥物品的一种技术方法。经冷冻干燥处理的物品易于长期保存,加水后能恢复到冻干前的状态并保持原有的生化特性。可用于热敏物质如抗菌素、疫苗和微生物菌种制备
超低 温冰箱		超低温冰箱用于保存血浆、生物材料、疫苗、试剂、生物制品、化学试剂、菌种、生物样本等要求低温保存的物质

(四)检验用品

1. 检验用品应满足微生物检验工作的需求,常用检验用品见表 1-1。

2. 检验用品在使用前应保持清洁和/或无菌,并保证无抑菌物质存在。

3.需要灭菌的检验用品应放置在特定容器内或用合适的材料(如专用包装纸、铝箔纸等)包裹或加塞,应保证灭菌效果。

4.检验用品的储存环境应保持干燥和清洁,已灭菌与未灭菌的用品应分开存放并明确标识。

5.灭菌检验用品应记录灭菌的温度与持续时间及有效使用期限。

(五)培养基和试剂

食品微生物的常规培养检验中,使用多种不同培养基和试剂对微生物进行分离、培养、鉴定、保藏和(或)对各种微生物进行计数。因此,培养基及试剂的质量对保证实验结果的准确性、科学性具有重要的意义。随着科技的进步和发展,培养基和试剂逐步进入商品化、标准化的大规模生产,适宜的培养基制备方法、贮藏条件和质量控制试验显得尤为重要。因此,国家卫计委依据国内外的相关标准对 GB 4789.28 进行了编制与修订,并于 2013 年颁布了《食品安全国家标准 食品微生物学检验 培养基和试剂的质量要求》(GB 4789.28)。该标准对食品微生物检验中使用的培养基的制备、性能测试方法、质量评价指标作出了量化要求,从而建立了对培养基质量控制的标准流程,为确保食品微生物实验的质量提供必要的保证。

1.培养基及其分类

培养基是指液体、半固体或固体形式的、含天然或合成成分,用于保证微生物繁殖(含或不含某类微生物的抑菌剂)、鉴定或保持其活力的物质。常见培养基的分类和作用如表1-3 所示。

2.培养基及试剂质量保证

(1)证明文件。

①生产企业提供的文件。

生产企业应提供以下资料(可提供电子文本):

——培养基或试剂的各种成分、添加成分名称及产品编号;

——批号;

——最终 pH(适用于培养基);

——储存信息和有效期;

——标准要求及质控报告;

——必要的安全和(或)危害数据。

②产品的交货验收。

对每批产品,应记录接收日期,并检查:

——产品合格证明;

——包装的完整性;

——产品的有效期;

——文件的提供。

(2)贮存。

①一般要求:应严格按照供应商提供的贮存条件、有效期和使用方法进行培养基和试剂的保存和使用。

表 1-3　培养基的分类和作用

分类	培养基种类	培养基组成和作用	典型培养基
按营养物质	天然培养基	由化学成分不完全明了的天然物质组成	—
	合成培养基	全部由已知化学成分的物质组成	—
	半合成培养基	由不明化学成分的天然物质和已知化学成分的物质组成	—
按物理性状	液体培养基	不含凝固剂,利于菌体的快速繁殖、代谢和积累产物	LB培养基
	流体培养基	含 0.05%~0.07% 琼脂粉,可降低空气中氧进入培养基的速度,利于一般厌氧菌的生长繁殖	—
	半固体培养基	含 0.2%~0.8% 琼脂粉,多用于细菌的动力观察、菌种传代保存及贮运细菌标本材料。	—
	固体培养基	含 1.5%~2% 琼脂粉,用于细菌的分离、鉴定、菌种保存等。	营养琼脂
按功能	运输培养基	在取样后和实验室处理前,保护和维持微生物活性且不允许明显增殖的培养基	缓冲甘油-氯化钠溶液
	保存培养基	用于在一定期限内保护和维持微生物活力,防止长期保存对其不利影响,或使其在长期保存后容易复苏的培养基。	营养琼脂斜面
	复苏培养基	能够使受损或应激的微生物修复,使微生物恢复正常生长能力,但不一定促进微生物繁殖的培养基	—
	增菌培养基	大多为液体培养基,能够给微生物的繁殖提供较适当的生长环境,分为选择性增菌培养基和非选择性增菌培养基。	TTB培养基和营养肉汤
	分离培养基	支持微生物生长的固体或半固体培养基。分为选择性分离培养基和非选择性分离培养基。	XLD琼脂和营养琼脂
	鉴别培养基	能够进行一项或多项微生物生理和生化特性鉴定试验的培养基。	麦康凯琼脂
	鉴定培养基	能够产生一个特定的鉴定反应而通常不需要进一步确证实验的培养基。	乳糖发酵管

②脱水合成培养基及其添加成分的质量管理和质量控制:脱水合成培养基一般为粉状或颗粒状形式包装于密闭的容器中。用于微生物选择或鉴定的添加成分通常为冻干物或液体。培养基的购买应有计划,以利于存货的周转(即掌握先购先用的原则)。实验室应保存有效的培养基目录清单,清单应包括以下内容:

——容器密闭性检查;

——记录首次开封日期;

——内容物的感官检查。

开封后的脱水合成培养基,其质量取决于贮存条件。通过观察粉末的流动性、均匀性、结块情况和色泽变化等判断脱水培养基的质量的变化。若发现培养基受潮或物理性状发生明显改变则不应再使用。

③商品化即用型培养基和试剂:应严格按照供应商提供的贮存条件、有效期和使用方法进行保存和使用。

④实验室自制的培养基:在保证其成分不会改变的条件下保存,即避光、干燥保存,必

要时在(5±3)℃冰箱中保存,通常建议平板不超过2~4周,瓶装及试管装培养基不超过3至6个月,除非某些标准或实验结果表明保质期比上述的更长。

建议需在培养基中添加的不稳定的添加剂应即配即用,除非某些标准或实验结果表明保质期更长;含有活性化学物质或不稳定性成分的固体培养基也应即配即用,不可二次融化。

培养基的贮存应建立经验证的有效期。观察培养基是否有颜色变化、蒸发(脱水)或微生物生长的情况,当培养基发生这类变化时,应禁止使用。

培养基使用或再次加热前,应先取出平衡至室温。

(3)培养基的实验室制备。

①一般要求。

正确制备培养基是微生物检验的最基础步骤之一,使用脱水培养基和其他成分,尤其是含有有毒物质(如胆盐或其他选择剂)的成分时,应遵守良好实验室规范和生产厂商提供的使用说明。培养基的不正确制备会导致培养基出现质量问题。

使用商品化脱水合成培养基制备培养基时,应严格按照厂商提供的使用说明配制。如重量(体积)、pH、制备日期、灭菌条件和操作步骤等。

实验室使用各种基础成分制备培养基时,应按照配方准确配制,并记录相关信息,如:培养基名称和类型及试剂级别、每个成分物质含量、制造商、批号、pH、培养基体积(分装体积)、无菌措施(包括实施的方式、温度及时间)、配置日期、人员等,以便溯源。

②水。

实验用水的电导率在25℃时不应超过25 μS/cm(相当于电阻率≥0.4 MΩcm),除非另有规定要求。水的微生物污染不应超过 10^3 CFU/mL。应按 GB 4789.2,采用平板计数琼脂培养基,在(36±1)℃培养(48±2)h进行定期检查微生物污染。

③称重和溶解。

小心称量所需量的脱水合成培养基(必要时佩戴口罩或在通风柜中操作,以防吸入含有有毒物质的培养基粉末),先加入适量的水,充分混合(注意避免培养基结块),然后加水至所需的量后适当加热,并重复或连续搅拌使其快速分散,必要时应完全溶解。含琼脂的培养基在加热前应浸泡几分钟。

④pH的测定和调整。

用 pH 计测 pH,必要时在灭菌前进行调整,除特殊说明外,培养基灭菌后冷却至25℃时,pH 应在标准 pH±0.2 范围内。一般使用浓度约为 40 g/L(约 1 mol/L)的氢氧化钠溶液或浓度约为 36.5 g/L(约 1 mol/L)的盐酸溶液调整培养基的 pH。如需灭菌后进行调整,则使用灭菌或除菌的溶液。

⑤分装。

将配好的培养基分装到适当的容器中,容器的体积应比培养基体积最少大20%。

⑥灭菌。

A.一般要求。

培养基应采用湿热灭菌法或过滤除菌法。

某些培养基不能或不需要高压灭菌,可采用煮沸灭菌,如 SC 肉汤等特定的培养基中含有对光和热敏感的物质,煮沸后应迅速冷却,避光保存;有些试剂则不需灭菌,可直接使用。

B.湿热灭菌。

湿热灭菌在高压锅或培养基制备器中进行,高压灭菌一般采用(121±3)℃灭菌15 min,具体培养基按食品微生物学检验标准中的规定进行灭菌。培养基体积不应超过1000 mL,否则灭菌时可能会造成过度加热。所有的操作应按照标准或使用说明的规定进行。

灭菌效果的控制是关键问题。加热后采用适当的方式冷却,以防加热过度。这对于大容量和敏感培养基十分重要,例如含有煌绿的培养基。

C.过滤除菌。

过滤除菌可在真空或加压的条件下进行。使用孔径为 0.2 μm 的无菌设备和滤膜。消毒过滤设备的各个部分或使用预先消毒的设备。一些滤膜上附着有蛋白质或其他物质(如抗生素),为了达到有效过滤,应事先将滤膜用无菌水润湿。

D.检查。

应对经湿热灭菌或过滤除菌的培养基进行检查,尤其要对 pH、色泽、灭菌效果和均匀度等指标进行检查。

E.添加成分的制备。

制备含有有毒物质的添加成分(尤其是抗生素)时应小心操作(必要时在通风柜中操作),避免因粉尘的扩散造成实验人员过敏或发生其他不良反应;制备溶液时应按产品使用说明操作。不要使用过期的添加剂;抗生素工作溶液应现用现配;批量配制的抗生素溶液可分装后冷冻贮存,但解冻后的贮存溶液不能再次冷冻;厂商应提供冷冻对抗生素活性影响的有关资料,也可由使用者自行测定。

(4)培养基的使用。

①琼脂培养基的融化。

将培养基放到沸水浴中或采用有相同效果的方法(如高压锅中的层流蒸汽)使之融化。经过高压的培养基应尽量减少重新加热时间,融化后避免过度加热。融化后应短暂置于室温中(如 2 min)以避免玻璃瓶破碎。

融化后的培养基放入 47~50 ℃的恒温水浴锅中冷却保温(可根据实际培养基凝固温度适当提高水浴锅温度),直至使用,培养基达到 47~50 ℃的时间与培养基的品种、体积、数量有关。融化后的培养基应尽快使用,放置时间一般不应超过 4 h。未用完的培养基不能重新凝固留待下次使用。敏感的培养基尤应注意,融化后保温时间应尽量缩短,如有特定要求可参考指定的标准。倾注到样品中的培养基温度应控制在约 45 ℃左右。

②培养基的脱氧。

必要时,将培养基在使用前放到沸水浴或蒸汽浴中加热 15 min;加热时松开容器的盖子;加热后盖紧,并迅速冷却至使用温度(如 FT 培养基)。

③添加成分的加入。

对热不稳定的添加成分应在培养基冷却至 47~50 ℃时再加入。无菌的添加成分在加入前应先放置到室温,避免冷的液体造成琼脂凝结或形成片状物。将加入添加成分的培养基缓慢充分混匀,尽快分装到待用的容器中。

④平板的制备和储存。

倾注融化的培养基到平皿中,使之在平皿中形成厚度至少为 3 mm(直径 90 mm 的平皿,通常要加入 18～20 mL 琼脂培养基)。将平皿盖好皿盖后放到水平平面使琼脂冷却凝固。如果平板需储存,或者培养时间超过 48 h 或培养温度高于 40 ℃,则需要倾注更多的培养基。凝固后的培养基应立即使用或存放于暗处和(或)(5±3)℃冰箱的密封袋中,以防止培养基成分的改变。在平板底部或侧边做好标记,标记的内容包括名称、制备日期和(或)有效期。也可使用适宜的培养基编码系统进行标记。

将倒好的平板放在密封的袋子中冷藏保存可延长储存期限。为了避免冷凝水的产生,平板应冷却后再装入袋中。储存前不要对培养基表面进行干燥处理。

对于采用表面接种形式培养的固体培养基,应先对琼脂表面进行干燥:揭开平皿盖,将平板倒扣于烘箱或培养箱中(温度设为 25～50 ℃);或放在有对流的无菌净化台中,直到培养基表面的水滴消失为止。注意不要过度干燥。商品化的平板琼脂培养基应按照厂商提供的说明使用。

(5)培养基的弃置。

所有污染和未使用的培养基的弃置应采用安全的方式,并且要符合相关法律法规的规定。

3.培养基和试剂的其他内容

参考 GB 4789.28。

(六)质控菌株

1.实验室应保存能满足实验需要的标准菌株。

2.应使用微生物菌种保藏专门机构或专业权威机构保存的、可溯源的标准菌株。

3.标准菌株的保存、传代按照 GB 4789.28 的规定执行。

4.对实验室分离菌株(野生菌株),经过鉴定后,可作为实验室内部质量控制的菌株。

三、样品的采集

(一)采样原则

1.样品的采集应遵循随机性、代表性的原则。

2.采样过程遵循无菌操作程序,防止一切可能的外来污染。

(二)采样方案

1.根据检验目的、食品特点、批量、检验方法、微生物的危害程度等确定采样方案。

2.采样方案分为二级和三级采样方案。二级采样方案设有 n、c 和 m 值,三级采样方案设有 n、c、m 和 M 值。

n:同一批次产品应采集的样品件数。

c:最大可允许超出 m 值的样品数。

m:微生物指标可接受水平限量值(三级采样方案)或最高安全限量值(二级采样方案)。

M:微生物指标的最高安全限量值。

注1:按照二级采样方案设定的指标,在 n 个样品中,允许有 $\leqslant c$ 个样品其相应微生物指标检验值大于 m 值。

注2:按照三级采样方案设定的指标,在 n 个样品中,允许全部样品中相应微生物指标检验值小于或等于 m 值;允许有 $\leqslant c$ 个样品其相应微生物指标检验值在 m 值和 M 值之间;不允许有样品相应微生物指标检验值大于 M 值。

例如: $n=5$, $c=2$, $m=100$ CFU/g, $M=1000$ CFU/g。含义是从一批产品中采集5个样品,若5个样品的检验结果均小于或等于 m 值($\leqslant100$ CFU/g),则这种情况是允许的;若 $\leqslant2$ 个样品的结果(x)位于 m 值和 M 值之间(100 CFU/g $<x\leqslant1000$ CFU/g),则这种情况也是允许的;若有3个及以上样品的检验结果位于 m 值和 M 值之间,则这种情况是不允许的;若有任一样品的检验结果大于 M 值(>1000 CFU/g),则这种情况也是不允许的。

3.各类食品的采样方案按食品安全相关标准的规定执行,食品中致病菌限量见本章附录。

4.食品安全事故中食品样品的采集:

(1)由批量生产加工的食品污染导致的食品安全事故,食品样品的采集和判定原则按2和3执行。重点采集同批次食品样品。

(2)由餐饮单位或家庭烹调加工的食品导致的食品安全事故,重点采集现场剩余食品样品,以满足食品安全事故病因判定和病原确证的要求。

(三)各类食品的采样方法

1.预包装食品

(1)应采集相同批次、独立包装、适量件数的食品样品,每件样品的采样量应满足微生物指标检验的要求。

(2)独立包装小于、等于1000 g的固态食品或小于、等于1000 mL的液态食品,取相同批次的包装。

(3)独立包装大于1000 mL的液态食品,应在采样前摇动或用无菌棒搅拌液体,使其达到均质后采集适量样品,放入同一个无菌采样容器内作为一件食品样品;大于1000 g的固态食品,应用无菌采样器从同一包装的不同部位分别采取适量样品,放入同一个无菌采样容器内作为一件食品样品。

2.散装食品或现场制作食品

用无菌采样工具从 n 个不同部位现场采集样品,放入 n 个无菌采样容器内作为 n 件食品样品。每件样品的采样量应满足微生物指标检验单位的要求。

(四)采集样品的标记

应对采集的样品进行及时、准确的记录和标记,内容包括采样人、采样地点、时间、样品名称、来源、批号、数量、保存条件等信息。

(五)采集样品的贮存和运输

1.应尽快将样品送往实验室检验。

2.应在运输过程中保持样品完整。

3.应在接近原有贮存温度条件下贮存样品,或采取必要措施防止样品中微生物数量的变化。

四、检验

(一)样品处理

1.实验室接到送检样品后应认真核对登记,确保样品的相关信息完整并符合检验要求。

2.实验室应按要求尽快检验。若不能及时检验,应采取必要的措施,防止样品中原有微生物因客观条件的干扰而发生变化。

3.各类食品样品处理应按相关食品安全标准检验方法的规定执行。

(二)样品检验

按食品安全相关标准的规定进行检验。

五、生物安全与质量控制

(一)实验室生物安全要求

应符合 GB 19489 的规定。

根据对所操作生物因子采取的防护措施,将实验室生物安全生物防护水平分为一级(Bio-safety level,BSL-1)、二级(BSL-2)、三级(BSL-3)和四级(BSL-4)。其中 BSL-1 防护水平最低,BSL-4 防护水平最高。

1.BSL-1 实验室适用于操作在通常情况下不会引起人类或者动物疾病的微生物。

2.BSL-2 实验室适用于操作能够引起人类或者动物疾病,但一般情况下对人、动物或者环境不构成严重危害、传播风险有限、实验室感染后很少引起严重疾病,并且具备有效治疗和预防措施的微生物。

3.BSL-3 实验室适用于操作能够引起人类或者动物严重疾病,比较容易直接或间接在人与人、动物与人,动物与动物间传播的微生物。

4.BSL-4 实验室适用于操作能够引起人类或者动物非常严重疾病的微生物,以及我国尚未发现或者已经宣布消灭的微生物。

(二)质量控制

1.实验室应根据需要设置阳性对照、阴性对照和空白对照,定期对检验过程进行质量控制。

2.实验室应定期对实验人员进行技术考核。

六、记录与报告

(一)记录

检验过程中应即时、客观记录观察到的现象、结果和数据等信息。

(二)报告

实验室应按照检验方法中规定的要求,准确、客观地报告检验结果。

七、检验后样品的处理

1.检验结果报告后,被检样品方能处理。

2.检出致病菌的样品要经过无害化处理。

3.检验结果报告后,剩余样品和同批产品不进行微生物项目的复检。

【附录】

表 1-4　食品中致病菌限量（GB 29921—2013）

食品类别	致病菌指标	采样方案及限量（若非指定，均以/25g 或/25 mL 表示）				检验方法	备注
		n	c	m	M		
肉制品 熟肉制品 即食生肉制品	沙门氏菌	5	0	0	—	GB 4789.4	
	单增李斯特菌[a]	5	0	0	—	GB 4789.30	—
	金黄色葡萄球菌	5	1	100 CFU/g	1000 CFU/g	GB 4789.30 第二法	
	大肠杆菌 O157:H7	5	0	0	—	GB 4789.36	b
水产制品 熟肉水产品 即食生制水产品即 食藻类制品	沙门氏菌	5	0	0	—	GB 4789.4	
	副溶血性弧菌	5	1	100 MPN/g	1000 MPN/g	GB 4789.7	—
	金黄色葡萄球菌	5	1	100 CFU/g	1000 CFU/g	GB 4789.30 第二法	
即食蛋制品	沙门氏菌	5	0	0	—	GB 4789.4	—
粮食制品 熟制粮食制品（含焙 烤类） 熟制带馅(料)面米制品 方便面米制品	沙门氏菌	5	0	0	—	GB 4789.4	
	金黄色葡萄球菌	5	1	100 CFU/g	1000 CFU/g	GB 4789.30 第二法	
即食豆类制品 发酵豆制品 非发酵豆制品	沙门氏菌	5	0	0	—	GB 4789.4	
	金黄色葡萄球菌	5	1	100 CFU/g	1000 CFU/g	GB 4789.30 第二法	
巧克力类及可可制品	沙门氏菌	5	0	0	—	GB 4789.4	—
即食果蔬制品（含酱 腌菜类）	沙门氏菌	5	0	0	—	GB 4789.4	
	金黄色葡萄球菌	5	1	100 CFU/g	1000 CFU/g	GB 4789.30 第二法	
	大肠杆菌 O157:H7	5	0	0	—	GB 4789.36	c
饮料（包装饮用水、 碳酸饮料除外）	沙门氏菌	5	0	0	—	GB 4789.4	
	金黄色葡萄球菌	5	1	100 CFU/g	1000 CFU/g	GB 4789.30 第二法	
冷冻饮品 冰激凌类、雪糕（泥） 类、食用冰、冰棍类	沙门氏菌	5	0	0	—	GB 4789.4	
	金黄色葡萄球菌	5	1	100 CFU/g	1000 CFU/g	GB 4789.30 第二法	
即食调味品 酱油、酱及酱制品 水产品调味品 复合调味料（沙拉酱 等）	沙门氏菌	5	0	0	—	GB 4789.4	
	金黄色葡萄球菌	5	1	100 CFU/g	1000 CFU/g	GB 4789.30 第二法	
	副溶血性弧菌	5	1	100 MPN/g	1000 MPN/g	GB 4789.7	d
坚果籽实制品 坚果及籽类的泥（酱） 腌制果仁类	沙门氏菌	5	0	0	—	GB 4789.4	—

注 1：食品类别用于界定致病菌限量的适用范围，仅适用于本标准。

注 2：n 为同一批次产品应采集的样品件数；c 为最大可允许超出 m 值的样品数；m 为致病菌指标可接受水平的限量值；M 为致病菌指标的最高安全限量值。

a. 单核细胞增生李斯特菌；b. 仅适用于牛肉制品；c. 仅适用于生食果蔬制品；d. 仅适用于水产调味品。

第二章　食品微生物指示菌检验

检验一　食品中菌落总数测定

一、教学目的

1.学习平板计数法测定食品中菌落总数的原理。

2.掌握食品中菌落总数的测定方法。

3.了解菌落总数测定在食品卫生学/安全性评价中的意义。

二、基本原理

菌落(colony)是指细菌在固体培养基上无性分裂繁殖形成肉眼可见的群体。

菌落总数(Aerobic plate count)指食品检样经过处理,在一定条件下(如培养基、培养温度和培养时间等)培养后,所得每 g(mL,cm^2)检样中形成的微生物菌落总数。通常以 CFU/g(mL,cm^2)表示,CFU 代表 colony-forming units,为菌落形成单位。

平板菌落计数法是最常用的一种活菌计数法。微生物在高度稀释条件下于固体培养基上发育而形成的能被肉眼识别的细菌集落的总数,每个菌落是由一个单细胞由数以万计的形同细菌繁殖而成。不同细菌的营养要求和培养条件各异,而不能满足生长条件的微生物,如厌氧或微需氧微生物、有特殊营养要求的微生物等均不是本方法的计数范围。本方法所检测的菌落总数实际上只包括一群在平板计数琼脂培养基发育、嗜中温的需氧或兼性厌氧菌的菌落总数,而并不表示实际样品中的所有微生物总数。此外,菌落总数并不能区分样品中细菌的种类,因此有时候称为杂菌数、需氧菌数等。

菌落总数测定是作为判定食品样品被微生物污染的程度及卫生质量,通常卫生程度越好的食品,单位样品菌落总数越低;反之,菌落总数就越高。此检测结果也反映细菌在食品中的繁殖动态,在一定程度上标志着食品样品在生产、运输、储存等环节卫生质量的优劣。菌落总数测定也判断食品样品的灭菌效果,为被检食品进行卫生学评价时提供依据。

我国食品中菌落总数测定依据《食品安全国家标准　食品微生物学检验　菌落总数测定》(GB 4789.2—2016)进行。

三、检验设备和试剂

(一)主要设备

无菌手术剪、镊子、试剂勺、冰箱、电子天平(感量0.1 g)、恒温培养箱(36 ℃±1 ℃、30 ℃

±1℃)、恒温水浴箱(46℃±1℃)、电子天平、均质器、振荡器、无菌培养皿(直径90 mm)、放大镜或/和菌落计数器、均质袋等。

(二)稀释液和培养基

平板计数琼脂(Plate Count Agar,PCA)、磷酸缓冲溶液等,见本检验附录。

四、检验程序

菌落总数的检验程序见图2-1所示。

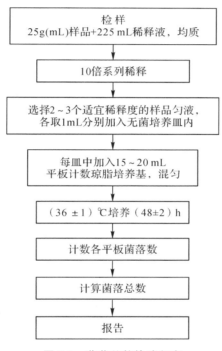

图 2-1　菌落总数检验程序

五、检验步骤

(一)样品的稀释

1.固体和半固体样品:称取 25 g 样品置盛有 225 mL 磷酸盐缓冲液或生理盐水的无菌均质杯内,8000～10000 r/min 均质 1～2 min,或放入盛有 225 mL 稀释液的无菌均质袋中,用拍击式均质器拍打 1～2 min,制成 1∶10 的样品匀液。

2.液体样品:以无菌吸管吸取 25 mL 样品置盛有 225 mL 磷酸盐缓冲液或生理盐水的无菌锥形瓶(瓶内预置适当数量的无菌玻璃珠)中,充分混匀,制成 1∶10 的样品匀液。

3.用 1 mL 无菌吸管或微量移液器吸取 1∶10 样品匀液 1 mL,沿管壁缓慢注于盛有 9 mL稀释液的无菌试管中(注意吸管或吸头尖端不要触及稀释液面),振摇试管或换用1支无菌吸管反复吹打使其混合均匀,制成 1∶100 的样品匀液。

4.按 3 操作,制备 10 倍系列稀释样品匀液。每递增稀释一次,换用 1 次 1 mL 无菌吸管或吸头。

5.根据对样品污染状况的估计,选择 2～3 个适宜稀释度的样品匀液(液体样品可包括原液),在进行 10 倍递增稀释时,吸取 1 mL 样品匀液于无菌平皿内,每个稀释度做两个平皿。同时,分别吸取 1 mL 空白稀释液加入两个无菌平皿内作空白对照。

6.及时将 15～20 mL 冷却至 46 ℃的平板计数琼脂培养基(可放置于(46±1)℃恒温水浴箱中保温)倾注平皿,并转动平皿使其混合均匀。样品稀释和倾注平板的操作流程见图 2-2。

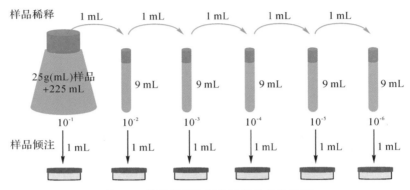

图 2-2　样品稀释和倾注平板的操作流程

(二)培养

1.待琼脂凝固后,将平板翻转,(36±1)℃培养(48±2)h。水产品(30±1)℃培养72 h±3 h。

2.如果样品中可能含有在琼脂培养基表面弥漫生长的菌落时,可在凝固后的琼脂表面覆盖一薄层琼脂培养基(约 4 mL),凝固后翻转平板,进行培养。猪肉样品的菌落见图 2-3。

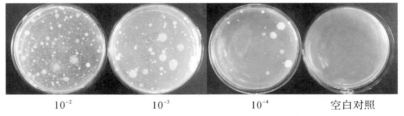

图 2-3　猪肉样品在平板计数琼脂上的菌落

(三)菌落计数

1.可用肉眼观察,必要时用放大镜或菌落计数器,记录稀释倍数和相应的菌落数量。菌落计数以菌落形成单位(Colony-Forming Units,CFU)表示。

2.选取菌落数在 30～300 CFU 之间、无蔓延菌落生长的平板计数菌落总数。低于 30 CFU 的平板记录具体菌落数,大于 300 CFU 的可记录为多不可计。每个稀释度的菌落数应采用两个平板的平均数。

3.其中一个平板有较大片状菌落生长时,则不宜采用,而应以无片状菌落生长的平板作为该稀释度的菌落数;若片状菌落不到平板的一半,而其余一半中菌落分布又很均匀,即可计算半个平板后乘以 2,代表一个平板菌落数。

4.当平板上出现菌落间无明显界线的链状生长时,则将每条单链作为一个菌落计数。

六、结果报告

(一)菌落总数的计算方法

如表 2-1 所示的样品 2。

1.将平均值乘以相应稀释倍数,作为每 g(mL)样品中菌落总数结果。

表 2-1　菌落总数结果计算与报告方式实例

样品	稀释倍数及菌落数(2个平皿)						菌落总数 (CFU/g 或 ml)	报告方式 (CFU/g 或 ml)
	10^{-1}		10^{-2}		10^{-3}			
1	0	0	0	0	0	0	$<1\times10$	<10
2	24	28	5	7	0	0	260	260 或 2.6×10^2
3	多不可计	多不可计	154	168	17	22	16100	16000 或 1.6×10^4
4	多不可计	多不可计	236	245	33	35	24955	25000 或 2.5×10^4
5	多不可计	多不可计	236	245	33	25	24476	25600 或 2.5×10^4
6	多不可计	多不可计	多不可计	多不可计	320	330	325000	330000 或 3.3×10^5
7	多不可计	多不可计	311	325	29	26	27300	27000 或 2.7×10^4
8	多不可计	多不可计	297	325	22	19	297000	30000 或 3.0×10^4
9	菌落蔓延	菌落蔓延	菌落蔓延	菌落蔓延	菌落蔓延	菌落蔓延	菌落蔓延	菌落蔓延

2.若有两个连续稀释度的平板菌落数在适宜计数范围内时,按下式计算:

$$N = \frac{\sum C}{(n_1 + 0.1n_2)d} \tag{2-1}$$

式中:

N——样品中菌落数;

C——平板(含适宜范围菌落数的平板)菌落数之和;

n_1——第一稀释度(低稀释倍数)平板个数;

n_2——第二稀释度(高稀释倍数)平板个数;

d——稀释因子(第一稀释度)。

样品 4 中计算为: $N = \dfrac{\sum C}{(n_1 + 0.1n_2)d} = \dfrac{232+244+33+35}{[2+(0.1\times2)\times10^{-2}]} = \dfrac{544}{0.022} = 24727$

上述数值修约后,表示为 25000 或 2.5×10^4。

3.若所有稀释度的平板上菌落数均大于 300 CFU,则对稀释度最高的平板进行计数,其他平板可记录为多不可计,结果按平均菌落数乘以最高稀释倍数计算。如样品 6。

4.若所有稀释度的平板菌落数均小于 30 CFU,则应按稀释度最低的平均菌落数乘以稀释倍数计算。如样品 2。

5.若所有稀释度(包括液体样品原液)平板均无菌落生长,则以小于 1 乘以最低稀释倍数计算。如样品 1。

6.若所有稀释度的平板菌落数均不在 30～300 CFU 之间,其中一部分小于 30 CFU 或大于 300 CFU 时,则以最接近 30 CFU 或 300 CFU 的平均菌落数乘以稀释倍数计算。 如样品 7。

(二)菌落总数的报告

1.菌落数小于 100 CFU 时,按"四舍五入"原则修约,以整数报告。

2.菌落数大于或等于 100 CFU 时,第 3 位数字采用"四舍五入"原则修约后,取前 2 位数字,后面用 0 代替位数;也可用 10 的指数形式来表示,按"四舍五入"原则修约后,采用两位有效数字。

3.若所有平板上为蔓延菌落而无法计数,则报告菌落蔓延。

4.若空白对照上有菌落生长,则此次检测结果无效。

5.称重取样以 CFU/g 为单位报告,体积取样以 CFU/mL 为单位报告。

【思考题】

1.简述菌落总数?

2.该方法所检出的菌落总数是否为单位食品中含有的所有细菌数量?

3.如何保证食品中细菌菌落总数测定的准确性?

【附录】主要培养基和试剂

1.平板计数琼脂(platecountagar,PCA)培养基

成分:胰蛋白胨 5.0 g,酵母浸膏 2.5 g,葡萄糖 1.0 g,琼脂 15.0 g,蒸馏水 1000 mL。

制法:将各成分加入蒸馏水中,煮沸溶解,调节 pH 至 7.0 ± 0.2。分装试管或锥形瓶,121 ℃高压灭菌 15 min。

2.磷酸盐缓冲液

成分:磷酸二氢钾(KH_2PO_4)34.0 g,蒸馏水 500 mL。

贮存液制法:称取 34.0g 的磷酸二氢钾溶于 500 mL 蒸馏水中,用大约 175 mL 的 1 mol/L氢氧化钠溶液调节 pH 至 7.2,用蒸馏水稀释至 1000 mL 后贮存于冰箱。

稀释液制法:取贮存液 1.25 mL,用蒸馏水稀释至 1000 mL,分装于适宜容器中,121 ℃高压灭菌 15 min。

3.无菌生理盐水

成分:氯化钠 8.5 g,蒸馏水 1000 mL。

制法:称取 8.5 g 氯化钠溶于 1000 mL 蒸馏水中,121 ℃高压灭菌 15 min。

检验二　食品中大肠菌群计数

一、教学要求

1.掌握食品中大肠菌群计数的方法。

2.学习食品中大肠菌群检验原理和意义。

二、基本原理

肠道致病菌是食品生物性安全的重要因子,近年来逐步成为控制食品安全的焦点。然而直接检测食品中肠道致病菌要求高、周期长、成本大。一般的致病微生物是从人和动物的粪便中排出,因此设想寻找一种细菌来作为粪便污染的代表,即粪便污染指示菌,从而推测致病菌污染可能。理想的粪便污染指示菌,要求属于人或动物肠道菌群,数量上占优势;检验方法简单,便于检出和计数;随粪便排出体外,在水或食品中存活时间与肠道致病菌相当或稍长。与其他细菌相比,大肠菌群数量占优势,存活时间长。大肠菌群存在与否,表明食品是否直接或间接受到粪便污染,从而推断食品受到肠道致病菌污染的可能性。因此,大肠菌群被列为食品是否受到粪便污染的指示菌。

大肠菌群(Colifoms)系指在一定培养条件下能发酵乳糖、产酸产气的需氧和兼性厌氧革兰阴性无芽孢杆菌。大肠菌群并非细菌学分类命名,而是卫生细菌领域的用语,它不代表某一种或某一属细菌,而指的是具有某些特性的一组与粪便污染有关的细菌,这些细菌在生化及血清学方面并非完全一致。一般认为该菌群细菌包括大肠埃希氏菌属(*Escherichia*)、克雷伯菌属(*Klebsiella*)、柠檬酸杆菌属(*Citrobacter*)、肠杆菌属(*Enterobacter*)中的一部分(包括阴沟肠杆菌和产气肠杆菌)和沙门氏菌属(*Salmonalle*)的第Ⅲ亚属(能发酵乳糖)的细菌。

大肠菌群最可能数(Most Probable Number,MPN),是统计学和微生物学结合的一种定量检测法,是基于泊松分布的一种间接计数方法。待测样品经系列稀释并培养后,根据其未生长的最低稀释度与生长的最高稀释度,应用统计学概率论推算出待测样品中大肠菌群的最大可能数。大肠菌群计数法指大肠菌群在固体培养基中发酵乳糖产酸,在指示剂的作用下形成可计数的红色或紫色,带有或不带有沉淀环的菌落。大肠菌群 MPN 适用于大肠菌群含量较低的食品中大肠菌群计数,而平板法适用于大肠菌群含量较高的食品中大肠菌群计数。实际检验中采用的方法主要依据检验目的和食品安全相关标准的规定。

我国食品中大肠菌群检验的依据《食品安全国家标准　食品微生物学检验　大肠菌群计数》(GB 4789.3—2016)展开。

三、检验设备和试剂

(一)主要设备

恒温培养箱(36 ℃±1 ℃)、恒温水浴箱(46 ℃±1 ℃)、均质器、振荡器、菌落计数器。

(二)主要试剂

月桂基硫酸盐胰蛋白胨(Lauryl Sulfate Tryptose,LST)肉汤、煌绿乳糖胆盐(Brilliant Green Lactose Bile,BGLB)肉汤、结晶紫中性红胆盐琼脂(Violet Red Bile Agar,VRBA)、磷酸盐缓冲液、无菌生理盐水。见本检验附录。

四、计数方法

(一)第一法:大肠菌群 MPN 计数法

1.检验程序

大肠菌群 MPN 计数法检验程序见图 2-4。

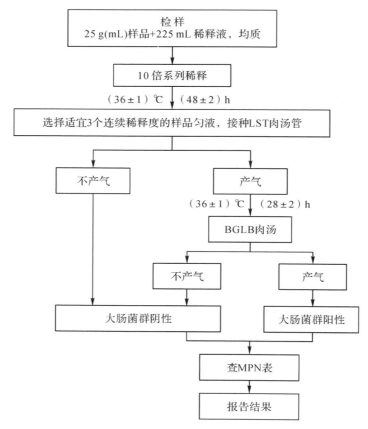

图 2-4 大肠菌群 MPN 计数法检验程序

2.检验步骤

(1)样品的稀释。

①固体和半固体样品:称取 25 g 样品,放入盛有 225 mL 磷酸盐缓冲液或生理盐水的无菌均质杯内,8000～10000 r/min 均质 1～2 min,或放入盛有 225 mL 磷酸盐缓冲液或生理盐水的无菌均质袋中,用拍击式均质器拍打 1～2 min,制成 1:10 的样品匀液。

②液体样品:以无菌吸管吸取 25 mL 样品置盛有 225 mL 磷酸盐缓冲液或生理盐水的无菌锥形瓶(瓶内预置适当数量的无菌玻璃珠)中,充分混匀,制成 1:10 的样品匀液。

③样品匀液的 pH 值应在 6.5～7.5 之间,必要时分别用 1 mol/L NaOH 或 1 mol/L HCl 调节。

④用 1 mL 无菌吸管或微量移液器吸取 1∶10 样品匀液 1 mL,沿管壁缓缓注入 9 mL 磷酸盐缓冲液或生理盐水的无菌试管中(注意吸管或吸头尖端不要触及稀释液面),振摇试管或换用 1 支 1 mL 无菌吸管反复吹打,使其混合均匀,制成 1∶100 的样品匀液。

⑤根据对样品污染状况的估计,按上述操作,依次制成十倍递增系列稀释样品匀液。每递增稀释 1 次,换用 1 支 1 mL 无菌吸管或吸头。从制备样品匀液至样品接种完毕,全过程不得超过 15 min。

(2)初发酵试验。

每个样品,选择 3 个适宜的连续稀释度的样品匀液(液体样品可以选择原液),每个稀释度接种 3 管月桂基硫酸盐胰蛋白胨(LST)肉汤,每管接种 1 mL(如接种量超过 1 mL,则用双料 LST 肉汤),(36±1)℃培养(24±2)h,观察倒管内是否有气泡产生,(24±2)h 产气者进行复发酵试验,如未产气则继续培养至(48±2)h,产气者进行复发酵试验,如图 2-5 所示。未产气者为大肠菌群阴性。

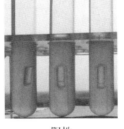

接种前　　　　　　　　　阳性

图 2-5　大肠菌群初发酵 LST 肉汤现象

(3)复发酵试验。

用接种环从产气的 LST 肉汤管中分别取培养物 1 环,移种于煌绿乳糖胆盐肉汤(BGLB)管中,(36±1)℃培养(48±2)h,观察产气情况(图 2-6)。产气者,计为大肠菌群阳性管。

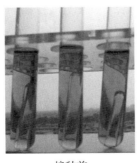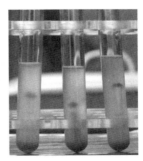

接种前　　　　　　　　　阳性

图 2-6　大肠菌群复发酵 BGLB 肉汤现象

(4)大肠菌群最可能数(MPN)的报告。

按(3)确证的大肠菌群 LST 阳性管数,检索 MPN 表(表 2-2),报告每 g(mL)样品中大肠菌群的 MPN 值。

(二)第二法:大肠菌群平板计数法

1.检验程序

大肠菌群平板计数法的检验程序见图 2-7。

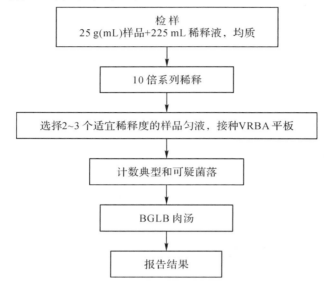

图 2-7 大肠菌群平板计数法检验程序

2.检验步骤

(1)样品的稀释。

按"大肠菌群 MPN 计数法"中的稀释步骤进行。

(2)平板计数。

①选取 2～3 个适宜的连续稀释度,每个稀释度接种 2 个无菌平皿,每皿 1 mL。同时取 1 mL 生理盐水加入无菌平皿作空白对照。

②及时将 15～20 mL 冷至 46 ℃的结晶紫中性红胆盐琼脂(VRBA)倾注于每个平皿中。小心旋转平皿,将培养基与样液充分混匀,待琼脂凝固后,再加 3～4 mL VRBA 覆盖平板表层。翻转平板,置于(36±1)℃培养 18～24 h。

(3)平板菌落数的选择。

选取菌落数在 15～150 CFU 之间的平板,分别计数平板上出现的典型和可疑大肠菌群菌落。典型菌落为紫红色,菌落周围有红色的胆盐沉淀环,菌落直径为 0.5 mm 或更大(图 2-8)。

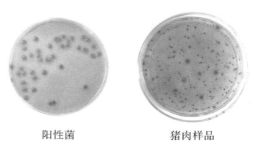

阳性菌　　　　　　　猪肉样品

图 2-8 大肠菌群在结晶紫中性红胆盐琼脂上的菌落特征

（4）证实试验。

从 VRBA 平板上挑取 10 个不同类型的典型和可疑菌落,分别移种于 BGLB 肉汤管内,(36±1)℃培养 24～48 h,观察产气情况。凡 BGLB 肉汤管产气,即可报告为大肠菌群阳性。

（5）大肠菌群平板计数的报告。

经最后证实为大肠菌群阳性的试管比例乘以(3)中计数的平板菌落数,再乘以稀释倍数,即为每 g(mL)样品中大肠菌群数。例:10^{-4}样品稀释液 1 mL,在 VRBA 平板上有 100 个典型和可疑菌落,挑取其中 10 个接种 BGLB 肉汤管,证实有 6 个阳性管,则该样品的大肠菌群数为:$100 \times \dfrac{6}{10} \times 10^{-4}/\text{g(mL)} = 6.0 \times 10^5 \text{ CFU/g(mL)}$。

【思考题】

1. 食品中大肠菌群概念和检验意义?
2. 如何选择大肠菌群 MPN 和平板计数法?
3. 简述大肠菌群 MPN 计数两步法的检验内容。

【附录 1】主要培养基和试剂

1. 月桂基硫酸盐胰蛋白胨(LST)肉汤。

成分:胰蛋白胨或胰酪胨 20.0 g,氯化钠 5.0 g,乳糖 5.0 g,磷酸氢二钾(K_2HPO_4) 2.75 g,磷酸二氢钾(KH_2PO_4) 2.75 g,月桂基硫酸钠 0.1 g,蒸馏水 1000 mL。

制法:将上述成分溶解于蒸馏水中,调节 pH 至 6.8±0.2。分装到有玻璃小倒管的试管中,每管 10 mL。121 ℃高压灭菌 15 min。

2. 煌绿乳糖胆盐(BGLB)肉汤。

成分:蛋白胨 10.0 g,乳糖 10.0 g,牛胆粉(oxgall 或 oxbile)溶液 200 mL,0.1%煌绿水溶液 13.3 mL,蒸馏水 800 mL

制法:将蛋白胨、乳糖溶于约 500 mL 蒸馏水中,加入牛胆粉溶液 200 mL(将 20.0 g 脱水牛胆粉溶于 200 mL 蒸馏水中,调节 pH 至 7.0～7.5),用蒸馏水稀释到 975 mL,调节 pH 至 7.2±0.1,再加入 0.1%煌绿水溶液 13.3 mL,用蒸馏水补足到 1000 mL,过滤后,分装到有玻璃小倒管的试管中,每管 10 mL。121℃高压灭菌 15 min。

3. 结晶紫中性红胆盐琼脂(VRBA)。

成分:蛋白胨 7.0 g,酵母膏 3.0 g,乳糖 10.0 g,氯化钠 5.0 g,胆盐或 3 号胆盐 1.5 g,中性红 0.03 g,结晶紫 0.002 g,琼脂 15～18 g,蒸馏水 1000 mL。

制法:将上述成分溶于蒸馏水中,静置几分钟,充分搅拌,调节 pH 至 7.4±0.1。煮沸 2 min,将培养基融化并恒温至 45～50 ℃倾注平板。使用前临时制备,不得超过 3 h。

4. 磷酸盐缓冲液。

见检验一附录的"2.磷酸盐缓冲液"。

5. 无菌生理盐水。

见检验一附录的"3.无菌生理盐水"。

6.1 mol/L NaOH 溶液。

成分:NaOH 40.0 g,蒸馏水 1000 mL。

制法:称取 40 g 氢氧化钠溶于 1000 mL 无菌蒸馏水中。

7.1 mol/L HCl 溶液。

成分:HCl 90 mL,蒸馏水 1000 mL。

制法:移取浓盐酸 90 mL,用无菌蒸馏水稀释至 1000 mL。

【附录2】大肠菌群最可能数(MPN)检索表

每 g(mL)检样中大肠菌群 MPN 的检索表 2-2。

表 2-2　大肠菌群 MPN 检索表

阳性管数			MPN	95% 可信限		阳性管数			MPN	95% 可信限	
0.10	0.01	0.001		下限	上限	0.10	0.01	0.001		下限	上限
0	0	0	<0.3	—	9.5	2	2	0	21	4.5	42
0	0	1	3.0	0.15	9.6	2	2	1	28	8.7	94
0	1	0	3.0	0.15	11	2	2	2	35	8.7	94
0	1	1	6.1	1.2	18	2	3	0	29	8.7	94
0	2	0	6.2	1.2	18	2	3	1	36	8.7	94
0	3	0	9.4	3.6	38	3	0	0	23	4.6	94
1	0	0	3.6	0.17	18	3	0	1	38	8.7	110
1	0	1	7.2	1.3	18	3	0	2	64	17	180
1	0	2	11	3.6	38	3	1	0	43	9	180
1	1	0	7.4	1.3	20	3	1	1	75	17	200
1	1	1	11	3.6	38	3	1	2	120	37	420
1	2	0	11	3.6	42	3	1	3	160	40	420
1	2	1	15	3.6	42	3	2	0	93	18	420
1	3	0	16	4.5	42	3	2	1	150	37	420
2	0	0	9.2	1.4	38	3	2	2	210	40	430
2	0	1	14	3.6	42	3	2	3	290	90	1000
2	0	2	20	4.5	42	3	3	0	240	42	1000
2	1	0	15	3.7	42	3	3	1	460	90	2000
2	1	1	20	4.5	42	3	3	2	1100	180	4100
2	1	2	27	8.7	94	3	3	3	>1100	420	—

注1:本表采用 3 个检验量[0.1 g(mL)、0.01 g(mL)、0.001 g(mL)],每个检验量接种 3 管。

注2:表内所列检样量如改用 1 g(mL)、0.1 g(mL)、0.01 g(mL)时,表内数字应相应降低 10 倍;如改用 0.01 g(mL)、0.001 g(mL)、0.0001 g(mL)时,则表内数字应相应增高 10 倍,其他类推。

检验三　食品中大肠埃希氏菌计数

一、教学目的

1.掌握食品中大肠埃希氏菌计数的方法。

2.学习食品中大肠埃希氏菌的生物学特性和检验原理。

二、基本原理

大肠埃希氏菌（*Escherichia*）俗称大肠杆菌，为肠杆菌科埃希菌属，是革兰氏阴性短杆菌。该菌大小为 0.5 μm ×（1～3）μm，周生鞭毛，能运动，无芽孢，兼性厌氧如图 2-9 所示。大肠杆菌能发酵多种糖类，产酸、产气，在（44.5±0.2）℃发酵乳糖产酸产气，靛基质、甲基红、VP 试验、柠檬酸盐（IMViC）生化试验为＋＋－－或－＋－－。大多数菌株是人和温血动物肠道中的正常栖居菌，因而出生后即随哺乳进入肠道，与人终身相伴，其代谢活动能抑制肠道内分解蛋白质的微生物生长，减少蛋白质分解产物对人体的危害，还能合成维生素 B 和维生素 K 以及有杀菌作用的大肠杆菌素。但在一定条件下可引起肠道外干扰，且某些血清型可产生毒素，为致泻性大肠埃希氏菌，可在健康人体中引发胃肠道疾病。大肠埃希氏菌作为粪便污染指标来评价食品的卫生状况，推断食品中肠道致病菌污染的可能性。

我国食品中大肠埃希氏菌检验依据《食品安全国家标准　食品微生物学检验　大肠埃希氏菌计数》（GB 4789.38—2012）进行，共有两种方法。第一法为大肠埃希氏菌 MPN 计数，利用大肠埃希氏菌可以在（44.5±0.2）℃发酵乳糖产酸产气的原理进行检测，应用统计学概率论推算出待测样品中大肠埃希氏菌的最大可能数。第二法为大肠埃希氏菌平板计数法，利用 95％的大肠埃希氏菌可产生 β-葡糖醛酸糖苷酶（GUD）活性进行检测，GUD 可与 VRBA-MUG 平板中底物 4-甲基伞形酮-β-D-葡萄糖苷（MUG）反应使 4-甲基伞形酮（MU）游离。在 360～366 nm 波长紫外灯照射下，MU 显示蓝色荧光，通过计数产生的菌落测定食品中大肠埃希氏菌的数量。MPN 计数法适用于污染量较少的食品，而平板计数法适用于污染比较严重的食品，其中平板计数法不适用于贝类产品。

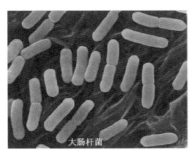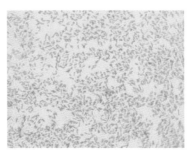

图 2-9　大肠埃希氏菌的菌体形态和革兰氏染色

三、检验设备和试剂

(一)主要设备

恒温培养箱(36±1 ℃),恒温水浴箱(44.5 ℃±0.2 ℃)、均质器、振荡器、pH 计、紫外灯(波长 360～366 nm,功率≤6 W)。

(二)主要试剂

月桂基硫酸盐胰蛋白胨(Lauryl Sulfate Tryptose,LST)肉汤,EC 肉汤(E. coli broth)、结晶紫中性红胆盐琼脂(Violet Red Bile Agar,VRBA)、磷酸盐缓冲液、无菌生理盐水。缓冲葡萄糖蛋白胨水、西蒙氏柠檬酸盐培养基、伊红美蓝(EMB)琼脂、营养琼脂斜面、结晶紫中性红胆盐琼脂(VRBA)、结晶紫中性红胆盐-4-甲基伞形酮-β-D-葡萄糖苷琼脂(VRBA-MUG)。见本检验附录。

四、计数方法

(一)第一法:大肠埃希氏菌 MPN 计数

1. 检验程序

大肠埃希氏菌 MPN 计数的检验程序见图 2-10。

2. 检验步骤

(1)样品的稀释。

按"大肠菌群 MPN 计数法"中的稀释步骤进行。

(2)初发酵试验。

每个样品,选择 3 个适宜的连续稀释度的样品匀液(液体样品可以选择原液),每个稀释度接种 3 管月桂基硫酸盐胰蛋白胨(LST)肉汤,每管接种 1 mL(如接种量超过 1 mL,则用双料 LST 肉汤),(36±1)℃培养(24±2)h,观察小倒管内是否有气泡产生,(24±2)h 产气者进行复发酵试验,如未产气则继续培养至(48±2)h。产气者进行复发酵试验。如所有 LST 肉汤管均未产气,即可报告大肠埃希氏菌 MPN 结果。

(3)复发酵试验。

用接种环从产气的 LST 肉汤管中分别取培养物 1 环,移种于已提前预温至 45 ℃的 EC 肉汤管中,放入带盖的(44.5±0.2)℃水浴箱内。水浴的水面应高于肉汤培养基液面,培养(24±2)h,检查小倒管内是否有气泡产生,如未有产气则继续培养至(48±2)h。记录在 24 h 和 48 h 内产气的 EC 肉汤管数。如所有 EC 肉汤管均未产气,即可报告大肠埃希氏菌 MPN 结果;如有产气者,则进行伊红美蓝(EMB)平板分离培养。

(4)EMB 平板分离培养。

轻轻振摇各产气管,用接种环取培养物分别划线接种于 EMB 平板,(36±1)℃培养 18～24 h。观察平板上有无具黑色中心有光泽或无光泽的典型菌落,见图 2-11。

(5)营养琼脂斜面或平板培养。

从每个平板上挑 5 个典型菌落,如无典型菌落则挑取可疑菌落。用接种针接触菌落中心部位,移种到营养琼脂斜面或平板上,(36±1)℃,培养 18～24 h。取培养物进行革兰氏

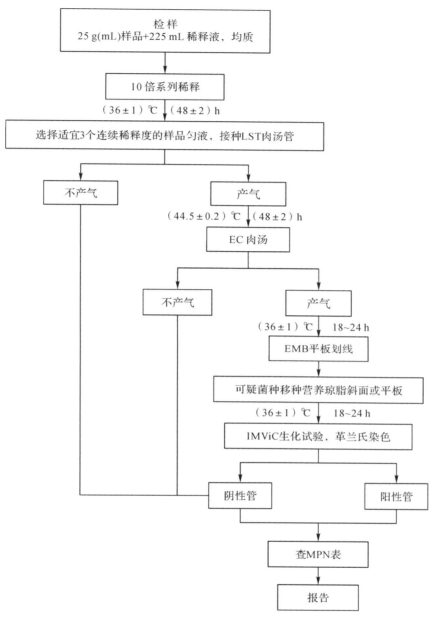

图 2-10 大肠埃希氏菌 MPN 计数法检验程序

图 2-11 大肠埃希氏菌在伊红美蓝平板上菌落形态

染色和生化试验。

（6）鉴定。

取培养物进行靛基质试验、MR-VP 试验和柠檬酸盐利用试验。大肠埃希氏菌与非大肠埃希氏菌的生化鉴别见表 2-3。

表 2-3　大肠埃希氏菌与非埃希氏菌的生化鉴别

靛基质	甲基红	VP 试验	柠檬酸盐	鉴定（型别）
＋	＋	－	－	典型大肠埃希氏菌
－	＋	－	－	非典型大肠埃希氏菌
＋	＋	－	－	典型中间型
－	＋	－	－	非典型中间型
－	－	＋	＋	典型产气肠杆菌
＋	－	＋	＋	非典型产气肠杆菌

注 1：如出现表 2-3 以外的生化反应类型，表明培养物可能不纯，应重新划线分离，必要时做重复试验。
注 2：生化试验也可以选用生化鉴定试剂盒或全自动微生物生化鉴定系统等方法，按照产品说明书进行操作。

（7）大肠埃希氏菌 MPN 计数的报告。

大肠埃希氏菌为革兰氏阴性无芽胞杆菌，发酵乳糖、产酸、产气，IMViC 生化试验为＋＋－－或－＋－－。只要有 1 个菌落鉴定为大肠埃希氏菌，其所代表的 LST 肉汤管即为大肠埃希氏菌阳性。依据 LST 肉汤阳性管数查 MPN 表（见检验二附录 2），报告每 g(mL) 样品中大肠埃希氏菌 MPN 值。

（二）第二法：大肠埃希氏菌平板计数法

1.检验程序

大肠埃希氏菌平板计数法的检验程序见图 2-12。

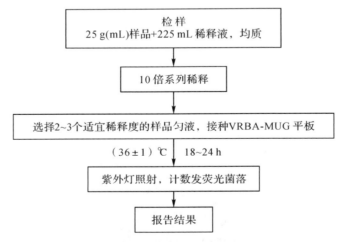

图 2-12　大肠菌群平板计数法检验程序

2.检验步骤

（1）样品的稀释。

按"大肠菌群 MPN 计数法"中的稀释步骤进行。

（2）平板计数。

①选取 2～3 个适宜的连续稀释度的样品匀液，每个稀释度接种 2 个无菌平皿，每皿 1 mL。同时取 1 mL 稀释液加入无菌平皿做空白对照。

②将 10～15 mL 冷至(45±0.5)℃的结晶紫中性红胆盐琼脂(VRBA)倾注于每个平皿中。小心旋转平皿，将培养基与样品匀液充分混匀。待琼脂凝固后，再加 3～4 mL VRBA-MUG 覆盖平板表层。凝固后翻转平板，(36±1)℃培养 18～24 h。

（3）平板菌落数的选择。

选择菌落数在 10～100 CFU 之间的平板，暗室中 360～366 nm 波长紫外灯照射下，计数平板上发浅蓝色荧光的菌落。检验时用已知 MUG 阳性菌株(如大肠埃希氏菌 ATCC 25922)和产气肠杆菌(如 ATCC 13048)做阳性和阴性对照。

3.大肠埃希氏菌平板计数的报告

两个平板上发荧光菌落数的平均数乘以稀释倍数，报告每 g(mL)样品中大肠埃希氏菌数，以 CFU/g(mL)表示。若所有稀释度(包括液体样品原液)平板均无菌落生长，则以小于 1 乘以最低稀释倍数报告。

【思考题】

1.比较大肠菌群计数和大肠埃希氏杆菌计数的异同点？

2.大肠埃希氏菌第二法不适用于贝类产品的原因？

【附录】主要培养基和试剂

1.月桂基硫酸盐胰蛋白胨(LST)肉汤

见检验二附录的"1.月桂基硫酸盐胰蛋白胨(LST)肉汤"。

2.EC 肉汤(*E. coli* broth)

成分：胰蛋白胨或胰酪蛋白 20.0 g，3 号胆盐或混合胆盐 1.5 g，乳糖 5.0 g，磷酸氢二钾(K_2HPO_4)4.0 g，磷酸二氢钾(KH_2PO_4)1.5 g，氯化钠 5.0 g，蒸馏水 1000.0 mL，pH 值 6.9±0.2。

制法：将上述成分溶解于蒸馏水中，调节 pH，分装到有玻璃小导管的试管中，每管 8 mL。121 ℃高压灭菌 15 min。

3.蛋白胨水

成分：胰胨或胰酪胨 10.0 g，蒸馏水 1000.0 mL。

制法：溶化后调节 pH 至 6.9±0.2，分装试管，每管 5 mL，121 ℃高压灭菌 15 min。

4.缓冲葡萄糖蛋白胨水［甲基红(MR)和 V-P 试验用］

（1）缓冲葡萄糖蛋白胨水

成分：多价胨 7.0 g，葡萄糖 5.0 g，磷酸氢二钾 5.0 g，蒸馏水 1000 mL。

制法：溶化后调节 pH 至 7.0±0.2，分装试管，每管 1 mL，121 ℃高压灭菌 15 min。

（2）甲基红(MR)试验

成分：甲基红 10 mg，95％乙醇 30 mL，蒸馏水 20 mL。

制法：10 mg 甲基红溶于 30 mL 95％乙醇中，然后加入 20 mL 蒸馏水。

试验方法：取适量琼脂培养物接种于缓冲葡萄糖蛋白胨水中，(36±1)℃培养 2～5 d。滴加甲基红试剂一滴,立即观察结果。鲜红色为阳性,黄色为阴性。

（3）V-P 试验

6% α-萘酚-乙醇溶液:取 α-萘酚 6.0 g,加无水乙醇溶解,定容至 100 mL。

40%氢氧化钾溶液:取氢氧化钾 40 g,加蒸馏水溶解,定容至 100 mL。

试验方法:取适量琼脂培养物接种于缓冲葡萄糖蛋白胨水中,(36±1)℃培养 2～4 d。加入 6% α-萘酚-乙醇溶液 0.5 mL 和 40%氢氧化钾溶液 0.2 mL,充分振摇试管,观察结果。阳性反应立刻或于数分钟内出现红色;如为阴性,应放在(36±1)℃继续培养 1 h 再进行观察。

5. 西蒙氏柠檬酸盐培养基

成分:柠檬酸钠 2.0 g,氯化钠 5.0 g,磷酸氢二钾 1.0 g,磷酸二氢铵 1.0 g,硫酸镁 0.2 g,溴麝香草酚蓝 0.08 g,琼脂 8.0～18.0 g,蒸馏水 1000 mL。

制法:将各成分加热溶解,必要时调节 pH 至 6.8±0.2。每管分装 10 mL,121℃,15 min,制成斜面。

实验方法:挑取培养物接种于整个培养基斜面,(36±1)℃培养(24±2)h,观察结果。阳性者培养基变为蓝色。

6. 伊红美蓝(EMB)琼脂

成分:蛋白胨 10.0 g,乳糖 10.0 g,磷酸氢二钾(K_2HPO_4) 2.0 g,琼脂 15.0 g,2%伊红 Y 水溶液 20.0 mL,0.5%美蓝水溶液 13.0 mL,蒸馏水 1000 mL。

制法:在 1000 mL 蒸馏水中煮沸溶解蛋白胨、磷酸盐和乳糖,加水补足,冷却至 25 ℃左右校正 pH 至 7.1±0.2。再加入琼脂,121 ℃高压灭菌 15 min。冷至 45～50 ℃,加入 2%伊红 Y 水溶液和 0.5%美蓝水溶液,摇匀,倾注平皿。

7. 营养琼脂斜面

成分:蛋白胨 10.0 g,牛肉膏 3.0 g,氯化钠 5.0 g,琼脂 15.0 g,蒸馏水 1000.0 mL。

制法:将除琼脂以外的各成分溶解于蒸馏水内,加入 15%氢氧化钠溶液约 2 mL,冷却至 25 ℃左右校正 pH 至 7.0±0.2。加入琼脂,加热煮沸,使琼脂溶化。分装小号试管,每管约 3 mL。于 121 ℃灭菌 15 min,制成斜面。

注:如不立即使用,在 2～8 ℃条件下可储存两周。

8. 结晶紫中性红胆盐琼脂(VRBA)

见检验二附录的"3.结晶紫中性红胆盐琼脂(VRBA)"。

9. 结晶紫中性红胆盐-4-甲基伞形酮-β-D-葡萄糖苷琼脂(VRBA-MUG)

成分:蛋白胨 7.0 g,酵母浸粉 3.0 g,乳糖 10.0 g,氯化钠 5.0 g,胆盐或 3 号胆盐 1.5 g,中性红 0.03 g,结晶紫 0.002 g,琼脂 18.0 g,4-甲基伞形酮-β-D-葡萄糖苷(MUG)0.1 g,pH 7.4±0.1。

制法:将上述成分溶于蒸馏水,静置几分钟,充分搅拌,调节 pH。煮沸 2 min,将培养基冷却至 45～50 ℃使用。

检验四　食品中霉菌和酵母计数

一、教学目的

1.掌握食品中霉菌和酵母计数的方法。

2.学习食品中霉菌和酵母菌检验的卫生学意义。

二、基本原理

霉菌和酵母广泛分布于自然界并可作为食品中正常菌相的一部分,某些霉菌和酵母被用来加工食品,但在特定情况又可造成食品的腐败变质。一般情况下,多数酵母和霉菌生长过程需要氧气,它们的生长速率比细菌要缓慢;然而,它们的生长范围却比细菌广泛得多,包括许多极端环境条件。许多酵母菌和霉菌能够在较宽的 pH 范围(pH 2～9)和温度范围(5～35 ℃)生长。此外,某些属的菌种能在较低的水分活度下生长(A_w＜0.85)。

通常,酵母和霉菌被认为是腐败微生物,能使食品失去色、香、味。一些酵母菌和霉菌还因产生毒素,危害公众健康,且这些毒素物质难以在食品的加工和烹调过程中被破坏。因此,霉菌和酵母也作为评价食品卫生质量的指示菌,并以霉菌和酵母计数来判定食品被污染的程度。霉菌和酵母计数与菌落总数计数,区别在于真菌和细菌计数所用培养基、培养条件不同,真菌培养基里加入抑制细菌生长的抗生素(100 μg/mL 氯霉素或 50 μg/mL 庆大霉素),或者酸化培养基(pH 3.5)也可以有选择性地抑制细菌的生长。

我国食品中霉菌和酵母计数依据《食品安全国家标准　食品微生物学检验　霉菌和酵母计数》(GB 4789.15—2016)进行。

三、检验设备和试剂

(一)主要设备

培养箱(28±1)℃,拍击式均质器及均质袋(不用刀头式均质器),微量移液器及枪头(1.0 mL),折光仪,郝氏计测玻片:具有标准计测室的特制玻片,测微器(具标准刻度的玻片)。

(二)培养基和试剂

生理盐水、马铃薯葡萄糖琼脂、孟加拉红琼脂、磷酸盐缓冲液,见本检验附录。

四、计数方法

(一)第一法:霉菌和酵母平板计数法

1.检验程序

霉菌和酵母平板计数法的检验程序见图 2-13。

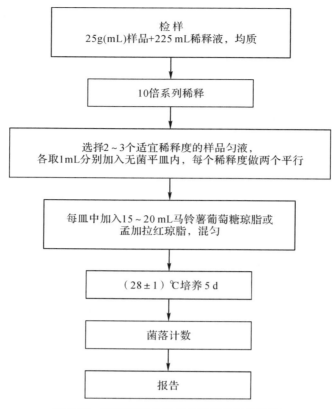

图 2-13　霉菌和酵母平板计数法的检验程序

2.检验步骤

(1)样品的稀释。

①固体和半固体样品:称取 25 g 样品,加入 225 mL 无菌稀释液(蒸馏水或生理盐水或磷酸盐缓冲液),充分振摇,或用拍击式均质器拍打 1～2 min,制成 1∶10 的样品匀液。

②液体样品:以无菌吸管吸取 25 mL 样品至盛有 225 mL 无菌稀释液(蒸馏水或生理盐水或磷酸盐缓冲液)的适宜容器内(可在瓶内预置适当数量的无菌玻璃珠)或无菌均质袋中,充分振摇或用拍击式均质器拍打 1～2 min,制成 1∶10 的样品匀液。

③取 1 mL 1∶10 样品匀液注入含有 9 mL 无菌稀释液的试管中,另换一支 1 mL 无菌吸管反复吹吸,或在旋涡混合器上混匀,此液为 1∶100 的样品匀液。

④按③操作,制备 10 倍递增系列稀释样品匀液。每递增稀释一次,换用一支 1 mL 无菌吸管。

⑤根据对样品污染状况的估计,选择 2～3 个适宜稀释度的样品匀液(液体样品可包括原液),在进行 10 倍递增稀释的同时,每个稀释度分别吸取 1 mL 样品匀液于 2 个无菌平皿内。同时分别取 1 mL 无菌稀释液加入 2 个无菌平皿作空白对照。

⑥及时将 20～25 mL 冷却至 46 ℃的马铃薯葡萄糖琼脂或孟加拉红琼脂(可放置于 (46±1)℃恒温水浴箱中保温)倾注平皿,并转动平皿使其混合均匀。置水平台面待培养基完全凝固。

（2）培养。

琼脂凝固后,正置平板,置(28±1)℃培养箱中培养,观察并记录培养至第5d的结果。

（3）菌落计数。

用肉眼观察,必要时可用放大镜或低倍镜,记录稀释倍数和相应的霉菌和酵母菌落数。以菌落形成单位(colony-forming units,CFU)表示。选取菌落数在10～150 CFU的平板,根据菌落形态分别计数霉菌和酵母。霉菌蔓延生长覆盖整个平板的可记录为菌落蔓延。酵母的典型菌落见表2-4。

表 2-4　霉菌和酵母在孟加拉红平板上的菌落特征

菌株	典型菌落	菌落特征
霉菌		霉菌的菌落大、疏松、干燥、不透明,有的呈绒毛状、棉絮状或蛛网状,有的菌落呈圆形,有的无定形。由于霉菌形成的孢子不同,菌落常呈现肉眼可见的不同结构和色泽,可呈现红、黄、绿、青绿、青灰、黑、白、灰等多种颜色。
酵母菌		酵母菌菌落多类似细菌菌落,但大而厚,湿润、粘稠、易挑起,某些菌种长时间培养而呈皱缩状,颜色多为乳白,少数红色。

3. 结果与报告

（1）结果。

①计算同一稀释度的两个平板菌落数的平均值,再将平均值乘以相应稀释倍数。

②若有两个稀释度平板上菌落数均在10～150 CFU之间,则按照检验一结果报告的相应规定进行计算。

③若所有平板上菌落数均大于150 CFU,则对稀释度最高的平板进行计数,其他平板可记录为多不可计,结果按平均菌落数乘以最高稀释倍数计算。

④若所有平板上菌落数均小于10 CFU,则应按稀释度最低的平均菌落数乘以稀释倍数计算。

⑤若所有稀释度(包括液体样品原液)平板均无菌落生长,则以小于1乘以最低稀释倍数计算。

⑥若所有稀释度的平板菌落数均不在10～150 CFU之间,其中一部分小于10 CFU或大于150 CFU时,则以最接近10 CFU或150 CFU的平均菌落数乘以稀释倍数计算。

（2）报告。

①菌落数按"四舍五入"原则修约。菌落数在10以内时,采用一位有效数字报告;菌落数在10～100之间时,采用两位有效数字报告。

②菌落数大于或等于100时,前第3位数字采用"四舍五入"原则修约后,取前2位数字,后面用0代替位数来表示结果;也可用10的指数形式来表示,此时也按"四舍五人"原则修约,采用两位有效数字。

③若空白对照平板上有菌落出现,则此次检测结果无效。

④称重取样以 CFU/g 为单位报告,体积取样以 CFU/mL 为单位报告,报告或分别报告霉菌和/或酵母数。

(二)第二法:霉菌直接镜检计数法

1.检验步骤

(1)检样的制备:取适量检样,加蒸馏水稀释至折光指数为 1.3447~1.3460(即浓度为 7.9%~8.80%),备用。

(2)显微镜标准视野的校正:将显微镜按放大率 90~125 倍调节标准视野,使其直径为 1.382 mm。

(3)涂片:洗净郝氏计测玻片,将制好的标准液,用玻璃棒均匀的摊布于计测室,加盖玻片,以备观察。

(4)观测:将制好之载玻片置于显微镜标准视野下进行观测。一般每一检样每人观察 50 个视野。同一检样应由两人进行观察。

2.结果与计算

在标准视野下,发现有霉菌菌丝其长度超过标准视野(1.382 mm)的 1/6 或三根菌丝总长度超过标准视野的 1/6(即测微器的一格)时即记录为阳性(+),否则记录为阴性(-)。

3.报告

报告每 100 个视野中全部阳性视野数为霉菌的视野百分数(视野%)。

【思考题】

1.简述霉菌和酵母菌落特征。

2.比较霉菌和酵母计数与菌落总数测定的异同点。

3.霉菌和酵母计数在培养基中加入孟加拉红和氯霉素的原因是什么?如何添加?

【附录】培养基和试剂制备

1.生理盐水

见检验一附录1。

2.马铃薯葡萄糖琼脂

成分:马铃薯(去皮切块)300 g,葡萄糖 20.0 g,琼脂 20.0 g,氯霉素 0.1 g,蒸馏水 1000 mL。

制法:将马铃薯去皮切块,加 1000 mL 蒸馏水,煮沸 10~20 min。用纱布过滤.补加蒸馏水至 1000 mL 加入葡萄糖和琼脂,加热溶解,分装后,121 ℃灭菌 15 min,备用。

3.孟加拉红琼脂

成分:蛋白胨 5.0 g,葡萄糖 10.0 g,磷酸二氢钾 1.0 g,硫酸镁(无水)0.5 g,琼脂 20.0 g,孟加拉红 0.033 g,氯霉素 0.1 g,蒸馏水 1000 mL。

制法:上述各成分加入蒸馏水中,加热溶解,补足蒸馏水至 1000 mL。分装后,121 ℃灭菌 15 min 避光保存备用。

第三章　食品革兰氏阴性肠道致病菌检验

检验五　食品中沙门氏菌检验

一、教学目标

1.了解食源性病原微生物检验方法的复杂性。

2.掌握食品中沙门氏菌检验的方法。

3.学习沙门氏菌检验增菌、选择性平板分离和生化鉴定的原理。

二、基本原理

沙门氏菌（*Salmonella* spp）是食源性细菌性肠胃炎的首要病原菌,导致人体出现从细菌性腹泻到败血症等不同程度的症状。沙门氏菌属肠杆菌科,无芽孢、无荚膜,多有周生鞭毛、能运动的革兰氏阴性无芽孢杆菌,见图3-1。家畜、禽类的肠道中通常含有多种沙门氏菌,在动物屠宰或生产加工各环节中该菌易导致畜禽肉、蛋类、生鲜奶等多数动物性食品污染,人类食用污染或烹调不当的产品后会引起食品中毒或传染病流行。全球每年因食用沙门氏菌污染的食物引起的中毒或感染的病例数以亿计,国家突发公共卫生事件报告管理信息系统关于2017年全国食物中毒事件情况的报告中,沙门氏菌占食源性致病菌引起的食物中毒总数的40％。

图3-1　沙门氏菌菌体形态观察

沙门氏菌的分类系统较为复杂,并且同时以生理生化和血清学的特征为主要分类。沙门氏菌能发酵葡萄糖产酸产气,不发酵乳糖、蔗糖,不液化明胶,不产生靛基质,不分解尿素。由于沙门氏菌不发酵乳糖,能在多种选择性培养基上形成特征性菌落,可与肠道其他菌属等初步区别开。沙门氏菌在简单的培养基上生长,含有煌绿或亚硒酸盐的培养基可抑制大肠杆菌的生长而起到选择性增菌作用。根据沙门氏菌属的生化特征,借助于三糖铁、赖氨酸、靛基质、尿素、KCN等实验可以与肠道其他菌属相区别。当以血清学特征为分类依据时,沙门氏菌以细胞壁聚糖抗原(O)、鞭毛蛋白抗原(H)和荚膜抗原(Vi)为特异性血清型组分,已发现了2500多种血清型,其中在食品中常见的血清型有数十种。

虽然食品中沙门氏菌含量低,且常由于食品加工过程菌体受到损伤而处于濒死状态,但只要条件适宜仍可增殖,引起疾病,且检测难度增加。本菌按照《食品安全国家标准 食品微生物学检验沙门氏菌检验》(GB 4789.4—2016)中明确规定了沙门氏菌的分离和鉴定方法,主要包括五个步骤:前增菌、选择性增菌、选择性平板分离、生化鉴定、血清学分型鉴定进行检验。

三、检验设备和试剂

(一)主要设备

涡旋混合器、拍打式均质器或刀头式均质器、全自动微生物生化鉴定系统、培养箱37 ℃和42 ℃。

(二)试剂和培养基

缓冲蛋白胨水(BPW)、四硫磺酸钠煌绿(TTB)增菌液、亚硒酸盐胱氨酸(SC)增菌液、亚硫酸铋(BS)琼脂、HE 琼脂、木糖赖氨酸脱氧胆盐(XLD)琼脂、沙门氏菌属显色培养基、三糖铁(TSI)琼脂、蛋白胨水、靛基质试剂、尿素琼脂(pH 7.2)、氰化钾(KCN)培养基、赖氨酸脱羧酶试验培养基、糖发酵管、邻硝基酚 β-D 半乳糖苷(ONPG)培养基、半固体琼脂、丙二酸钠培养基、沙门氏菌 O 和 H 诊断血清。见本检验附录。

四、检验程序

沙门氏菌检验程序见图3-2。

五、检验步骤

(一)前增菌

称取 25 g(mL)样品放入盛有 225 mL BPW 的无菌均质杯中,以 8000～10000 r/min 均质 1～2 min,或置于盛有 225 mL BPW 的无菌均质袋中,用拍击式均质器拍打 1～2 min。若样品为液态,不需要均质,振荡混匀。如需测定 pH 值,用 1 mol/mL 无菌 NaOH 或 HCl 调 pH 至 6.8±0.2。无菌操作将样品转至 500 mL 锥形瓶中,如使用均质袋,可直接进行培养,于(36±1)℃培养 8～18 h。如为冷冻产品,应在 45 ℃以下不超过 15 min,或 2～5 ℃不超过 18 h 解冻。

(二)增菌

轻轻摇动培养过的样品混合物,移取 1 mL,转种于 10 mL TTB 内,于(42±1)℃培养 18～24 h。同时,另取 1 mL,转种于 10 m LSC 内,于(36±1)℃培养 18～24 h。

(三)分离

分别用接种环取增菌液 1 环,划线接种于一个 BS 琼脂平板和一个 XLD 琼脂平板(或 HE 琼脂平板或沙门氏菌属显色培养基平板)。于(36±1)℃分别培养 18～24 h(XLD 琼脂

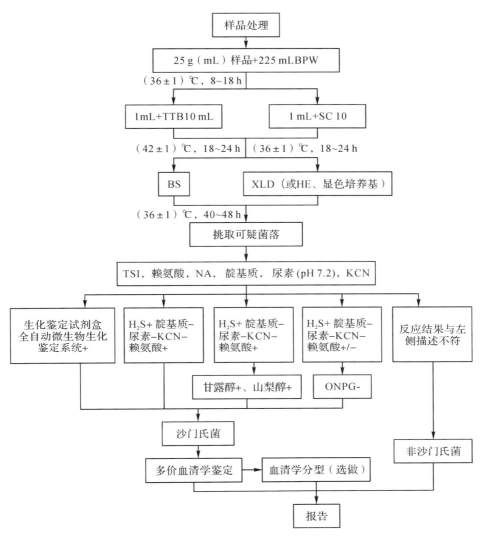

图 3-2　沙门氏菌检验程序

平板、HE 琼脂平板、沙门氏菌属显色培养基平板）或 40～48 h(BS 琼脂平板)，观察各个平板上生长的菌落,各个平板上的菌落特征见表 3-1。

表 3-1　沙门氏菌属在不同选择性琼脂平板上的菌落形态特征

琼脂平板	菌落形态	
	沙门氏菌	大肠埃希氏菌（阴性）
BS 琼脂	菌落为黑色有金属光泽、棕褐色或灰色,菌落周围培养基可呈黑色或棕色;有些菌株形成灰绿色的菌落,周围培养基不变。	不生长
HE 琼脂	蓝绿色或蓝色,多数菌落中心黑色或几乎全黑色;有些菌株为黄色,中心黑色或几乎全黑色	红色或鲑肉色,周围有沉淀
XLD 琼脂	菌落呈粉红色,带或不带黑色中心,有些菌株可呈现大的带光泽的黑色中心,或呈现全部黑色的菌落;有些菌株为黄色菌落,带或不带黑色中心。	黄色,不透明,周围有黄色沉淀

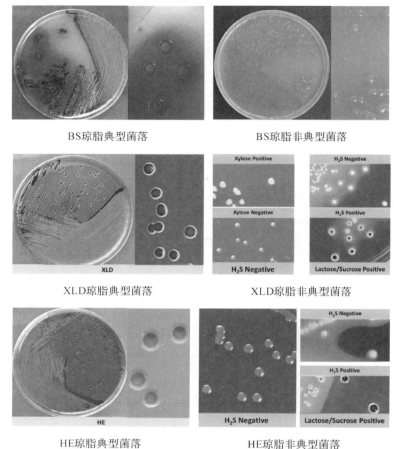

BS琼脂典型菌落　　　　　　　　　　BS琼脂非典型菌落

XLD琼脂典型菌落　　　　　　　　　XLD琼脂非典型菌落

HE琼脂典型菌落　　　　　　　　　HE琼脂非典型菌落

图 3-3　沙门氏菌在 BS、XLD、HE 琼脂甲板中典型与非典型菌落形态

(四)生化试验

1. 自选择性琼脂平板上分别挑取 2 个以上典型或可疑菌落,接种三糖铁琼脂,先在斜面划线,再于底层穿刺;接种针不要灭菌,直接接种赖氨酸脱羧酶试验培养基和营养琼脂平板,于(36±1)℃培养 18～24 h,必要时可延长至 48 h。在三糖铁琼脂和赖氨酸脱羧酶试验培养基内,沙门氏菌属的反应结果见表 3-2。

表 3-2　沙门氏菌属在三糖铁琼脂和赖氨酸脱羧酶试验培养基内的反应结果

三糖铁琼脂				赖氨酸脱羧酶试验培养基	初步判断
斜面	底层	产气	硫化氢		
K	A	+(-)	+(-)	+	可疑沙门氏菌属
K	A	+(-)	+(-)	-	可疑沙门氏菌属
K	A	+(-)	+(-)	+	可疑沙门氏菌属
K	A	+/-	+/-		非沙门氏菌
K	A	+/-	+/-	+/-	非沙门氏菌

注:K:产碱,A:产酸;+:阳性,-:阴性;+(-):多数阳性,少数阴性;+/-:阳性或阴性。

2. 接种三糖铁琼脂和赖氨酸脱羧酶试验培养基的同时,可直接接种蛋白胨水(供做靛基质试验)、尿素琼脂(pH 7.2)、氰化钾(KCN)培养基,也可在初步判断结果后从营养琼脂平板上挑取可疑菌落接种。于$(36\pm1)℃$培养 18～24 h,必要时可延长至 48 h,按表3-3判定结果。将已挑菌落的平板储存于 2～5 ℃或室温至少保留 24 h,以备必要时复查。

表 3-3　沙门氏菌属生化反应初步鉴别表

反应序号	硫化氢(H_2S)	靛基质	pH 7.2 尿素	氰化钾(KCN)	赖氨酸脱羧酶
A1	+	－	－	－	+
A2	+	－	－	－	+
A3	－	－	－	－	+/－

注:＋阳性;－阴性;＋/－阳性或阴性。

①反应序号 A1:典型反应判定为沙门氏菌属。如尿素、KCN 和赖氨酸脱羧酶 3 项中有 1 项异常,按表 3-4 可判定为沙门氏菌。如有 2 项异常为非沙门氏菌。

表 3-4　沙门氏菌属生化反应初步鉴别表

pH 7.2 尿素	氰化钾(KCN)	赖氨酸脱羧酶	判定结果
－	－	－	甲型副伤寒沙门氏菌(要求血清学鉴定结果)
－	+	+	沙门氏菌Ⅳ或Ⅴ(要求符合本群生化特性)
+	－	+	沙门氏菌个别变体(要求血清学鉴定结果)

注:＋表示阳性;＋表示阴性。

②反应序号 A2:补做甘露醇和山梨醇试验,沙门氏菌靛基质阳性变体两项试验结果均为阳性,但需要结合血清学鉴定结果进行判定。

③反应序号 A3:补做 ONPG。ONPG 阴性为沙门氏菌,同时赖氨酸脱羧酶阳性,甲型副伤寒沙门氏菌为赖氨酸脱羧酶阴性。

④必要时按表 3-5 进行沙门氏菌生化群的鉴别。

表 3-5　沙门氏菌属各生化群的鉴别

项目	Ⅰ	Ⅱ	Ⅲ	Ⅳ	Ⅴ	Ⅵ
卫矛醇	+	+	－	－	+	－
山梨醇	+	+	+	+	+	－
水杨苷	－	－	－	+	－	－
ONPG	－	－	+	－	+	－
丙二酸盐	－	+	+	－	－	－
KCN	－	－	－	+	+	－

注:＋表示阳性;－表示阴性。

3. 如选择生化鉴定试剂盒或全自动微生物生化鉴定系统,可根据上述的初步判断结果,从营养琼脂平板上挑取可疑菌落,用生理盐水制备成浊度适当的菌悬液,使用生化鉴定试剂盒或全自动微生物生化鉴定系统进行鉴定。

(五)血清学鉴定

1.抗原的准备

一般采用 1.2％～1.5％琼脂培养物作为玻片凝集试验用的抗原。O 血清不凝集时，将菌株接种在琼脂量较高的（如 2％～3％）培养基上再检查；如果是由于 Vi 抗原的存在而阻止了 O 凝集反应时，可挑取菌苔于 1 mL 生理盐水中做成浓菌液，于酒精灯火焰上煮沸后再检查。H 抗原发育不良时，将菌株接种在 0.55％～0.65％半固体琼脂平板的中央，俟菌落蔓延生长时，在其边缘部分取菌检查；或将菌株通过装有 0.3％～0.4％半固体琼脂的小玻管 1～2 次，自远端取菌培养后再检查。

2.多价菌体抗原(O)鉴定

在玻片上划出 2 个约 1 cm×2 cm 的区域，挑取 1 环待测菌，各放 1/2 环于玻片上的每一区域上部，在其中一个区域下部加 1 滴多价菌体(O)抗血清，在另一区域下部加入 1 滴生理盐水，作为对照。再用无菌的接种环或针分别将两个区域内的菌落研成乳状液。将玻片倾斜摇动混合 1 min，并对着黑暗背景进行观察，任何程度的凝集现象皆为阳性反应。

3.多价鞭毛抗原(H)鉴定

同上述 O 抗原鉴定。

六、结果与报告

分离到的典型菌落，综合以上生化试验和血清学鉴定的结果：

如所有选择性平板中均未分离到沙门氏菌，则报告"25 g(mL)样品中未检出沙门氏菌"；

如任意选择性平板中分离到沙门氏菌，则报告 25 g(mL)样品中检出沙门氏菌。

【思考题】

1.简述沙门氏菌检验的步骤和目的。

2.试述沙门氏菌选择性琼脂 BS 和 XLD 的筛选原理。

3.沙门氏菌在没有典型菌落时仍要挑去非典型菌落进行鉴定的原因？

4.哪些新技术可用来缩短沙门氏菌的分离和鉴定的时间？具体在哪些步骤？

【附录】主要培养基和试剂

1.缓冲蛋白胨水(BPW)

(1)成分:蛋白胨 10.0 g,氯化钠 5.0 g,磷酸氢二钠(含 12 个结晶水) 9.0 g,磷酸二氢钾 1.5 g,蒸馏水 1000 mL。

(2)制法:将各成分加入蒸馏水中,搅混均匀,静置约 10 min,煮沸溶解,调节 pH 至 7.2±0.2,高压灭菌 121 ℃,15 min。

2.四硫磺酸钠煌绿(TTB)增菌液

(1)基础液。

成分:蛋白胨 10.0 g,牛肉膏 5.0 g,氯化钠 3.0 g,碳酸钙 45.0 g,蒸馏水 1000 mL。

制法:除碳酸钙外,将各成分加入蒸馏水中,煮沸溶解,再加入碳酸钙,调节 pH 至 7.0±0.2,高压灭菌 121 ℃,20 min。

（2）硫代硫酸钠溶液：硫代硫酸钠（含 5 个结晶水）50.0 g，蒸馏水加至 100 mL，高压灭菌 121 ℃，20 min。

（3）碘溶液：碘片 20.0 g，碘化钾 25.0 g，蒸馏水加至 100 mL。将碘化钾充分溶解于少量的蒸馏水中，再投入碘片，振摇玻瓶至碘片全部溶解为止，然后加蒸馏水至规定的总量，贮存于棕色瓶内，塞紧瓶盖备用。

（4）0.5%煌绿水溶液：煌绿 0.5 g，蒸馏水 100 mL。溶解后，存放暗处，不少于 1 d，使其自然灭菌。

（5）牛胆盐溶液：牛胆盐 10.0 g，蒸馏水 100 mL。加热煮沸至完全溶解，高压灭菌 121 ℃，20 min。

（6）制法：基础液 900 mL，硫代硫酸钠溶液 100 mL，碘溶液 20.0 mL，煌绿水溶液 2.0 mL，牛胆盐溶液 50.0 mL。临用前，按上列顺序，以无菌操作依次加入基础液中，每加一种成分，均应摇匀后再加入另一种成分。

3. 亚硒酸盐胱氨酸（SC）增菌液

成分：蛋白胨 5.0 g，乳糖 4.0 g，磷酸氢二钠 10.0 g，亚硒酸氢钠 4.0 g，L-胱氨酸 0.01 g，蒸馏水 1000 mL。

制法：除亚硒酸氢钠和 L-胱氨酸外，将各成分加入蒸馏水中，煮沸溶解，冷至 55℃ 以下，以无菌操作加入亚硒酸氢钠和 1 g/L L-胱氨酸溶液 10 mL（称取 0.1 gL-胱氨酸，加 1 mol/L 氢氧化钠溶液 15 mL，使溶解，再加无菌蒸馏水至 100 mL 即成，如为 DL-胱氨酸，用量应加倍）。摇匀，调节 pH 至 7.0±0.2。

4. 亚硫酸铋（BS）琼脂

成分：蛋白胨 10.0 g，牛肉膏 5.0 g，葡萄糖 5.0 g，硫酸亚铁 0.3 g，磷酸氢二钠 4.0 g，煌绿 0.025 g 或 5.0 g/L 水溶液 5.0 mL，柠檬酸铋铵 2.0 g，亚硫酸钠 6.0 g，琼脂 18.0～20.0 g，蒸馏水 1000 mL。

制法：将前三种成分加入 300 mL 蒸馏水（制作基础液），硫酸亚铁和磷酸氢二钠分别加入 20 mL 和 30 mL 蒸馏水中，柠檬酸铋铵和亚硫酸钠分别加入 20 mL 和 30 mL 蒸馏水中，琼脂加入 600 mL 蒸馏水中。然后分别搅拌均匀，煮沸溶解。冷至 80 ℃ 左右时，先将硫酸亚铁和磷酸氢二钠混匀，倒入基础液中，混匀。将柠檬酸铋铵和亚硫酸钠混匀，倒入基础液中，再混匀。调节 pH 至 7.5±0.2，随即倾入琼脂液中，混合均匀，冷至 50～55 ℃。加入煌绿溶液，充分混匀后立即倾注平皿。

注：本培养基不需要高压灭菌，在制备过程中不宜过分加热，避免降低其选择性，贮于室温暗处，超过 48 h 会降低其选择性，本培养基宜于当天制备，第二天使用。

5. HE 琼脂（Hektoen Enteric Agar）

成分：蛋白胨 12.0 g，牛肉膏 3.0 g，乳糖 12.0 g，蔗糖 12.0 g，水杨素 2.0 g，胆盐 20.0 g，氯化钠 5.0 g 琼脂 18.0～20.0 g，蒸馏水 1000 mL，0.4%溴麝香草酚蓝溶液 16.0 mL，Andrade 指示剂 20.0 mL，甲液 20.0 mL 乙液 20.0 mL。

制法：将前面七种成分溶解于 400 mL 蒸馏水内作为基础液；将琼脂加入于 600 mL 蒸馏水内。然后分别搅拌均匀，煮沸溶解。加入甲液和乙液于基础液内，调节 pH 至 7.5±0.2。再加入指示剂，并与琼脂液合并，待冷至 50～55 ℃ 倾注平皿。

注：①本培养基不需要高压灭菌，在制备过程中不宜过分加热，避免降低其选择性；②甲液

的配制,硫代硫酸钠 34.0 g,柠檬酸铁铵 4.0 g,蒸馏水 100 mL;③乙液的配制,去氧胆酸钠 10.0 g 蒸馏水 100 mL;④Andrade 指示剂,酸性复红 0.5 g,1 mol/L 氢氧化钠溶液 16.0 mL,蒸馏水 100 mL 将复红溶解于蒸馏水中,加入氢氧化钠溶液。数小时后如复红褪色不全,再加氢氧化钠溶液 1~2 mL。

6. 木糖赖氨酸脱氧胆盐(XLD)琼脂

(1)成分:酵母膏 3.0 g,L-赖氨酸 5.0 g,木糖 3.75 g,乳糖 7.5 g,蔗糖 7.5 g,去氧胆酸钠 2.5 g,柠檬酸铁铵 0.8 g,硫代硫酸钠 6.8 g,氯化钠 5.0 g,琼脂 15.0 g,酚红 0.08 g,蒸馏水 1000 mL。

(2)制法:除酚红和琼脂外,将其他成分加入 400 mL 蒸馏水中,煮沸溶解,调节 pH 至 7.4±0.2。另将琼脂加入 600 mL 蒸馏水中,煮沸溶解。将上述两溶液混合均匀后,再加入指示剂,待冷至 50~55 ℃倾注平皿。

注:本培养基不需要高压灭菌,在制备过程中不宜过分加热;避免降低其选择性;贮于室温暗处。本培养基宜于当天制备,第二天使用。

7. 三糖铁(TSI)琼脂

成分:蛋白胨 20.0 g,牛肉膏 5.0 g,乳糖 10.0 g,蔗糖 10.0 g,葡萄糖 1.0 g,硫酸亚铁铵(含 6 个结晶水)0.2 g,酚红 0.025 g 或 5.0 g/L 溶液 5.0 mL,氯化钠 5.0 g,硫代硫酸钠 0.2 g,琼脂 12.0 g,蒸馏水 1000 mL。

制法:除酚红和琼脂外,将其他成分加入 400 mL 蒸馏水中,煮沸溶解,调节 pH 至 7.4±0.2。另将琼脂加入 600 mL 蒸馏水中,煮沸溶解。

将上述两溶液混合均匀后,再加入指示剂,混匀,分装试管,每管约 2~4 mL,高压灭菌 121 ℃ 10 min 或 115 ℃ 15 min,灭菌后制成高层斜面,呈桔红色。

注:3%氯化钠三糖铁琼脂中除氯化钠添加量 30.0 g 外,其他成分和制法与上述相同。

8. 蛋白胨水、靛基质试剂

(1)蛋白胨水。

①成分:蛋白胨(或胰蛋白胨)20.0 g,氯化钠 5.0 g,蒸馏水 1000 mL

②制法:将上述成分加入蒸馏水中,煮沸溶解,调节 pH 至 7.4±0.2,分装小试管,121 ℃ 高压灭菌 15 min。

(2)靛基质试剂。

①柯凡克试剂:将 5 g 对二甲氨基甲醛溶解于 75 mL 戊醇中,然后缓慢加入浓盐酸 25 mL。

②欧-波试剂:将 1 g 对二甲氨基苯甲醛溶解于 95 mL 95%乙醇内。然后缓慢加入浓盐酸 20 mL。

(3)试验方法

挑取小量培养物接种,在(36±1)℃培养 1~2 d,必要时可培养 4~5 d。加入柯凡克试剂约 0.5 mL,轻摇试管,阳性者于试剂层呈深红色;或加入欧-波试剂约 0.5 mL,沿管壁流下,覆盖于培养液表面,阳性者于液面接触处呈玫瑰红色。

注:蛋白胨中应含有丰富的色氯酸。每批蛋白胨买来后,应先用已知菌种鉴定后方可使用。

9. 尿素琼脂(pH 7.2)

(1)成分:蛋白胨 1.0 g,氯化钠 5.0 g 葡萄糖 1.0 g 磷酸二氢钾 2.0 g,0.4%酚红 3.0 mL,琼脂 20.0 g,蒸馏水 1000 mL,20%尿素溶液 100 mL。

(2)制法:除尿素、琼脂和酚红外,将其他成分加入 400 mL 蒸馏水中,煮沸溶解,调节 pH

至 7.2±0.2。另将琼脂加入 600 mL 蒸馏水中,煮沸溶解。

将上述两溶液混合均匀后,再加入指示剂后分装,121 ℃高压灭菌 15 min。冷至 50～55 ℃,加入经除菌过滤的尿素溶液。尿素的最终浓度为 2%。分装于无菌试管内,放成斜面备用。

(3)试验方法:挑取琼脂培养物接种,在(36±1)℃培养 24 h,观察结果。尿素酶阳性者由于产碱而使培养基变为红色。

10.氰化钾(KCN)培养基

(1)成分:蛋白胨 10.0 g,氯化钠 5.0 g,磷酸二氢钾 0.225 g,磷酸氢二钠 5.64 g,蒸馏水1000 mL,0.5%氰化钾 20.0 mL。

(2)制法:将除氰化钾以外的成分加入蒸馏水中,煮沸溶解,分装后 121 ℃高压灭菌15 min。放在冰箱内使其充分冷却。每 100 mL 培养基加入 0.5%氰化钾溶液 2.0 mL(最后浓度为1:10000),分装于无菌试管内,每管约 4 mL,立刻用无菌橡皮塞塞紧,放在 4 ℃冰箱内,至少可保存两个月。同时,将不加氰化钾的培养基作为对照培养基,分装试管备用。

(3)试验方法:将琼脂培养物接种于蛋白胨水内成为稀释菌液,挑取 1 环接种于氰化钾(KCN)培养基。并另挑取 1 环接种于对照培养基。在(36±1)℃培养 1～2 d,观察结果。如有细菌生长即为阳性(不抑制),经 2 d 细菌不生长为阴性(抑制)。

注:氰化钾是剧毒药品,使用时应小心,切勿沾染,以免中毒。夏天分装培养基应在冰箱内进行。试验失败的主要原因是封口不严,氰化钾逐渐分解,产生氢氰酸气体逸出,以致药物浓度降低,细菌生长,因而造成假阳性反应。试验时对每一环节都要特别注意。

11.赖氨酸脱羧酶试验培养基

(1)成分:蛋白胨 5.0 g,酵母浸膏 3.0 g,葡萄糖 1.0 g,蒸馏水 1000 mL,1.6%溴甲酚紫-乙醇溶液 1.0 mL,L-赖氨酸或 DL-赖氨酸 0.5 g/100 mL 或 1.0 g/100 mL

(2)制法:除赖氨酸以外的成分加热溶解后,分装每瓶 100 mL,分别加入赖氨酸。L-赖氨酸按 0.5%加入,DL-赖氨酸按 1%加入。调节 pH 至 6.8±0.2。对照培养基不加赖氨酸。分装于无菌的小试管内,每管 0.5 mL,上面滴加一层液体石蜡,115 ℃高压灭菌 10 min。

(3)试验方法:从琼脂斜面上挑取培养物接种,于(36±1)℃培养 18～24 h,观察结果。氨基酸脱羧酶阳性者由于产碱,培养基应呈紫色。阴性者无碱性产物,但因葡萄糖产酸而使培养基变为黄色。对照管应为黄色。

注:3%赖氨酸脱羧酶培养基中除氯化钠添加量 30.0 g 外,其他配置和制法与上述相同。

12. 糖发酵管

(1)成分:牛肉膏 5.0 g,蛋白胨 10.0 g,氯化钠 3.0 g,磷酸氢二钠(含 12 个结晶水) 2.0 g,0.2%溴麝香草酚蓝溶液 12.0 mL,蒸馏水 1000 mL。

(2)制法:葡萄糖发酵管按上述成分配好后,调节 pH 至 7.4±0.2。按 0.5%加入葡萄糖,分装于有一个倒置小管的小试管内,121 ℃高压灭菌 15 min。

其他各种糖发酵管可按上述成分配好后,分装每瓶 100 mL,121 ℃高压灭菌 15 min。另将各种糖类分别配好 10%溶液,同时高压灭菌。将 5 mL 糖溶液加入于 100 mL 培养基内,以无菌操作分装小试管。

注:蔗糖不纯,加热后会自行水解者,应采用过滤法除菌。

(3)试验方法:从琼脂斜面上挑取小量培养物接种,于(36±1)℃培养,一般 2～3 d。迟缓反应需观察 14～30 d。

13.邻硝基酚 β-D 半乳糖苷（ONPG）培养基

（1）成分：邻硝基酚 β-D 半乳糖苷（ONPG）（O-Nitrophenyl-β-D-galactopyranoside）60 mg，0.01 mol/L 磷酸钠缓冲液（pH 7.5）10.0 mL，1%蛋白胨水（pH 7.5）30.0 mL

（2）制法：将 ONPG 溶于缓冲液内，加入蛋白胨水，以过滤法除菌，分装于无菌的小试管内，每管 0.5 mL，用橡皮塞塞紧。

（3）试验方法：自琼脂斜面上挑取培养物 1 满环接种于（36±1）℃培养 1～3 h 和 24 h 观察结果。如果 β-半乳糖苷酶产生，则于 1～3 h 变黄色，如无此酶则 24 h 不变色。

14.半固体琼脂

（1）成分：蛋白胨 1.0 g，牛肉膏 0.3 g，氯化钠 0.5 g，琼脂 0.3～0.7 g，蒸馏水 100.0 mL。

（2）制法：按以上成分配好，加热溶解，并校正 pH 至 7.4±0.2，分装小试管，121 ℃灭菌 15 min，直立凝固备用。

注：供动力观察、菌种保存、H 抗原位相变异试验等用。

15.丙二酸钠培养基

（1）成分：酵母浸膏 1.0 g，硫酸铵 2.0 g，磷酸氢二钾 0.6 g，磷酸二氢钾 0.4 g，氯化钠 2.0 g，丙二酸钠 3.0 g，0.2%溴麝香草酚蓝溶液 12.0 mL，蒸馏水 1000 mL。

（2）制法：除指示剂以外的成分溶解于水，调节 pH 至 6.8±0.2，再加入指示剂，分装试管，121 ℃高压灭菌 15 min。

（3）试验方法：用新鲜的琼脂培养物接种，于（36±1）℃培养 48 h，观察结果。阳性者由绿色变成蓝色。

检验六　食品中志贺氏菌检验

一、教学目的

1. 掌握食品中志贺氏菌检验的方法。
2. 学习志贺氏菌的生物学特性和致病性。

二、基本原理

志贺氏菌属（*Shigella*）是引起人细菌性痢疾的最主要肠杆菌,俗称痢疾杆菌或痢疾志贺氏菌。志贺氏菌主要通过食品加工、集体食堂和饮食行业的从业人员中痢疾患者或带菌者直接或间接污染食物,从而导致痢疾的发生,是一种危害较大的致病菌。志贺氏菌常寄居在人及较高猿类等的肠道里,营养不良的幼儿、老人及免疫缺陷者更为易感。志贺氏菌引起的细菌性痢疾主要通过消化道途径传播,根据宿主健康状况和年龄,一般只要 10 个菌体以上就能使人致病,其致病因素主要有侵袭力（菌毛）、菌体内毒素以及个别菌株产生的外毒素。

志贺氏菌属肠杆菌科,为一种不形成芽孢、无动力、无荚膜、无鞭毛,但有菌毛的革兰氏阴性无芽孢杆菌见图 3-4。本菌属都能分解葡萄糖,产酸不产气,大多数不分解乳糖,仅宋内氏菌迟缓发酵乳糖。志贺氏菌不利用葡萄糖胺、西蒙氏柠檬酸盐,不分解水杨酸、七叶苷;硝酸盐还原、甲基红阳性,尿素酶、赖氨酸脱羧酶试验阴性,对甘露醇的分解能力不同。志贺氏菌共有 A、B、C、D 四个亚群,分别是痢疾志贺菌、福氏志贺菌、鲍氏志贺菌和宋氏志贺菌,结合生化和血清上的各个特征可以区别四个亚群。A 群主要由不发酵甘露醇的菌组成（有些菌株例外）,其他三个亚群的菌都发酵甘露醇。B 群细菌在血清学上有内在联系,C 群中的菌彼此之间或与其他亚群血清上无关,D 群细菌培养几天后一般能发酵乳糖和蔗糖。

本菌按照《食品安全国家标准　食品微生物学检验　志贺氏菌检验》（GB 4789.5—2012)进行,主要通过增菌、选择性平板分离、生化鉴定、血清学鉴定等进行检验。

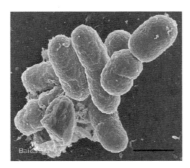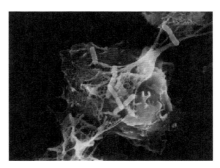

图 3-4　志贺氏菌菌体形态观察

三、检验设备和试剂

(一)主要设备

膜过滤系统、厌氧培养装置(41.5 ℃±1 ℃)、全自动微生物生化鉴定系统、均质器,显微镜(10×~100×)。

(二)试剂和培养基

志贺氏菌增菌肉汤－新生霉素、麦康凯(MAC)琼脂、木糖赖氨酸脱氧胆酸盐(XLD)琼脂、志贺氏菌显色培养基、三糖铁(TSI)琼脂、半固体琼脂、葡萄糖铵培养基、尿素琼脂、β-半乳糖苷酶培养基、氨基酸脱羧酶试验培养基、糖发酵管、西蒙氏柠檬酸盐培养基、黏液酸盐培养基、蛋白胨水、靛基质试剂、志贺氏菌属诊断血清、生化鉴定试剂盒。见本检验附录。

四、检验程序

志贺氏菌检验程序见图 3-5。

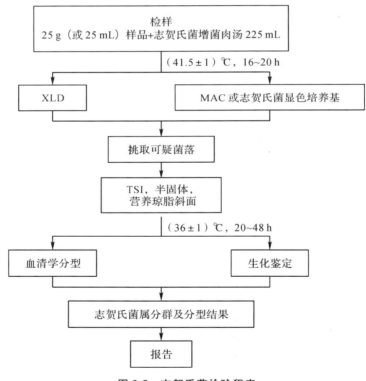

图 3-5　志贺氏菌检验程序

五、检验步骤

(一)增菌

以无菌操作取检样 25 g(mL),加入装有灭菌 225 mL 志贺氏菌增菌肉汤的均质杯,用旋转刀片式均质器以 8000~10000 r/min 均质;或加入装有 225 mL 志贺氏菌增菌肉汤的均质袋中,用拍击式均质器连续均质 1～2 min,液体样品振荡混匀即可。于(41.5±1)℃,厌氧培养 16～20 h。

(二)分离

取增菌后的志贺氏增菌液分别划线接种于 XLD 琼脂平板和 MAC 琼脂平板或志贺氏菌显色培养基平板上,于(36±1)℃培养 20～24 h,观察各个平板上生长的菌落形态。宋内氏志贺氏菌的单个菌落直径大于其他志贺氏菌。若出现的菌落不典型或菌落较小不易观察,则继续培养至 48 h 再进行观察。志贺氏菌在不同选择性琼脂平板上的菌落特征见表3-6 和图 3-6。

表 3-6 福氏志贺氏菌在不同选择性琼脂平板上的菌落特征

选择性琼脂平板	典型菌落	菌落特征
MAC 琼脂		无色至浅粉红色,半透明、光滑、湿润、圆形、边缘整齐或不齐
XLD 琼脂		粉红色至无色,半透明、光滑、湿润、圆形、边缘整齐或不齐

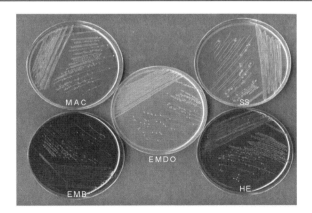

图 3-6 志贺氏菌在五种琼脂平板上的菌落形态

(三)初步生化试验

1.自选择性琼脂平板上分别挑取 2 个以上典型或可疑菌落,分别接种 TSI、半固体和营养琼脂斜面各一管,置(36±1)℃培养 20～24 h,分别观察结果。

2.凡是三糖铁琼脂中斜面产碱、底层产酸(发酵葡萄糖,不发酵乳糖,蔗糖)、不产气(福氏志贺氏菌 6 型可产生少量气体)、不产硫化氢及半固体管中无动力的菌株(图 3-7),挑取已培养的营养琼脂斜面上生长的菌苔,进行生化试验和血清学分型。

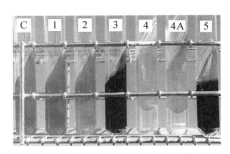

图 3-7　志贺氏菌和其他肠道菌在三糖铁中培养的现象

(四)生化试验及附加生化试验

1. 生化试验

用"初步生化试验"步骤一中已培养的营养琼脂斜面上生长的菌苔,进行生化试验,即β-半乳糖苷酶、尿素、赖氨酸脱羧酶、鸟氨酸脱羧酶以及水杨苷和七叶苷的分解试验。除宋内氏志贺氏菌、鲍氏志贺氏菌 13 型的鸟氨酸阳性,以及宋内氏菌和痢疾志贺氏菌 1 型,鲍氏志贺氏菌 13 型的 β-半乳糖苷酶为阳性以外,其余生化试验志贺氏菌属的培养物均为阴性结果。另外由于福氏志贺氏菌 6 型的生化特性和痢疾志贺氏菌或鲍氏志贺氏菌相似,必要时还需加做靛基质、甘露醇、棉子糖、甘油试验,也可做革兰氏染色检查和氧化酶试验,应为氧化酶阴性的革兰氏阴性杆菌。生化反应不符合的菌株,即使能与某种志贺氏菌分型血清发生凝集,仍不得判定为志贺氏菌属。志贺氏菌属生化特性如表 3-7。

表 3-7　志贺氏菌属四个群的生化特征

生化反应	A 群:痢疾志贺氏菌	B 群:福氏志贺氏菌	C 群:鲍氏志贺氏菌	D 群:宋内氏志贺氏菌
β-半乳糖苷酶	−[a]	−	−[a]	＋
尿素	−	−	−	−
赖氨酸脱羧酶	−	−	−	−
鸟氨酸脱羧酶	−	−	−	＋
水杨苷	−	−	−[b]	−
七叶苷	−	−	−	−
靛基质	−/＋	(＋)	−/＋	−
甘露醇	−	＋[c]	＋	＋
棉子糖	−	＋	−	＋
甘油	(＋)	−	(＋)	d

注:＋表示阳性;−表示阴性;−/＋表示多数阴性;＋/−表示多数阳性;(＋)表示迟缓阳性;d 表示有不同生化型。[a] 痢疾志贺 1 型和鲍氏 13 型为阳性;[b] 鲍氏 13 型为鸟氨酸阳性;[c] 福氏 4 型和 6 型常见甘露醇阴性变种。

2. 附加生化实验

由于某些不活泼的大肠埃希氏菌(anaerogenic *E. coli*)、A-D(Alkalescens-Disparbiotypes 碱性-异型)菌的部分生化特征与志贺氏菌相似,并能与某种志贺氏菌分型血清发生凝集;因此前面生化试验符合志贺氏菌属生化特性的培养物还需另加葡萄糖胺、西蒙氏柠檬酸盐、黏液酸盐试验(36 ℃培养 24～48 h)。志贺氏菌属和不活泼大肠埃希氏菌、A-D 菌的生化特性区别见表 3-8。

表 3-8　志贺氏菌属和不活泼大肠埃希氏菌、A-D 菌的生化特性区别

生化反应	A 群:痢疾 志贺氏菌	B 群:福氏 志贺氏菌	C 群:鲍氏 志贺氏菌	D 群:宋内氏 志贺氏菌	大肠埃希氏菌	A-D 菌
葡萄糖铵	－	－	－	－	＋	＋
西蒙氏柠檬盐	－	－	－	－	d	d
黏液酸盐	－	－	－	d	＋	d

注 1:＋表示阳性;－表示阴性;d 表示有不同生化型。

注 2:在葡萄糖铵、西蒙氏柠檬酸盐、黏液酸盐试验三项反应中志贺氏菌一般为阴性,而不活泼的大肠埃希氏菌、A-D(碱性-异型)菌至少有一项反应为阳性。

3.如选择生化鉴定试剂盒或全自动微生物生化鉴定系统,可根据"初步生化试验"步骤二的初步判断结果,用"初步生化试验"步骤 1 中已培养的营养琼脂斜面上生长的菌苔,使用生化鉴定试剂盒或全自动微生物生化鉴定系统进行鉴定。

(五)血清学鉴定

1.抗原的准备

志贺氏菌属没有动力,所以没有鞭毛抗原。志贺氏菌属主要有菌体(O)抗原。菌体(O)抗原又可分为型和群的特异性抗原。一般采用 1.2%～1.5%琼脂培养物作为玻片凝集试验用的抗原。

注 1:一些志贺氏菌如果因为 K 抗原的存在而不出现凝集反应时,可挑取菌苔于 1 mL 生理盐水做成浓菌液,100 ℃煮沸 15～60 min 去除 K 抗原后再检查。

注 2:D 群志贺氏菌既可能是光滑型菌株也可能是粗糙型菌株,与其他志贺氏菌群抗原不存在交叉反应。与肠杆菌科不同,宋内氏志贺氏菌粗糙型菌株不一定会自凝。宋内氏志贺氏菌没有 K 抗原。

2.凝集反应

在玻片上划出 2 个约 1 cm×2 cm 的区域,挑取一环待测菌,各放 1/2 环于玻片上的每一区域上部,在其中一个区域下部加 1 滴抗血清,在另一区域下部加入 1 滴生理盐水,作为对照。再用无菌的接种环或针分别将两个区域内的菌落研成乳状液。将玻片倾斜摇动混合 1 min,并对着黑色背景进行观察,如果抗血清中出现凝结成块的颗粒,而且生理盐水中没有发生自凝现象,那么凝集反应为阳性。如果生理盐水中出现凝集,视作为自凝。这时,应挑取同一培养基上的其他菌落继续进行试验。

如果待测菌的生化特征符合志贺氏菌属生化特征,而其血清学试验为阴性的话,则按"抗原的准备"注 1 进行试验。

3.血清学分型(选做项目)

先用四种志贺氏菌多价血清检查,如果呈现凝集,则再用相应各群多价血清分别试验。先用 B 群福氏志贺氏菌多价血清进行实验,如呈现凝集,再用其群和型因子血清分别检查。如果 B 群多价血清不凝集,则用 D 群宋内氏志贺氏菌血清进行实验,如呈现凝集,则用其Ⅰ相和Ⅱ相血清检查;如果 B、D 群多价血清都不凝集,则用 A 群痢疾志贺氏菌多价血

清及 1~12 各型因子血清检查,如果上述三种多价血清都不凝集,可用 C 群鲍氏志贺氏菌多价检查,并进一步用 1~18 各型因子血清检查。福氏志贺氏菌各型和亚型的型抗原和群抗原鉴别如表 3-9。

表 3-9　福氏志贺氏菌各型和亚型的型抗原和群抗原的鉴别表

型和亚型	型抗原	群抗原	在群因子血清中的凝集		
			3,4	6	7,8
1a	Ⅰ	4	+	−	−
1b	Ⅰ	(4),6	(+)	+	−
2a	Ⅱ	3,4	+	−	−
2b	Ⅱ	7,8	−	−	+
3a	Ⅲ	(3,4),6,7,8	(+)	+	+
3b	Ⅲ	(3,4),6	(+)	+	−
4a	Ⅳ	3,4	+	−	−
4b	Ⅳ	6	−	+	−
4c	Ⅳ	7,8	−	−	+
5a	Ⅴ	(3,4)	(+)	−	−
5b	Ⅴ	7,8	−	−	+
6	Ⅵ	4	+	−	−
X	−	7,8	−	−	+
Y	−	3,4	+	−	−

注:+表示凝集;−表示不凝集;( )表示有或无。

六、结果报告

综合以上生化试验和血清学鉴定的结果,报告 25 g(mL)样品中检出或未检出志贺氏菌。

【思考题】

1.试述食品中志贺氏菌的前增菌条件及其原因。

2.比较动门氏菌和志贺氏菌在木糖赖氨酸脱氧胆盐(XLD)琼脂的菌落形态,分析其原因。

3.解释图 3-6 中五种三糖铁斜面培养基中可能存在的细菌,并分析其鉴定的原理。

【附录】主要培养基和试剂

1.志贺氏菌增菌肉汤-新生霉素(Shigella broth)

(1)成分:胰蛋白胨 20.0 g,葡萄糖 1.0 g,磷酸氢二钾 2.0 g,磷酸二氢钾 2.0 g,氯化钠 5.0 g,吐温 80(Tween80)1.5 mL,蒸馏水 1000.0 mL。

(2)新生霉素溶液:新生霉素 25.0mg 溶解于蒸馏水 1000.0 mL,用孔径 0.22 μm 过滤膜除菌,如不立即使用,在2～8℃条件下可储存一个月。临用时每225 mL志贺氏菌增菌肉汤加入5 mL新生霉素溶液,混匀。

(3)制法:将以上成分混合加热溶解,冷却至25℃左右校正pH至7.0±0.2,分装适当的容器,121℃灭菌15 min。取出后冷却至50～55℃,加入除菌过滤的新生霉素溶液(0.5 μg/mL),分装225 mL备用。

注:如不立即使用,在2～8℃条件下可储存一个月。

2.麦康凯(MAC)琼脂

(1)成分:蛋白胨20.0 g,乳糖10.0 g,3号胆盐1.5 g,氯化钠5.0 g,中性红0.03 g,结晶紫0.001 g,琼脂15.0 g,蒸馏水1000.0 mL

(2)制法:将以上成分混合加热溶解,冷却至25℃左右校正pH至7.2±0.2,分装,121℃高压灭菌15 min。冷却至45～50℃,倾注平板。

注:如不立即使用,在2～8℃条件下可储存二周。

3.木糖赖氨酸脱氧胆盐(XLD)琼脂

见检验五附录的"6.木糖赖氨酸脱氧胆盐(XLD)琼脂"。

4.三糖铁(TSI)琼脂

见检验五附录的"7.三糖铁(TSI)琼脂"。

5.营养琼脂斜面

见检验三附录的"7.营养琼脂斜面"。

6.半固体琼脂

见检验五附录的"14.半固体琼脂"。

7.葡萄糖铵培养基

(1)成分:氯化钠5.0 g,硫酸镁(MgSO₄·7H₂O)0.2 g,磷酸二氢铵1.0 g,磷酸氢二钾1.0 g,葡萄糖2.0 g,琼脂20.0 g,0.2%溴麝香草酚蓝水溶液40.0 mL,蒸馏水1000.0 mL。

(2)制法:先将盐类和糖溶解于水内,校正pH至6.8±0.2,再加琼脂加热溶解,然后加入指示剂。混合均匀后分装试管,121℃高压灭菌15 min。制成斜面备用。

(3)试验方法:用接种针轻轻触及培养物的表面,在盐水管内做成极稀的悬液,肉眼观察不到混浊,以每一接种环内含菌数在20～100之间为宜。将接种环灭菌后挑取菌液接种,同时再以同法接种普通斜面一支作为对照。于(36±1)℃培养24 h。阳性者葡萄糖铵斜面上有正常大小的菌落生长;阴性者不生长,但在对照培养基上生长良好。如在葡萄糖铵斜面生长极微小的菌落可视为阴性结果。

注:容器使用前应用清洁液浸泡。再用清水、蒸馏水冲洗干净,并用新棉花做成棉塞,干热灭菌后使用。如果操作时不注意,有杂质污染时,易造成假阳性的结果。

8.尿素琼脂(pH 7.2)

见检验五附录的"9.尿素琼脂(pH 7.2)"。

9.β-半乳糖苷酶培养基

(1)液体法(ONPG法)。

①成分:邻硝基苯β-D-半乳糖苷(ONPG 60.0 mg,0.01 mol/L磷酸钠缓冲液(pH 7.5±0.2)10.0 mL,1%蛋白胨水(pH 7.5±0.2)30.0 mL

②制法:将 ONPG 溶于缓冲液内,加入蛋白胨水,以过滤法除菌,分装于 10 mm×75 mm 试管内,每管 0.5 mL,用橡皮塞塞紧。

③试验方法:自琼脂斜面挑取培养物一满环接种,于(36±1)℃培养 1~3 h 和 24 h 观察结果。如果 β-D-半乳糖苷酶产生,则于 1~3 h 变黄色,如无此酶则 24 h 不变色。

(2)平板法(X-Gal 法)

①成分:蛋白胨 20.0 g 氯化钠 3.0 g,5-溴-4-氯-3-吲哚-β-D-半乳糖苷(X-Gal)200.0 mg,琼脂 15.0 g,蒸馏水 1000.0 mL

②制法:将各成分加热煮沸于 1 L 水中,冷却至 25 ℃左右校正 pH 至 7.2±0.2,115 ℃高压灭菌 10 min。倾注平板避光冷藏备用。

③试验方法:挑取琼脂斜面培养物接种于平板,划线和点种均可,于(36±1)℃培养 18~24 h 观察结果。如果 β-D 半乳糖苷酶产生,则平板上培养物颜色变蓝色,如无此酶则培养物为无色或不透明色,培养 48~72 h 后有部分转为淡粉红色。

10. 糖发酵管

见检验五附录的"12. 糖发酵管"。

11. 氨基酸脱羧酶试验培养基

(1)成分:蛋白胨 5.0 g,酵母浸膏 3.0 g,葡萄糖 1.0 g,1.6% 溴甲酚紫-乙醇溶液 1.0 mL,L 型或 DL 型赖氨酸和鸟氨酸 0.5 g/100 mL 或 1.0 g/100mL,蒸馏水 1000.0 mL

(2)制法:除氨基酸以外的成分加热溶解后,分装每瓶 100 mL,分别加入赖氨酸和鸟氨酸。L-氨基酸按 0.5% 加入,DL-氨基酸按 1% 加入,再校正 pH 至 6.8±0.2。对照培养基不加氨基酸。分装于灭菌的小试管内,每管 0.5 mL,上面滴加一层石蜡油,115 ℃高压灭菌 10 min。

(3)试验方法:从琼脂斜面上挑取培养物接种,于(36±1)℃培养 18~24 h,观察结果。氨基酸脱羧酶阳性者由于产碱,培养基应呈紫色。阴性者无碱性产物,但因葡萄糖产酸而使培养基变为黄色。阴性对照管应为黄色,空白对照管为紫色。

12. 西蒙氏柠檬酸盐培养基

(1)成分:氯化钠 5.0 g,硫酸镁(MgSO$_4$·7H$_2$O)0.2 g,磷酸二氢铵 1.0 g,磷酸氢二钾 1.0 g,柠檬酸钠 5.0 g,琼脂 20 g,0.2% 溴麝香草酚蓝溶液 40.0 mL,蒸馏水 1000.0 mL

(2)制法:先将盐类溶解于水内,pH 调至 6.8±0.2,加入琼脂,加热溶化。然后加入指示剂,混合均匀后分装试管,121 ℃灭菌 15 min。制成斜面备用。

(3)试验方法:挑取少量琼脂培养物接种,于(36±1)℃培养 4 d,每天观察结果。阳性者斜面上有菌落生长,培养基从绿色转为蓝色。

13. 黏液酸盐培养基

(1)测试肉汤。

①成分:酪蛋白胨 10.0 g,溴麝香草酚蓝溶液 0.024 g,蒸馏水 1000.0 mL,黏液酸 10.0 g。

②制法:慢慢加入 5 N 氢氧化钠以溶解黏液酸,混匀。其余成分加热溶解,加入上述黏液酸,冷却至 25 ℃左右校正 pH 至 7.4±0.2,分装试管,每管约 5 mL,于 121 ℃高压灭菌 10 min。

(2)质控肉汤。

①成分:酪蛋白胨 10.0 g 溴麝香草酚蓝溶液 0.024 g 蒸馏水 1000.0 mL。

②制法:所有成分加热溶解,冷却至 25 ℃左右校正 pH 至 7.4±0.2,分装试管,每管约 5 mL,于 121 ℃高压灭菌 10 min。

（3）试验方法：将待测新鲜培养物接种测试肉汤和质控肉汤，于（36±1）℃培养 48 h 观察结果，肉汤颜色蓝色不变则为阴性结果，黄色或稻草黄色为阳性结果。

14. 蛋白胨水、靛基质试剂

（1）成分：蛋白胨（或胰蛋白胨）20.0 g，氯化钠 5.0 g，蒸馏水 1000.0 mL，pH 7.4。

（2）制法：按上述成分配制，分装小试管，121 ℃高压灭菌 15 min。

注：此试剂在 2～8 ℃条件下可储存一个月。

（3）靛基质试剂：

柯凡克试剂：将 5 g 对二甲氨基苯甲醛溶解于 75 mL 戊醇中。然后缓慢加入浓盐酸25 mL；

欧-波试剂：将 1 g 对二甲氨基苯甲醛溶解于 95 mL 95％乙醇内。然后缓慢加入浓盐酸 20 mL。

（4）试验方法：挑取少量培养物接种，在（36±1）℃培养 1～2 d，必要时可培养 4～5 d。加入柯凡克试剂约 0.5 mL，轻摇试管，阳性者于试剂层呈深红色；或加入欧-波试剂约 0.5 mL，沿管壁流下，覆盖于培养液表面，阳性者于液面接触处呈玫瑰红色。

注：蛋白胨中应含有丰富的色氨酸。每批蛋白胨买来后，应先用已知菌种鉴定后方可使用，此试剂在 2～8 ℃条件下可储存一个月。

检验七　食品中致泻性大肠埃希氏菌检验

一、教学目的

1.学习致泻大肠埃希氏菌的分类及其危害。

2.掌握食品中致泻大肠埃希氏菌检验的方法。

3.了解多重 PCR 检测。

二、基本原理

致泻大肠埃希氏菌（Diarrheagenic *Escherichia coli*）是指一类能引起人体以腹泻症状为主的大肠埃希氏菌,可经过污染食物引起人类发病。常见的致泻大肠埃希氏菌主要包括肠道致病性大肠埃希氏菌（Enteropathogenic *E. coli*,EPEC）、肠道侵袭性大肠埃希氏菌（Enteroinvasive *E. coli*,EIEC）、产肠毒素大肠埃希氏菌（Enterotoxigenic *E. coli*,ETEC）、产志贺毒素大肠埃希氏菌（Shigatoxin-producing *E. coli*,STEC）（包括肠道出血性大肠埃希氏菌（Enterohemorrhagic *E. coli*,EHEC））和肠道集聚性大肠埃希氏菌（Enteroaggregative *E. coli*,EAEC）。其菌体形态见图3-8。

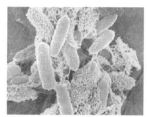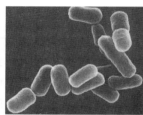

图 3-8　致泻性大肠埃希氏菌的菌体形态

肠道致病性大肠埃希氏菌 EPEC:能够引起宿主肠黏膜上皮细胞黏附及擦拭性损伤的毒力,如菌毛（BAF 基因）、LEE 毒力岛等,且不产生志贺毒素的大肠埃希氏菌。该菌是婴幼儿腹泻的主要病原菌,有高度传染性,严重者可致死。

肠道侵袭性大肠埃希氏菌 EIEC:能够侵入肠道上皮细胞而引起痢疾样腹泻的大肠埃希氏菌。该菌无动力、不发生赖氨酸脱羧反应、不发酵乳糖,生化反应和抗原结构均近似痢疾志贺氏菌。侵入上皮细胞的关键基因是侵袭性质粒上的抗原编码基因及其调控基因,如ipaH 基因、ipaR 基因（又称为 invE 基因）。

产肠毒素大肠埃希氏菌 ETEC:能够分泌热稳定性肠毒素或/和热不稳定性肠毒素的大肠埃希氏菌。该菌可引起婴幼儿和旅游者腹泻,一般呈轻度水样腹泻,也可呈严重的霍乱样症状,低热或不发热。腹泻常为自限性,一般 2～3 d 即自愈。

产志贺毒素大肠埃希氏菌 STEC,(肠道出血性大肠埃希氏菌 EHEC):能够分泌志贺毒素、引起宿主肠黏膜上皮细胞黏附及擦拭性损伤的大肠埃希氏菌。有些产志贺毒素大肠埃希氏菌在临床上引起人类出血性结肠炎或血性腹泻,并可进一步发展为溶血性尿毒综合征（HUS），这类产志贺毒素大肠埃希氏菌为肠道出血性大肠埃希氏菌。

肠道集聚性大肠埃希氏菌 EAEC：肠道集聚性大肠埃希氏菌不侵入肠道上皮细胞，但能引起肠道液体蓄积。不产生热稳定性肠毒素或热不稳定性肠毒素，也不产生志贺毒素。唯一特征是能对 Hep-2 细胞形成集聚性黏附，也称 Hep-2 细胞黏附性大肠埃希氏菌。因此，利用毒力基因来鉴定致泻大肠埃希氏菌得到广泛应用。

食品中本菌按照《食品安全国家标准 食品微生物学检验 致泻大肠埃希氏菌检验》（GB 4789.5—2016）进行，主要通过前增菌、增菌、选择性平板分离、生化鉴定、PCR 确认试验、血清学试验等过程进行。

三、检验设备和试剂

（一）主要设备

涡旋混匀器、拍打式均质器、毛细电泳仪、微型离心机。

（二）试剂和培养基

营养肉汤，肠道菌增菌肉汤，麦康凯琼脂（MAC），伊红美蓝琼脂（EMB），三糖铁（TSI）琼脂，尿素琼脂（pH 7.2），氰化钾（KCN）培养基，氧化酶试剂，BHI 肉汤，福尔马林（含 38%～40%甲醛），大肠埃希氏菌诊断血清，灭菌去离子水，0.85%灭菌生理盐水，TE（pH 8.0），10×PCR 反应缓冲液，25 mmol/L MgCl$_2$，dNTPs（dATP、dTTP、dGTP、dCTP）每种浓度为2.5 mmol/L，5 U/L Taq 酶，引物，50×TAE 电泳缓冲液，琼脂糖，溴化乙锭（EB）或其他核酸染料，6×上样缓冲液，Marker：相对分子质量包含 100～1500 bp 条带，致泻大肠埃希氏菌 PCR 试剂盒，见检验附录。

四、检验程序

致泻大肠埃希氏菌检验程序见图 3-9。

五、检验步骤

（一）样品制备

1.固态或半固态样品：以无菌操作称取检样 25 g，加入装有 225 mL 营养肉汤的均质杯中，用旋转刀片式均质器 8000～10000 r/min 均质 1～2 min；或加入装有 225 mL 营养肉汤的均质袋中，用拍击式均质器均质 1～2 min。

2.液态样品：以无菌操作量取检样 25 mL，加入装有 225 mL 营养肉汤的无菌锥形瓶（瓶内可预置适当数量的无菌玻璃珠），振荡混匀。

（二）增菌

将制备的样品匀液于（36±1）℃培养 6 h。取 10 μL，接种于 30 mL 肠道菌增菌肉汤管内，于（42±1）℃培养 18 h。

（三）分离

将增菌液划线接种 MAC 和 EMB 琼脂平板，于（36±1）℃培养 18～24 h，观察菌落特征。在 MAC 琼脂平板上，分解乳糖的典型菌落为砖红色至桃红色，不分解乳糖的菌落为

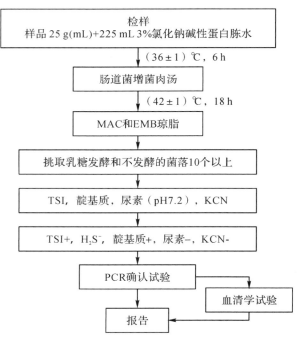

图 3-9　致泻大肠埃希氏菌检验程序

无色或淡粉色;在 EMB 琼脂平板上,分解乳糖的典型菌落为中心紫黑色带或不带金属光泽,不分解乳糖的菌落为无色或淡粉色,典型菌落如图 3-10 所示。

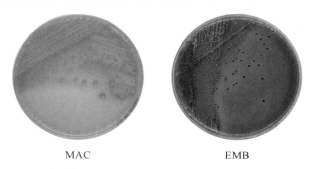

|MAC|EMB|

图 3-10　致泻大肠埃希氏菌在两种琼脂平板上的典型菌落形态

(四)生化试验

1.选取平板上可疑菌落 10～20 个(10 个以下全选),应挑取乳糖发酵,以及乳糖不发酵和迟缓发酵的菌落,分别接种 TSI 斜面。同时将这些培养物分别接种蛋白胨水、尿素琼脂(pH 7.2)和 KCN 肉汤。于(36±1)℃培养 18～24 h。

2.TSI 斜面产酸或不产酸,底层产酸,靛基质阳性,H₂S 阴性和尿素酶阴性的培养物为大肠埃希氏菌。TSI 斜面底层不产酸,或 H₂S、KCN、尿素有任一项为阳性的培养物,均非大肠埃希氏菌。必要时做革兰氏染色和氧化酶试验。大肠埃希氏菌为革兰氏阴性杆菌,氧化酶阴性。

3.如选择生化鉴定试剂盒或微生物鉴定系统,可从营养琼脂平板上挑取经纯化的可疑菌落用无菌稀释液制备成浊度适当的菌悬液,使用生化鉴定试剂盒或微生物鉴定系统进行鉴定。

（五）PCR 确认试验

1.取生化反应符合大肠埃希氏菌特征的菌落进行 PCR 确认试验。

注:PCR 实验室区域设计、工作基本原则及注意事项应参照《疾病预防控制中心建设标准》（建标 127—2009）和国家卫生和计划生育委员会（原卫生部）（2010）《医疗机构临床基因扩增管理办法》附录（医疗机构临床基因扩增检验实验室工作导则）。

2.使用 1 μL 接种环刮取营养琼脂平板或斜面上培养 18～24 h 的菌落,悬浮在 200 μL 0.85％灭菌生理盐水中,充分打散制成菌悬液,于 13 000 r/min 离心 3 min,弃掉上清液。加入 1 mL 灭菌去离子水充分混匀菌体,于 100 ℃ 水浴或者金属浴维持 10 min;冰浴冷却后,13 000 r/min 离心 3 min,收集上清液;按 1∶10 的比例用灭菌去离子水稀释上清液,取 2 μL 作为 PCR 检测的模板;所有处理后的 DNA 模板直接用于 PCR 反应或暂存于 4 ℃ 并当天进行 PCR 反应;否则,应在 -20 ℃ 以下保存备用（1 周内）。也可用细菌基因组提取试剂盒提取细菌 DNA,操作方法按照细菌基因组提取试剂盒说明书进行。

3.每次 PCR 反应使用 EPEC、EIEC、ETEC、STEC/EHEC、EAEC 标准菌株作为阳性对照。同时,使用大肠埃希氏菌 ATCC25922 或等效标准菌株作为阴性对照,以灭菌去离子水作为空白对照,控制 PCR 体系污染。致泻大肠埃希氏菌特征性基因见表 3-10。

表 3-10　五种致泻大肠埃希氏菌特征基因

致泻大肠埃希氏菌类别	特征性基因	
EPEC	*esc V* 或 *eae*、*bfpB*	
STEC/EHEC	*escV* 或 *eae*、*stx1*、*stx2*	
EIEC	*invE* 或 *ipaH*	*uidA*
ETEC	*lt*、*stp*、*sth*	
EAEC	*astA*、*aggR*、*pic*	

4.PCR 反应体系配制。每个样品初筛需配置 12 个 PCR 扩增反应体系,对应检测 12 个目标基因,具体操作如下:使用 TE 溶液（pH 8.0）将合成的引物干粉稀释成 100 μmol/L 储存液。根据表 3-11 中每种目标基因对应 PCR 体系内引物的终浓度,使用灭菌去离子水配制 12 种目标基因扩增所需的 10× 引物工作液（以 *uidA* 基因为例,见表 3-11）。将 10× 引物工作液、10×PCR 反应缓冲液 25 mmol/L MgCl$_2$、2.5 mmol/L dNTPs、灭菌去离子水从 -20℃ 冰箱中取出,融化并平衡至室温,使用前混匀;5U/μL Taq 酶在加样前从 -20℃ 冰箱中取出。每个样品见表 3-13 的加液量配制 12 个 25 μL 反应体系,分别使用 12 种目标基因对应的 10× 引物工作液。

表 3-11　五种致泻大肠埃希氏菌目标基因引物序列及每个 PCR 体系内的终浓度

引物名称	引物序列^c	终浓度 （μmol/L）	PCR 产物长度 （bp）
uidA-F *uidA*-R	5'-ATG CCA GTC CAG CGT TTT TGC-3' 5'-AAA GTG TGG GTC AAT AAT CAG GAA GTG-3'	0.2 0.2	1487

引物名称	引物序列[c]	终浓度 （μmol/L）	PCR 产物长度 （bp）
escV-F escV-R	5'-ATT CTG GCT CTC TTC TTC TTT ATG GCT G-3' 5'-CGT CCC CTT TTA CAA ACT TCA TCG C-3'	0.4 0.4	544
eae-F[a] eae-R[a]	5,-ATT ACC ATC CAC ACA GAC GGT-3' 5'-ACA GCG TGG TTG GAT CAA CCT-3'	0.2 0.2	397
bfpB-F bfpB-R	5'-GAC ACC TCA TTG CTG AAG TCG-3' 5'-CCA GAA CAC CTC CGT TAT GC-3'	0.1 0.1	910
stx 1-F stx 1-R	5'-CGA TGT TAC GGT TTG TTA CTG TGA CAG C-3' 5'-AAT GCC ACG CTT CCC AGA ATT G-3'	0.2 0.2	244
stx2-F stx 2-R	5'-GTT TTG ACC ATC TTC GTC TGA TTA TTG AG-3' 5'-AGC GTA AGG CTT CTG CTG TGA C-3'	0.4 0.4	324
lt-F lt-R	5'-GAA CAG GAG GTT TCT GCG TTA GGT G-3' 5'-CTT TCA ATG GCT TTT TTT GGG AGT C-3'	0.1 0.1	655
stp-F stp-R	5'-CCT CTT TTA GYC AGA CAR CTG AAT CAS TTG-3' 5'-CAG GCA GGA TTA CAA CAA AGT TCA CAG-3'	0.4 0.4	157
sth-F sth-R	5'-TGT CTT TTT CAC CTT TCG CTC-3' 5'-CGG TAC AAG CAG GAT TAC A AC AC-3'	0.2 0.2	171
sth-F sth-R	5'-TGT CTT TTT CAC CTT TCG CTC-3' 5'-CGG TAC AAG CAG GAT TAC A AC AC-3'	0.2 0.2	171
invE-F invE-R	5'-CGA TAG ATG GCG AGA A AT TAT ATC CCG-3' 5'-CGA TCA AGA ATC CCT A AC AGA AGA ATC AC-3'	0.2 0.2	766
ipaH-F[b] ipaH-R[b]	5'-TTG ACC GCC TTT CCG ATA CC-3' 5'-ATC CGC ATC ACC GCT CAG AC-3'	0.1 0.1	647
aggR-F aggR-R	5'-ACG CAG ACT TGC CTG ATA AAGV3' 5'-AAT ACA GAA TCG TCA GCA TCA GC-3'	0.2 0.2	400
pic-F pic-R	5'-AGC CGT TTC CGC AGA AGC C-3' 5'-AAA TGT CAG TGA ACC GAC GAT TGG-3'	0.2 0.2	1111
astA-F astA-R	5'-TGC CAT CAA CAC AGT ATA TCC G-3' 5'-ACG CTT TTG TAG TCC TTC CAT-3'	0.4 0.4	102
16SrDNA-F 16SrDNA-R	5'-GGA GGC AGC AGT GGG AAT A-3' 5'-TGA CGG CGG TGT GTA CAA AG-3'	0.25 0.25	1062

注：[a] escV 和 eae 基因作其中一个；[b] invE 和 ipaH 基因选作其中一个；[c] 表中不同基因的引物序列可采用可靠性验证的其他序列代替。

表 3-12　每种目标基因扩增所需 10×引物工作液配制表

引物名称	体积/uL
100 μmol/L uidA-F	10×n
100 μmol/L uidA-R	10×n

续表

引物名称	体积/uL
灭菌去离子水	$100-2\times(10\times n)$
总体积	100

注：n 为每条引物在反应体系内的终浓度（详见表 3-12）。

表 3-13　五种致泻大肠埃希氏菌目标基因护增体系配制表

试剂名称	加样体积/μL
灭菌去离子水	12.1
$10\times$PCR 反应缓冲液	2.5
25 mmol/L MgCl$_2$	2.5
2.5 mmol/L dNTPs	3.0
$10\times$引物工作液	2.5
5 U/uL Taq 酶	0.4
DNA 模板	2.0
总体积	25

5. PCR 循环条件。预变性 94 ℃ 5 min；变性 94 ℃ 30 s，复性 63 ℃ 30 s，延伸 72 ℃ 1.5 min，30 个循环；72 ℃ 延伸 5 min。将配制完成的 PCR 反应管放入 PCR 仪中，核查 PCR 反应条件正确后，启动反应程序。

6. 称量 4.0 g 琼脂糖粉，加入至 200 mL 的 $1\times$TAE 电泳缓冲液中，充分混匀。使用微波炉反复加热至沸腾，直到琼脂糖粉完全融化形成清亮透明的溶液。待琼脂糖溶液冷却至 60 ℃ 左右时，加入溴化乙锭（EB）至终浓度为 0.5 μg/mL，充分混匀后，轻轻倒入已放置好梳子的模具中，凝胶长度要大于 10 cm，厚度宜为 3～5mm。检查梳齿下或梳齿间有无气泡，用一次性吸头小心排掉琼脂糖凝胶中的气泡。当琼脂糖凝胶完全凝结硬化后，轻轻拔出梳子，小心将胶块和胶床放入电泳槽中，样品孔放置在阴极端。向电泳槽中加入 $1\times$ TAE 电泳缓冲液，液面高于胶面 1～2 mm。将 5μL PCR 产物与 1 μL 6$\times$上样缓冲液混匀后，用微量移液器吸取混合液垂直伸入液面下胶孔，小心上样于孔中；阳性对照的 PCR 反应产物加入到最后一个泳道；第一个泳道中加入 2 μL 相对分子质量 Marker。接通电泳仪电源，根据公式：电压＝电泳槽正负极间的距离(cm)$\times$5 V/cm 计算并设定电泳仪电压数值；启动电压开关，电泳开始以正负极铂金丝出现气泡为准。电泳 30～45 min 后，切断电源。取出凝胶放入凝胶成像仪中观察结果，拍照并记录数据。

7. 结果判定。电泳结果中空白对照应无条带出现，阴性对照仅有 *uidA* 条带扩增，阳性对照中出现所有目标条带，PCR 试验结果成立。根据电泳图中目标条带大小，判断目标条带的种类，记录每个泳道中目标条带的种类，在表 3-14 和图 3-11 中查找不同目标条带种类及组合所对应的致泻大肠埃希氏菌类别。

8. 如用商品化 PCR 试剂盒或多重聚合酶链反应（MPCR）试剂盒，应按照试剂盒说明书进行操作和结果判定。

表 3-14　五种致泻大肠埃希氏菌目标条带与型别对照表

致泻大肠埃希氏菌类别	目标条带的种类组合	
EAEC	$aggR,astA,pic$ 中一条或一条以上阳性	
EPEC	$bfpB(+/-)$,escV$^a(+)$,$stx1(+)$,$stx2(-)$	
STEC/EHEC	escV$^a(+/-)$,$stx1(+)$,$stx2(-)$,$bfpB(-)$ escV$^a(+/-)$,$stx1(-)$,$stx2(+)$,$bfpB(-)$ escV$^a(+/-)$,$stx1(+)$,$stx2(+)$,$bfpB(-)$	$uidA^c(+/-)$
ETEC	lt,stp,sth 中一条或一条以上阳性	
EIEC	$invE^b(+)$	

注:a:在判定 EPEC 或 SETC/EHEC 时,$escV$ 与 eae 基因等效;b:在判定 EIEC 时,$invE$ 与 $ipaH$ 基因等效;c:97%以上大肠埃希氏菌为 $uidA$ 阳性。

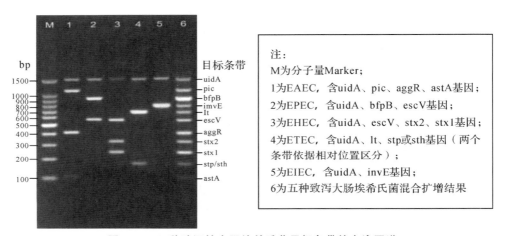

图 3-11　五种致泻性大肠埃希氏菌目标条带的电泳图谱

注:五种致泻性大肠埃希氏菌携带典型毒力基因扩增结果可能与实际扩增结果有所不同,应以《五种致泻大肠埃希氏菌目标条带与致病菌型对照表》为依据判定型别。

(六)血清学试验(选做项目)

1.取 PCR 试验确认为致泻大肠埃希氏菌的菌株进行血清学试验。

注:应按照生产商提供的使用说明进行 O 抗原和 H 抗原的鉴定。当生产商的使用说明与下面的描述可能有偏差时,按生产商提供的使用说明进行。

2.O 抗原鉴定

(1)假定试验:挑取经生化试验和 PCR 试验证实为致泻大肠埃希氏菌的营养琼脂平板上的菌落,根据致泻大肠埃希氏菌的类别,选用大肠埃希氏菌单价或多价 O 血清做玻片凝集试验。当与某一种多价 O 血清凝集时,再与该多价血清所包含的单价 O 血清做凝集试验。致泻大肠埃希氏菌所包括的 O 抗原群见表 3-15。如与某一单价 OK 血清呈现凝集反应,即为假定试验阳性。

(2)证实试验:用 0.85%灭菌生理盐水制备 O 抗原悬液,稀释至与 Mac Farland 3 号比浊管相当的浓度。原效价为 1:160～1:320 的 O 血清,用 0.5%盐水稀释至 1:40。将稀释血清与抗原悬液于 10 mm×75 mm 试管内等量混合,做单管凝集试验。混匀后放于(50±1)℃水浴箱内,经 16 h 后观察结果。如出现凝集,可证实为该 O 抗原。

表 3-15　致泻大肠埃希氏菌的主要 O 抗原

DEC 类别	DEC 主要的 O 抗原
EPEC	O26,O55,O86,O111ab,O114,O119,O125ac,O127,O128ab,O142,O158 等
STEC/EHEC	O4,O26,O45,O91,O103,O104,O111,O113,O121,O128,O157 等
EIEC	O28ac,O29,O112ac,O115,O124,O135,O136,O143,O144,O152,O164,O167 等
ETEC	O6 O11,O15,O20,O25,O26,O27,O63,O78,O85,O114,O115,O128ac,O148,O149,O159,O166,O167 等
EAEC	O9,O62,O73,O101,O134 等

3. H 抗原鉴定

(1)取菌株穿刺接种半固体琼脂管,(36±1)℃培养 18~24 h,取顶部培养物 1 环接种至 BHI 液体培养基中,于(36±1)℃培养 18~24 h。加入福尔马林至终浓度为 0.5%,做玻片凝集或试管凝集试验。

(2)若待测抗原与血清均无明显凝集,应从首次穿刺培养管中挑取培养物,再进行 2 次~3 次半固体管穿刺培养,按照上一步进行试验。

六、结果报告

1. 根据生化试验、PCR 确认试验的结果,报告 25 g(或 25 mL)样品中检出或未检出某类致泻大肠埃希氏菌。

2. 如果进行血清学试验,根据血清学试验的结果,报告 25 g(或 25 mL)样品中检出的某类致泻大肠埃希氏菌血清型别。

【思考题】

1. 简述致泻大肠埃希氏菌的种类。

2. 试述生化鉴定和毒力基因检测对致泻大肠埃希氏菌确认作用。

3. 试述多重 PCR 确认致泻大肠埃希氏菌的原理,如何进行结果判断。

【附录 1】缩略语

1. *esc*V:蛋白分泌物调节基因,gene encoding LEE-encoded typeⅢ secretion system factor

2. *eae*:紧密素基因,gene encoding intimin for *Escherichia coli* attaching and effacing

3. *bfp*B:束状菌毛 B 基因,bundle-forming pilus B

4. *stx*1:志贺毒素Ⅰ基因,Shiga toxin one

5. *stx*2:志贺毒素Ⅱ基因,Shiga toxin two

6. *lt*:热不稳定性肠毒素基因,heat-labile enterotoxin

7. *st*:热稳定性肠毒素基因,heat-stable enterotoxin

8. *stp*(*stIa*):猪源热稳定性肠毒素基因,heat-stable enterotoxins initially discovered in the

isolates from pigs

9. *sth*(*stIb*)：人源热稳定性肠毒素基因，heat-stable enterotoxins initially discovered in the isolates from human

10. *invE*：侵袭性质粒调节基因，invasive plasmid regulator

11. *ipaH*：侵袭性质粒抗原 H 基因，invasive plasmid antigen H-gene

12. *aggR*：集聚黏附菌毛调节基因，aggregative adhesive fimbriae regulator

13. *uidA*：β-葡萄糖苷酶基因，β-glucuronidase gene

14. *astA*：集聚热稳定性毒素 A 基因，enteroaggregative heat-stable enterotoxin A

15. *pic*：肠定植因子基因，protein involved in intestinal colonization

16. LEE：肠细胞损伤基因座，Locusofent erocyte effacement

17. EAF：EPEC 黏附因子，EPEC adhesive factor

【附录 2】主要培养基和试剂

1. 营养肉汤

成分：蛋白胨 10.0 g，牛肉膏 3.0 g，氯化钠 5.0 g，蒸馏水 1000.0 mL。

制法：将以上成分溶解于蒸馏水内，冷却至 25 ℃左右校正 pH 至 7.4±0.2，分装适当的容器。于 121 ℃灭菌 15 min。

2. 肠道菌增菌肉汤

成分：蛋白胨 10.0 g，葡萄糖 5.0 g，牛胆盐 20.0 g，磷酸氢二钠 8.0 g，磷酸二氢钾 2.0 g，煌绿 0.015 g，蒸馏水 1000 mL。

制法：将以上成分混合加热溶解，冷却至 25 ℃左右校正 pH 至 7.2±0.2，分装每瓶 30 mL。115 ℃灭菌 15 min。

3. 麦康凯琼脂（MAC）

见检验六附录的"2. 麦康凯琼脂"。

4. 伊红美蓝（EMB）琼脂

见检验三附录的"6. 伊红美蓝（EMB）琼脂"。

5. 三糖铁琼脂（TSI）

见检验五附录的"7. 三糖铁琼脂（TSI）"。

6. 蛋白胨水、靛基质试剂

见检验五附录的"8. 蛋白胨水、靛基质试剂"。

7. 半固体琼脂

见检验五附录的"14. 半固体琼脂"。

8. 尿素琼脂（pH 7.2）

见检验五附录的"9. 尿素琼脂"。

9. 氰化钾（KCN）培养基

见检验五附录的"10. 氰化钾（KCN）培养基"。

10. 氧化酶试剂

（1）成分：N，N'-二甲基对苯二胺盐酸盐或 N，N，N'，N'-四甲基对苯二胺盐酸盐 1.0 g，蒸馏水 100 mL。

(2)制法:少量新鲜配制,于 2~8 ℃冰箱内避光保存,在 7 d 内使用。

(3)试验方法:用无菌棉拭子取单个菌落,滴加氧化酶试剂,10 s 内呈现粉红或紫红色即为氧化酶试验阳性,不变色者为氧化酶试验阴性。

11. BHI 肉汤

(1)成分:小牛脑浸液 200 g,牛心浸液 250 g,蛋白胨 10.0 g,NaCl 5.0 g,葡萄糖 2.0 g,磷酸氢二钠(Na_2HPO_4) 2.5 g,蒸馏水 1000 mL。

(2)制法:按以上成分配好,加热溶解,冷却至 25 ℃左右校正 pH 至 7.4±0.2,分装小试管。121 ℃灭菌 15 min。

12. TE(pH 8.0)

(1)成分:1 mol/L Tris-HCl(pH 8.0) 10.0 mL,0.5 mol/L EDTA(pH 8.0) 2.0 mL,灭菌去离子水 988 mL。

(2)制法:将 1 mol/L Tris-HCl 缓冲液(pH 8.0)、0.5 mol/LEDTA 溶液(pH 8.0)加入约 800 mL 灭菌去离子水中混合均匀,再定容至 1000 mL,121 ℃高压灭菌 15 min,4 ℃保存。

13. 10×PCR 反应缓冲液

(1)成分:1 mol/L Tris-HCl(pH 8.5) 840 mL,氯化钾(KCl)37.25 g,灭菌去离子水 160 mL。

(2)制法:将氯化钾溶于 1 mol/L Tris-HCl(pH 8.5),定容至 1000 mL,121 ℃高压灭菌 15 min,分装后-20 ℃保存。

检验八　食品中大肠埃希氏菌 O157：H7/NM 检验

一、教学目的

1. 了解出血性大肠埃希氏菌对人体的危害。
2. 掌握食品中大肠埃希氏菌 O157：H7/NM 检验的方法。

二、基本原理

大肠埃希氏菌 O157：H7/NM 属于肠杆菌科(Enterobacteriaceae)埃希氏菌属(*Escherichia*)。大肠埃希氏菌 O157：H7/NM 是肠出血性大肠埃希氏菌(EHEC)中的主要血清型。O157：H7 广泛分布于自然界，牛肉、生奶、鸡肉及其制品，蔬菜、水果及制品等均可引起污染，其中牛肉是最主要的传播载体。该菌的感染剂量极低，每克样品中含有数十个菌即可引起发病，临床主要表现为出血性结肠炎、溶血性尿毒综合症、血栓性血小板减少性紫癜等，病情严重，死亡率高。1982 年美国首次报道在食品中毒病人粪便中分离该菌并命名，爆发最大的一次为 1997 年日本，该食物中毒涉及中毒人数过万人，死亡 11 人。

大肠埃希氏菌 O157：H7 为革兰氏阴性，无芽孢，有鞭毛的短小杆菌，见图 3-12。耐酸、耐低温、不耐热，最适应生长温度为 34～42 ℃。除不发酵或迟缓发酵山梨酸醇外，其他常见的生化特征与普通大肠埃希氏菌基本相似。但也有某些生化反应不完全一致，绝大多数 O157：H7 不产生 β-葡萄糖醛酸酶，故不能水解 4-甲基伞形酮-β-D-葡萄糖醛酸苷(MUG)产生荧光，即 MUG 阴性，具有鉴别意义。O157：H7 的另一显著特征是可产生大量的 Vero 毒素(VT)，也称作类志贺毒素(SLT)，是致病的主要因素。

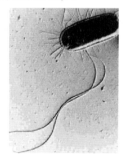

图 3-12　大肠埃希氏菌 O157：H7 菌体形态观察

食品中大肠埃希氏菌 O157：H7/NM 的检测涉及选择性富集技术。选择性富集技术的核心是促进目标致病菌的生长，同时抑制其他干扰微生物的生长。免疫磁珠捕获技术是通过对目的细菌进行选择性增菌，然后利用免疫磁珠进行选择性捕获的方法。捕获的目的细菌被结合到由抗体包被的磁珠颗粒上，收集后再将磁性颗粒涂布到选择性琼脂平板上进行分离。免疫磁珠的应用，特别是样品含有大量杂菌时，对检样中含有少量的 O157：H7/NM 的检出提供了更大的可能性。

本菌按照《食品安全国家标准　食品微生物学检验　大肠埃希氏菌大肠埃希氏菌 O157：H7/NM 检验》(GB 4789.36—2016)进行检验，包括常规培养法和免疫磁珠捕获法。

三、检验设备和试剂

(一)主要设备

长波紫外光灯(365 nm,功率≤6 W),微量离心管(1.5 mL 或 2.0 mL),磁板、磁板架、样品混合器,微生物鉴定系统。

(二)培养基和试剂

改良 EC 肉汤(mEC＋n),改良山梨醇麦康凯琼脂(CT-SMAC),三糖铁琼脂(TSI),营养琼脂,半固体琼脂,月桂基硫酸盐胰蛋白胨肉汤-MUG(MUG-LST),氧化酶试剂,PBS-Tween20 洗液,亚碲酸钾(AR 级),头孢克肟(Cefixime),大肠埃希氏菌 O157 显色培养基,大肠埃希氏菌 O157 和 H7 诊断血清或 O157 乳胶凝集试剂,鉴定试剂盒,抗-*E.coli* O157 免疫磁珠,见本检验附录。

四、检验方法

(一)第一法:常规培养法

1.检验程序

大肠埃希氏菌 O157:H7/NM 常规培养法检验程序见图 3-13。

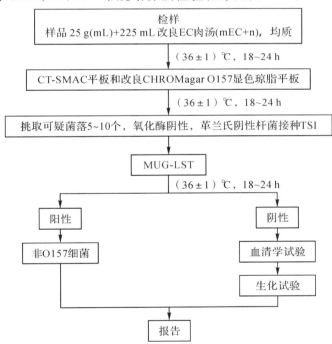

图 3-13　大肠埃希氏菌 O157:H7/NM 常规培养法检验程序

2.检验步骤

(1)增菌。

以无菌操作取检样 25 g(或 25 mL)加入到含有 225 mL mEC＋n 肉汤的均质袋中,在拍击式均质器上连续均质 1～2 min;或放入盛有 225 mL mEC＋n 肉汤的均质杯中,8000～10000 r/min 均质 1～2 min。(36±1)℃培养 18～24 h。

（2）分离。

取增菌后的 mEC＋n 肉汤,划线接种于 CT-SMAC 平板和大肠埃希氏菌 O157 显色琼脂平板上,(36±1)℃培养 18～24 h,观察菌落形态。在 CT-SMAC 平板上,典型菌落为圆形、光滑、较小的无色菌落,中心呈现较暗的灰褐色;在大肠埃希氏菌 O157 显色琼脂平板上的菌落特征按产品说明书进行判定。典型菌落见图 3-14。

（3）初步生化试验。

在 CT-SMAC 和大肠埃希氏菌 O157 显色琼脂平板上分别挑取 5～10 个可疑菌落(图3-11),分别接种 TSI 琼脂,同时接种 MUG-LST 肉汤,并用大肠埃希氏菌株(ATCC25922 或等效标准菌株)做阳性对照和大肠埃希氏菌 O157:H7(NCTC12900 或等效标准菌株)做阴性对照,于(36±1)℃培养 18～24 h。必要时进行氧化酶试验和革兰氏染色。在 TSI 琼脂中,典型菌株为斜面与底层均呈黄色,产气或不产气,不产生硫化氢(H$_2$S)。置 MUG-LST 肉汤管于长波紫外灯下观察,MUG 阳性的大肠埃希氏菌株应有荧光产生,MUG 阴性的应无荧光产生,大肠埃希氏菌 O157:H7/NM 为 MUG 试验阴性,无荧光(图 3-14)。挑取可疑菌落,在营养琼脂平板上分纯,于 36±1 ℃培养 18～24 h,并进行鉴定。

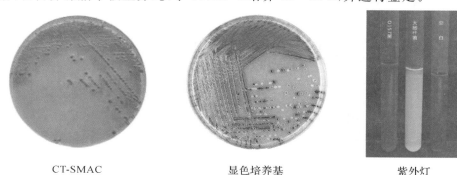

CT-SMAC   显色培养基   紫外灯

图 3-14　大肠埃希氏菌 O157 在两种平板琼脂上的菌落形态及紫外灯观察

（4）鉴定。

①血清学试验在营养琼脂平板上挑取分纯的菌落,用 O157 和 H7 诊断血清或 O157 乳胶凝集试剂做玻片凝集试验。对于 H7 因子血清不凝集者,应穿刺接种半固体琼脂,检查动力,经连续传代 3 次,动力试验均阴性,确定为无动力株。如使用不同公司生产的诊断血清或乳胶凝集试剂,应按照产品说明书。

②生化试验。自营养琼脂平板上挑取菌落,进行生化试验。大肠埃希氏菌 O157:H7/NM 生化反应特征见表 3-16。如选择生化鉴定试剂盒或微生物鉴定系统,应从营养琼脂平板上挑取菌落,用稀释液制备成浊度适当的菌悬液,使用生化鉴定试剂盒或微生物鉴定系统进行鉴定。

表 3-16　大肠埃希氏菌 O157:H7/NM 生化反应特征

生化试验	特征反应	生化试验	特征反应
三糖铁琼脂	底部及斜面呈黄色,H$_2$S 阴性	赖氨酸脱羧酶	阳性(紫色)
山梨醇	阴性或迟缓发酵	鸟氨酸脱羧酶	阳性(紫色)
靛基质	阳性	纤维二糖发酵	阴性

生化试验	特征反应	生化试验	特征反应
MR-VP	MR 阳性,VP 阴性	棉子糖发酵	阳性
氧化酶	阴性	MUG 试验	阴性(无荧光)
西蒙氏柠檬酸盐	阴性	动力试验	有动力或无动力

(5)毒力基因测定(可选项目)。

样品中检出大肠埃希氏菌 O157:H7 或 O157:NM 时,如需要进一步检测 Vero 细胞细胞毒性基因的存在,可通过接种 Vero 细胞或 HeLa 细胞,观察细胞病变进行判定;也可使用基因探针检测或聚合酶链反应(PCR)方法进行志贺毒素基因(stx1、stx2)、eae、hly 等基因的检测。如使用试剂盒检测上述基因,应按照产品的说明书进行。

3.结果报告

综合生化和血清学试验结果,报告 25 g(或 25mL)样品中检出或未检出大肠埃希氏菌 O157:H7 或大肠埃希氏菌 O157:NM。

(二)第二法:免疫磁珠捕获法

1.检验程序

大肠埃希氏菌 O157:H7/NM 免疫磁珠捕获法检验程序见图 3-15。

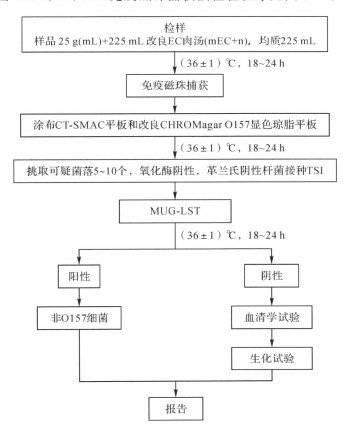

图 3-15　大肠埃希氏菌 O157:H7/NM 免疫磁珠捕获法检验程序

2.检验步骤

(1)增菌:同常规培养法。

(2)免疫磁珠捕获与分离。

免疫磁珠捕获与分离的原理见图 3-16。

①应按照生产商提供的使用说明进行免疫磁珠捕获与分离。当生产商的使用说明与下面的描述可能有偏差时,按生产商提供的使用说明进行。

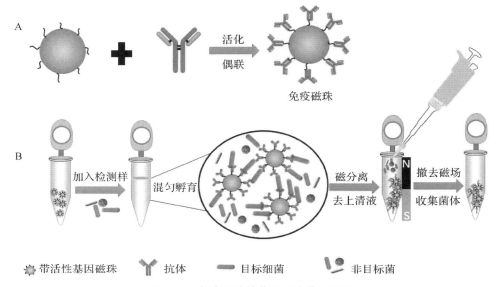

图 3-16 免疫磁珠捕获和分离菌的原理

图片来源:曹潇,赵力超,陈洵,等.疫磁分离技术在食源性致病菌快速检测中的研究进展[J].食品科学,2019,40(15):338-345.

②将微量离心管按样品和质控菌株进行编号,每个样品使用 1 只微量离心管,然后插入到磁板架上。在漩涡混合器上轻轻振荡 $E.coli$ O157 免疫磁珠混悬液后,用开盖器打开每个微量离心管的盖子,每管加入 20 μL $E.coli$ O157 免疫磁珠悬液。

③取 mEC+n 肉汤增菌培养物 1 mL,加入到微量离心管中,盖上盖子,然后轻微振荡 10 s。每个样品更换 1 只加样吸头,质控菌株必须与样品分开进行,避免交叉污染。

④结合:在 18~30 ℃环境中,将上述微量离心管连同磁板架放在样品混合器上转动或用手轻微转动 10 min,使 $E.coli$ O157 与免疫磁珠充分接触。

⑤捕获:将磁板插入到磁板架中浓缩磁珠。在 3 min 内不断地倾斜磁板架,确保悬液中与盖子上的免疫磁珠全部被收集起来。此时,在微量离心管壁中间明显可见圆形或椭圆形棕色聚集物。

⑥吸取上清液:取 1 支无菌加长吸管,从免疫磁珠聚集物对侧深入液面,轻轻吸走上清液。当吸到液面通过免疫磁珠聚集物时,应放慢速度,以确保免疫磁珠不被吸走。如吸取的上清液内含有磁珠,则应将其放回到微量离心管中,并重复上一步骤。每个样品换用 1 支无菌加长吸管。

注:免疫磁珠的滑落:某些样品特别是那些富含脂肪的样品,其磁珠聚集物易于滑落到管底。在吸取上清液时,很难做到不丢失磁珠,在这种情况下,可保留 50~100 μL 上清液

于微量离心管中。如果在后续的洗涤过程中也这样做的话,脂肪的影响将减小,也可达到充分捕获的目的。

⑦洗涤:从磁板架上移走磁板,在每个微量离心管中加入 1 mL PBS-Tween20 洗液,放在样品混合器上转动或用手轻微转动 3 min,洗涤免疫磁珠混合物。重复上述步骤⑤至⑦。

⑧重复上述步骤⑤、⑥。

⑨免疫磁珠悬浮:移走磁板,将免疫磁珠重新悬浮在 100 μL PBS-Tween20 洗液中。

⑩涂布平板:将免疫磁珠混匀,各取 50 μL 免疫磁珠悬液分别转移至 CT-SMAC 平板和大肠埃希氏菌 O157 显色琼脂平板一侧,然后用无菌涂布棒将免疫磁珠涂布平板的一半,再用接种环划线接种平板的另一半。待琼脂表面水分完全吸收后,翻转平板,于($36\pm$1)℃培养 18~24 h。

注:若 CT-SMAC 平板和大肠埃希氏菌 O157 显色琼脂平板表面水分过多时,应在(36 ± 1)℃下干燥 10~20 min,涂布时避免将免疫磁珠涂布到平板的边缘。

(3)菌落识别大肠埃希氏菌 O157:H7/NM,在 CT-SMAC 平板和大肠埃希氏菌 O157 显色琼脂平板上的菌落特征同(2)。

(4)初步生化试验同(3)。

(5)鉴定同(4)。

3.结果报告

同第一法的结果报告。

【思考题】

1.试述常规培养法检测大肠埃希氏菌 O157:H7/NM 的鉴定要点?

2.免疫磁性捕获大肠埃希氏菌 O157:H7/NM 的优势?

【附录】主要培养基和试剂

1.改良 EC 肉汤(mEC+n)

成分:胰蛋白胨 20.0 g,3 号胆盐 1.12 g,乳糖 5.0 g,$K_2HPO_4 \cdot 7H_2O$ 4.0 g,KH_2PO_4 1.5 g,NaCl 5.0 g,新生霉素钠盐溶液(20 mg/mL) 1.0 mL,蒸馏水 1000 mL。

制法:除新生霉素外,所有成分溶解在水中,加热煮沸,在 20~25 ℃下校正 pH 至 6.9$\pm$0.1,分装。于 121 ℃高压灭菌 15 min,备用。制备浓度为 20 mg/mL 的新生霉素储备溶液,过滤法除菌。待培养基温度冷至 50 ℃以下时,按 1000 mL 培养基内加 1 mL 新生霉素储备液,使最终浓度为 20 mg/L。

2.改良山梨醇麦康凯(CT-SMAC)琼脂

(1)山梨醇麦康凯(SMAC)琼脂。

①成分:蛋白胨 20.0 g,山梨醇 10.0 g,3 号胆盐 1.5 g,氯化钠 5.0 g,中性红 0.03 g,结晶紫 0.001 g,琼脂 15.0 g 蒸馏水 1000 mL。

②制法:除琼脂、结晶紫和中性红外,所有成分溶解在蒸馏水中,加热煮沸,在 20~25 ℃下校正 pH 至 7.0。

(2)亚碲酸钾溶液:将亚碲酸钾 0.5 g 溶于蒸馏水 200 mL,过滤法除菌。

(3)头孢克肟(Cefixime)溶液:将 1.0 mg 头孢克肟溶解于 200 mL 95%乙醇中,静置 1 h 待其充分溶解后过滤除菌。分装试管,储存于-20 ℃,有效期1年。解冻后的头孢克肟溶液不应再冻存,且在2~8 ℃下有效期14 d。

(4)CT SMAC制法:取1000 mL灭菌融化并冷却至(46±1)℃的山梨醇麦康凯(SMAC)琼脂,加入1 mL亚碲酸钾溶液和10 mL头孢克肟溶液,使亚碲酸钾浓度达到2.5 mg/L,头孢克肟浓度达到0.05 mg/L,混匀后倾注平板。

3.三糖铁琼脂(TSI)

见检验五附录的"7.三糖铁(TSI)琼脂"。

4.营养琼脂

(1)成分:蛋白胨10.0 g,牛肉膏3.0 g,氯化钠5.0 g,琼脂15.0 g,蒸馏水1000.0 mL。

(2)制法:将各成分溶解于蒸馏水,加热煮沸至完全溶解,冷却至25 ℃左右校正pH至7.4±0.2,分装。于121 ℃灭菌15 min,制成斜面。

5.半固体琼脂

见检验五附录的"14.半固体琼脂"。

6.月桂基硫酸盐蛋白胨肉汤-MUG(LST-MUG)

成分:胰蛋白胨20.0 g,氯化钠5.0 g,乳糖5.0 g,磷酸氢二钾(K_2HPO_4)2.75 g,磷酸二氢钾(KH_2PO_4)2.75 g,十二烷基硫酸钠0.1 g,4-甲基伞形酮β-D-葡萄糖醛酸苷(MUG)0.1 g,蒸馏水1000 mL。

制法:将各成分溶解于蒸馏水中,加热煮沸至完全溶解,于20~25 ℃下校正pH至6.8±0.2,分装到带有倒管的试管中,每管10 mL,于121 ℃高压灭菌15 min。

7.氧化酶试剂

见检验七附录的"10.氧化酶"。

8.PBS-Tween20洗液

按照商品用 *E.coli* O157免疫磁珠的洗液配方进行制备,或按照下列配方制备。

成分:氯化钠8.0 g,氯化钾0.2 g,磷酸氢二钠(Na_2HPO_4)1.15 g,磷酸二氢钾(KH_2PO_4)0.2 g,Tween20 0.5 g,蒸馏水1000 mL。

制法:将上述成分溶解于水中,于20~25 ℃下校正pH至7.3±0.2,分装锥形瓶。121 ℃高压灭菌15 min,备用。

检验九　食品中副溶血性弧菌检验

一、教学目的

1. 掌握食品中副溶血性弧菌检验的方法。
2. 学习副溶血性弧菌的生物学特性和检验原理。

二、实验原理

弧菌属（*Vibrio*）细菌形状短小，约 0.5 μm×(1～5)μm，因弯曲如弧而得名。弧菌属包括的弧菌种类多，已经定名的共有 37 种（变种），很多弧菌种被发现与人类致病或食源性疾病有关。已明确有 12 个种致病性弧菌，分别为副溶血弧菌（*V. parahaemolyrticus*）、霍乱弧菌（*V. cholerae*）、拟态弧菌（*V. mimicus*）、河流弧菌（*V. fluvialis*）、霍利斯弧菌（*V. hollisae*）、溶藻弧菌（*V. alginolyticus*）、弗尼斯弧菌（*V. furnissii*）、创伤弧菌（*V. vulnificus*）、梅氏弧菌（*V. metchnikovii*）、美人鱼弧菌（*V. damsela*）、辛辛提那弧菌（*V. cincinnatiensis*）、鲨鱼弧菌（*V. carchariae*）。弧菌属除了霍乱弧菌和拟态弧菌之外均为海水细菌，即嗜盐性，不能在没有 NaCl 的培养基上生长。副溶血弧菌（*V. parahaemolyrticus*）在人类健康和食品安全方面占有极其重要的地位。副溶血性弧菌是一种嗜盐性细菌，主要存在于温带地区的海水、海水沉积物和鱼虾、贝类等海产品中，是沿海国家和及地区食物中毒的主要致病菌。人们由于食入被该菌污染的生海产品或未充分加热的海产品或食物，可引起食物中毒或胃肠炎。

副溶血弧菌为革兰氏阴性、呈短杆或弯曲的杆状、一端具有鞭毛并且具有运动性（图 3-17）。该菌在培养基中含 3.5% NaCl 最为适宜，无盐则不能生长，但当 NaCl 浓度高于 8% 时也不能生长，因此通常可以利用嗜盐特性来区分副溶血弧菌和霍乱弧菌。该菌最适 pH 为 7.7～8.0，绝大部分菌株在含高盐甘露醇的兔血和人 O 型血的琼脂平板上产生 β-溶血（神奈川现象）。根据菌体 O 抗原不同，现已有 13 个血清群。该菌的致病性与带菌量和是否携带溶血素密切相关，包括耐热直接溶血素（thermostable direct hemolysin，TDH）、耐热直接溶血素相关溶血素（TDH-related hemolysin，TRH）和不耐热溶血素（thermolabile hemolysin，TLH）。本菌按照《食品安全国家标准　食品微生物学检验　副溶血性弧菌检验》（GB 4789.7—2013）进行检验，主要通过增菌、选择性平板分离、生化鉴定、血清分型等进行定性和定量检验。

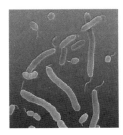

图 3-17　副溶血性弧菌的菌体形态

三、检验设备和试剂

(一)主要仪器

恒温培养箱(36 ℃±1 ℃),全自动微生物生化鉴定系统等。

(二)培养基和试剂

3%氯化钠碱性蛋白胨水,硫代硫酸盐-柠檬酸盐-胆盐-蔗糖(TCBS)琼脂,3%氯化钠胰蛋白胨大豆琼脂,3%氯化钠三糖铁琼脂,嗜盐性试验培养基,3%氯化钠甘露醇试验培养基,3%氯化钠赖氨酸脱羧酶试验培养基,3%氯化钠 MR-VP 培养基,3%氯化钠溶液,我妻氏血琼脂,氧化酶试剂,ONPG 试剂,Voges-Proskauer(V-P)试剂,弧菌显色培养基,生化鉴定试剂盒,见本检验附录。

四、检验程序

副溶血性弧菌检验程序见图 3-18。

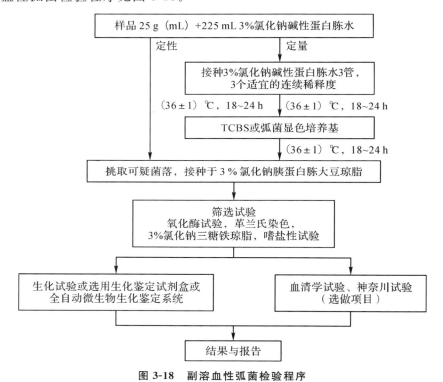

图 3-18　副溶血性弧菌检验程序

五、检验步骤

(一)样品制备

非冷冻样品采集后应立即置 7～10 ℃冰箱保存,尽可能及早检验;冷冻样品应在 45 ℃以下不超过 15 min 或在 2～5 ℃不超过 18 h 解冻。

鱼类和头足类动物取表面组织、肠或鳃。贝类取全部内容物,包括贝肉和体液;甲壳类取整个动物,或者动物的中心部分,包括肠和鳃。如为带壳贝类或甲壳类,则应先在自来水中洗刷外壳并甩干表面水分,然后以无菌操作打开外壳,按上述要求取相应部分。

以无菌操作取样品 25 g(mL),加入 3％氯化钠碱性蛋白胨水 225 mL,用旋转刀片式均质器以 8000 r/min 均质 1 min,或拍击式均质器拍击 2 min,制备成 1∶10 的样品匀液。如无均质器,则将样品放入无菌乳钵,自 225 mL 3％氯化钠碱性蛋白胨水中取少量稀释液加入无菌乳钵,样品磨碎后放入 500 mL 无菌锥形瓶,再用少量稀释液冲洗乳钵中的残留样品 1～2 次,洗液放入锥形瓶,最后将剩余稀释液全部放入锥形瓶,充分振荡,制备 1∶10 的样品匀液。

（二）增菌

1.定性检测:将上一步制备的 1∶10 样品匀液于(36±1)℃培养 8～18 h。

2.定量检测:用无菌吸管吸取 1∶10 样品匀液 1 mL,注入含有 9 mL 3％氯化钠碱性蛋白胨水的试管内,振摇试管混匀,制备 1∶100 的样品匀液。另取 1 mL 无菌吸管,按上一步操作程序,依次制备 10 倍系列稀释样品匀液,每递增稀释一次,换用一支 1 mL 无菌吸管。

根据对检样污染情况的估计,选择 3 个适宜的连续稀释度,每个稀释度接种 3 支含有 9 mL 3％氯化钠碱性蛋白胨水的试管,每管接种 1 mL。置(36±1)℃恒温箱内,培养 8～18 h。

（三）分离

对所有显示生长的增菌液,用接种环在距离液面以下 1 cm 内沾取一环增菌液,于 TCBS 平板或弧菌显色培养基平板上划线分离。一支试管划线一块平板。于(36±1)℃培养 18～24 h。

典型的副溶血性弧菌在 TCBS 上呈圆形、半透明、表面光滑的绿色菌落,用接种环轻触,有类似口香糖的质感,直径 2～3 mm。从培养箱取出 TCBS 平板后,应尽快(不超过 1 h)挑取菌落或标记要挑取的菌落。典型的副溶血性弧菌在弧菌显色培养基上的特征按照产品说明进行判定,典型菌落见图 3-19。

（四）纯培养

挑取 3 个或以上可疑菌落,划线接种于 3％氯化钠胰蛋白胨大豆琼脂平板,(36±1)℃培养 18～24 h。

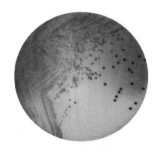 

副溶血性弧菌　　　　　　　　霍乱弧菌

图 3-19　两种弧菌在 TCBS 琼脂平板上的菌落特征

（五）初步鉴定

氧化酶试验:挑选纯培养的单个菌落进行氧化酶试验,副溶血性弧菌为氧化酶阳性。

涂片镜检:将可疑菌落涂片,进行革兰氏染色,镜检观察形态。副溶血性弧菌为革兰氏阴性,呈棒状、弧状、卵圆状等多形态,无芽胞,有鞭毛。

挑取纯培养的单个可疑菌落,转种3%氯化钠三糖铁琼脂斜面并穿刺底层,(36±1)℃培养24 h观察结果。副溶血性弧菌在3%氯化钠三糖铁琼脂中的反应为底层变黄不变黑,无气泡,斜面颜色不变或红色加深,有动力。

嗜盐性试验:挑取纯培养的单个可疑菌落,分别接种0、6%、8%和10%不同氯化钠浓度的胰胨水,(36±1)℃培养24 h,观察液体混浊情况。副溶血性弧菌在无氯化钠和10%氯化钠的胰胨水中不生长或微弱生长,在6%氯化钠和8%氯化钠的胰胨水中生长旺盛。

(六)确定鉴定

取纯培养物分别接种含3%氯化钠的甘露醇试验培养基、赖氨酸脱羧酶试验培养基、MR-VP培养基,(36±1)℃培养24~48 h后观察结果;3%氯化钠三糖铁琼脂隔夜培养物进行ONPG试验,副溶血性弧菌的生化特性如表3-17。可选择生化鉴定试剂盒或全自动微生物生化鉴定系统。

表3-17　副溶血性弧菌的生化特性

试验项目	结果	试验项目	结果
革兰氏染色镜检	阴性,无芽胞	分解葡萄糖产气	－
氧化酶	＋	乳糖	－
动力	＋	硫化氢	－
蔗糖	－	赖氨酸脱羧酶	＋
葡萄糖	＋	V－P	－
甘露醇	＋	ONPG	－

注:＋表示阳性;－表示阴性。

(七)血清学分型(选做项目)

1.制备:接种两管3%氯化钠胰蛋白胨大豆琼脂试管斜面,(36±1)℃培养18~24 h。用含3%氯化钠的5%甘油溶液冲洗3%氯化钠胰蛋白胨大豆琼脂斜面培养物,获得浓厚的菌悬液。

2.K抗原的鉴定:取一管制备好的菌悬液,首先用多价K抗血清进行检测,出现凝集反应时再用单个的抗血清进行检测。用蜡笔在一张玻片上划出适当数量的间隔和一个对照间隔。在每个间隔内各滴加一滴菌悬液,并对应加入一滴K抗血清。在对照间隔内加1滴3%氯化钠溶液。轻微倾斜玻片,使各成分相混合,再前后倾动玻片1 min。阳性凝集反应可以立即观察到。

3.O抗原的鉴定:将另外一管的菌悬液转移到离心管内,121 ℃灭菌1 h。灭菌后4000 r/min离心15 min,弃去上层液体,沉淀用生理盐水洗三次,每次4000 r/min离心15 min,最后一次离心后留少许上层液体,混匀制成菌悬液。用蜡笔将玻片划分成相等的间隔。在每个间隔内加入一滴菌悬液,将O群血清分别加一滴到间隔内,最后一个间隔加一滴生理盐水作为自凝对照。轻微倾斜玻片,使各成分相混合,再前后倾动玻片1 min。阳性凝集反应可以立即观察到。如果未见到与 O 群血清的凝集反应,将菌悬液 121 ℃再次高压 1 h 后,重新检测。如果仍为阴性,则培养物的 O 抗原属于未知。根据表 3-18 报告血清学分型结果。

表 3-18　副溶血性弧菌的抗原

O 群	K 型
1	1,5,20,25,26,32,38,41,56,58,60,64,69
2	3,28
3	4,5,6,7,25,29,30,31,33,37,43,45,48,54,56,57,58,59,72,75
4	4,8,9,10,11,12,13,34,42,49,53,55,63,67,68,73
5	15,17,30,47,60,61,68
6	18,46
7	19
8	20,21,22,39,41,70,74
9	23,44
10	24,71
11	19,36,40,46,50,51,61
12	19,52,61,66
13	65

(八)神奈川试验(选做项目)

神奈川试验是在我妻氏琼脂上测试是否存在特定溶血素。神奈川试验阳性结果与副溶血性弧菌分离株的致病性显著相关。

用接种环将测试菌株的 3‰氯化钠胰蛋白胨大豆琼脂 18 h 培养物点种于表面干燥的我妻氏血琼脂平板。每个平板上可以环状点种几个菌。(36±1)℃培养不超过 24 h,并立即观察。阳性结果为菌落周围呈半透明环的 β 溶血。

六、结果与报告

根据检出的可疑菌落生化性状,报告 25 g(mL)样品中检出副溶血性弧菌。如果进行定量检测,根据证实为副溶血性弧菌阳性的试管管数,查最可能数(MPN)检索表,报告每 g(mL)副溶血性弧菌的 MPN 值。

【思考题】

1.简述副溶血性弧菌在 TCBS 平板上的菌落特征如何,并分析原因。
2.为何要量化水产品中副溶血性弧菌的水平?
3.鉴定致病性副溶血性弧菌的重要指标有哪些?

【附录 1】9 种致病性弧菌主要生化性状的鉴别

表 3-19　9 种致病性弧菌主要生化性状的鉴别

名称	氧化酶	赖氨酸	精氨酸	鸟氨酸	明胶	脲酶	V-P	42℃生长	蔗糖	D-纤维二糖	乳糖	阿拉伯糖	D-甘露糖	D-甘露醇	ONPG	嗜盐性试验（氯化钠含量%）				
																0	3	6	8	10
副溶血性弧菌 V. parahaemolyticus	+	+	-	+	+	V	-	+	-	V	-	+	+	+	-	-	+	+	+	-
创伤弧菌 V. vulnificus	+	+	-	+	+	-	-	+	-	+	+	-	+	V	+	-	+	+	-	-
溶藻弧菌 V. alginolyticus	+	+	-	+	+	-	+	+	+	-	-	-	+	+	-	-	+	+	+	+
霍乱弧菌 V. cholerae	+	+	-	+	+	-	V	+	+	-	-	-	+	+	+	+	+	-	-	-
拟态弧菌 V. mimicus	+	+	-	+	+	-	-	+	-	-	-	-	+	+	+	+	+	+	-	-
河弧菌 V. fluvialis	+	-	+	-	+	-	-	v	+	+	-	+	+	+	+	-	+	+	V	-
弗氏弧菌 V. furnissii	+	-	+	-	+	-	-	-	+	+	-	+	+	+	+	-	+	+	+	-
梅氏弧菌 V. metschnikovii	-	+	+	-	+	-	+	v	+	-	-	-	+	+	+	+	+	+	V	+
霍利斯弧菌 V. hollisae	+	+	-	-	-	-	-	nd	-	-	-	+	+	-	-	-	+	+	-	-

注：+表示阳性；—表示阴性；nd 表示未试验；V 表示可变。

【附录 2】主要培养基和试剂

1.3％氯化钠碱性蛋白胨水

(1)成分:蛋白胨 10.0 g,氯化钠 30.0 g,蒸馏水 1000.0 mL。

(2)制法:将各成分溶于蒸馏水中,校正 pH 至 8.5±0.2,121 ℃高压灭菌 10 min。

2.硫代硫酸盐-柠檬酸盐-胆盐-蔗糖(TCBS)琼脂

(1)成分:蛋白胨 10.0 g,酵母浸膏 5.0 g,柠檬酸钠(C₆H₅O₇Na₃ · 2H₂O)10.0 g,硫代硫酸钠(Na₂S₂O₃ · 5H₂O)10.0 g,氯化钠 10.0 g,牛胆汁粉 5.0 g,柠檬酸铁 1.0 g,胆酸钠 3.0 g,蔗糖 20.0 g,溴麝香草酚蓝 0.04 g,麝香草酚 0.04 g,琼脂 15.0 g,蒸馏水 1000.0 mL。

(2)制法:将各个成分溶于蒸馏水中,校正 pH 至 8.6±0.2,加热煮沸至完全溶解。冷至50 ℃左右倾注平板备用。

3.3％氯化钠胰蛋白胨大豆琼脂

(1)成分:胰蛋白胨 15.0 g,大豆蛋白胨 5.0 g,氯化钠 30.0 g,琼脂 15.0 g,蒸馏水 1000.0 mL。

(2)制法:将各成分溶于蒸馏水中,校正 pH 至 7.3±0.2,121 ℃高压灭菌 15 min。

4.嗜盐性试验培养基

(1)成分:胰蛋白胨 10.0 g 氯化钠 按不同量加入 蒸馏水 1000.0 mL。

(2)制法:将上述各成分溶于蒸馏水中,校正 pH 至 7.2±0.2,共配制 5 瓶,每瓶 100 mL。每瓶分别加入不同量的氯化钠:(1)不加;(2)3 g;(3)6 g;(4)8 g;(5)10 g。分装试管,121 ℃高压灭菌 15 min。

5.3％氯化钠三糖铁琼脂

除 3％氯化钠浓度外,其他见检验五附录的"7.三糖铁(TSI)琼脂"。

6.3％氯化钠甘露醇试验培养基

(1)成分:牛肉膏 5.0 g,蛋白胨 10.0 g,氯化钠 30.0 g,磷酸氢二钠(Na₂HPO₄ · 12H₂O)2.0 g,甘露醇 5.0 g,溴麝香草酚蓝 0.024 g,蒸馏水 1000.0 mL。

(2)制法:将各成分溶于蒸馏水中,校正 pH 至 7.4±0.2,分装小试管,121℃高压灭菌 10 min。

(3)试验方法:从琼脂斜面上挑取培养物接种,于(36±1)℃培养不少于 24 h,观察结果。甘露醇阳性者培养物呈黄色,阴性者为绿色或蓝色。

7.3％氯化钠赖氨酸脱羧酶试验培养基

除 3％氯化钠外,其他见检验五附录的"11.赖氨酸脱羧酶试验培养基"。

8.3％氯化钠 MR-VP 培养基

除 3％氯化钠浓度外,其他见检验三附录的"4.缓冲葡萄糖蛋白胨水[甲基江(MR)和 V-P 试验用]"。

9.我妻氏血琼脂

(1)成分:酵母浸膏 3.0 g,蛋白胨 10.0 g,氯化钠 70.0 g,磷酸氢二钾(K₂HPO₄)5.0 g,甘露醇 10.0 g,结晶紫 0.001 g,琼脂 15.0 g,蒸馏水 1000.0 mL。

(2)制法:将各成分溶于蒸馏水中,校正 pH 至 8.0±0.2,加热至 100 ℃,保持 30 min,冷至45～50 ℃,与 50 mL 预先洗涤的新鲜人或兔红细胞(含抗凝血剂)混合,倾注平板。干燥平板,尽快使用。

检验十　食品中小肠结肠炎耶尔森氏菌检验

一、教学目的

1. 了解小肠结肠耶尔森氏菌的生物学特性。
2. 掌握食品中小肠结肠耶尔森氏菌的检验方法。

二、基本原理

小肠结肠耶尔森氏菌(*Yersinia enterocolitica*)属于耶尔森氏菌属,该属包括 11 个种,其中对人有致病性的有 3 种:小肠结肠耶尔森氏菌、假结核耶尔森氏菌和鼠疫耶尔森氏菌。小肠结肠耶尔森氏菌是一种人兽共患病原菌,广泛分布于自然界中,可感染人类、家畜、家禽、啮齿类动物、鸟类及昆虫等。在海产品、蛋类、鲜(生)奶、市售糕点、饮料、速(冷)冻食品中可分离到该菌,同时也是少数能在冷藏、低氧环境中生长的肠道致病菌之一,是冰箱中存放食品的重要污染菌,也曾在医院冰箱中检出小肠结肠耶尔森氏菌,因此尤其引起的疾病也被称为"冰箱病"。小肠结肠耶尔森氏菌主要通过人畜接触和粪－口途径传播,感染后的主要症状为腹泻、肠炎等。在欧洲,该菌是继沙门氏菌和空肠弯曲菌后第三大类腹泻致病菌。

小肠结肠耶尔森氏菌为革兰氏阴性杆菌或球杆菌,大小为$(1\sim3.5)\times(0.5\sim1.3)\,\mu m$,不形成芽胞,无荚膜,在 $22\sim30\ ℃$ 培养时周身可形成丰富周鞭毛。该菌生长温度为 $0\sim45\ ℃$,但在 $22\sim29\ ℃$ 才能出现本菌的某些特性,最佳生长温度为 $26\ ℃$,$4\ ℃$ 时能保存和繁殖。在各种非选择性培养基及多种选择性培养基上、需氧或厌氧条件下均可生长。目前,我国发现的致病性小肠结肠耶尔森菌仅有 O:3 和 O:9 血清型,主要宿主为家畜和家禽,其中猪是最重要的宿主。

食品中本菌检验按照《食品安全国家标准　食品微生物学检验　小肠结肠耶尔森氏菌检验》(GB 4789.8—2013)进行,主要通过增菌、分离培养、生化鉴定、血清分型等过程进行检验。

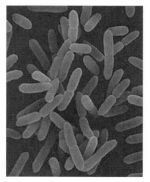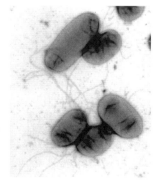

图 3-20　小肠结肠炎耶尔森氏菌的菌体形态和电镜照片

注:电镜照片为该菌 26 ℃ 培养后可见菌体鞭毛

三、检验设备和试剂

(一)主要设备

均质器,微生物生化鉴定试剂盒或微生物生化鉴定系统等。

(二)试剂和培养基

改良磷酸盐缓冲液,CIN-1 培养基(Cepulodin Irgasan Novobiocin Agar),改良 Y 培养基(Modified,AgarY),改良克氏双糖培养基,糖发酵管,鸟氨酸脱羧酶试验培养基,半固体琼脂,缓冲葡萄糖蛋白胨水[甲基红(MR)和 V-P 试验用],碱处理液,尿素培养基,营养琼脂,小肠结肠炎耶尔森氏菌诊断血清,见本检验附录。

四、检验程序

小肠结肠炎耶尔森氏菌检验程序见图 3-21。

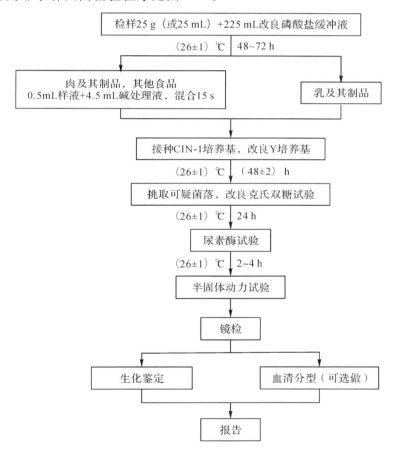

图 3-21 小肠结肠炎耶尔森氏菌检验程序

五、检验步骤

(一)增菌

以无菌操作取 25 g(或 25 mL)样品放入含有 225 mL 改良磷酸盐缓冲液增菌液的无菌

均质杯或均质袋内,以 8000 r/min 均质 1 min 或拍击式均质器均质 1 min。液体样品或粉末状样品,应振荡混匀。均质后于(26±1)℃增菌 48～72 h。增菌时间长短可根据对样品污染程度的估计来确定。

(二)碱处理

除乳与乳制品外,其他食品的增菌液 0.5 mL 与碱处理液 4.5 mL 充分混合 15 s。

(三)分离

将乳与乳制品增菌液或经过碱处理的其他食品增菌液分别接种于 CIN-1 琼脂平板和改良 Y 琼脂平板,(26±1)℃培养(48±2)h。典型菌落在 CIN-1 上为深红色中心,周围具有无色透明圈(红色牛眼状菌落),菌落大小为 1～2 mm,在改良 Y 琼脂平板上为无色透明、不黏稠的菌落,见表 3-20 所示。

表 3-20　小肠结肠炎耶尔森氏菌在选择性琼脂平板上的菌落形态特征

琼脂平板	典型菌落		菌落形态
CIN-1 琼脂			深红色中心,周围具有无色透明圈(红色牛眼状菌落)
改良 Y 琼脂			无色透明、不黏稠的菌落

(四)改良克氏双糖试验

分别挑取上一步中的可疑菌落 3～5 个,分别接种于改良克氏双糖铁琼脂,接种时先在斜面划线,再于底层穿刺,(26±1)℃培养 24 h,将斜面和底部皆变黄且不产气的培养物做进一步的生化鉴定,见图 3-22。

(五)尿素酶试验和动力观察

用接种环挑取一满环上一步得到的可疑培养物,接种到尿素培养基中,接种量应足够大,振摇几秒钟,(26±1)℃培养 2～4 h。将尿素酶试验阳性菌落分别接种于两管半固体培养基中,于(26±1)℃和(36±1)℃培养 24 h。将在 26 ℃有动力而 36 ℃无动力的可疑菌培养物划线接种营养琼脂平板,进行纯化培养,用纯化物进行革兰氏染色镜检和生化试验。

（六）革兰氏染色镜检

将纯化的可疑菌进行革兰氏染色。小肠结肠炎耶尔森氏菌呈革兰氏阴性球杆菌，有时呈椭圆或杆状，大小为$(0.8\sim3.0~\mu m)\times0.8~\mu m$，见图3-22。

图 3-22 小肠结肠炎耶尔森氏菌改良的克氏双糖和革兰氏染色现象

（七）生化鉴定

1. 从（五）中的营养琼脂平板上挑取单个菌落接种生化反应管，生化反应在(26 ± 1)℃进行。小肠结肠炎耶尔森氏菌的主要生化特征以及与其他相似菌的区别，见表3-21。

表 3-21 小肠结肠炎耶尔森氏菌与其他相似菌的生化性状鉴别表

项目	小肠结肠炎耶尔森氏菌 Y. enterocolitica	中间型耶尔森氏菌 Y. intermedia	弗氏耶尔森氏菌 Y. frederiksenii	克氏耶尔森氏菌 Y. kirstensenii	假结核耶尔森氏菌 Y. pseudotuberculosis	鼠疫耶尔森氏菌 Y. pesti
动力（26 ℃）	+	+	+	+	+	−
尿素酶	+	+	+	+	+	−
V-P 试验（26 ℃）	+	+	+	−	−	−
鸟氨酸脱羧酶	+	+	+	+	−	−
蔗糖	d	+	+	−	−	−
棉子糖	−	−	−	−	−	d
山梨糖	+	+	+	+	−	−
甘露醇	+	+	+	+	+	+
鼠李糖	−	+	+	−	−	+

注：＋阳性；－阴性；d 有不同生化型。

2. 如选择微生物生化鉴定试剂盒或微生物生化鉴定系统，可根据（六）镜检结果，选择革兰阴性球杆菌菌落作为可疑菌落，从（五）所接种的营养琼脂平板上挑取单菌落，使用微生物生化鉴定试剂盒或微生物生化鉴定系统进行鉴定。

（八）血清型鉴定（选做项目）

除进行生化鉴定外，可选择做血清型鉴定。在洁净的载玻片上加一滴 O 因子血清，将待试培养物混入其内，使成为均一性混浊悬液，将玻片轻轻摇动 $0.5\sim1$ min，在黑色背景下观察反应。如在 2 min 内出现比较明显的小颗粒状凝集者，即为阳性反应；反之则为阴性。另用生理盐水作对照试验，以检查有无自凝现象；具体操作方法可按检验五中沙门氏菌 O 因子血清分型方法进行。

六、结果与报告

综合以上及生化特征报告结果,报告 25 g(或 25 mL)样品中检出或未检出小肠结肠炎耶尔森氏菌。

【思考题】

1.简述小肠结肠炎耶尔森氏菌的检验程序。

2.鉴定小肠结肠炎耶尔森氏菌的重要指标是什么?

3.为什么除乳与乳制品外,其他食品的增菌液需经碱处理?

【附录】主要培养基和试剂

1.改良磷酸盐缓冲液

(1)成分:磷酸氢二钠 8.23 g,磷酸二氢钠 1.2 g,氯化钠 5.0 g,三号胆盐 1.5 g,山梨醇 20.0 g。

(2)制法:将磷酸盐及氯化钠溶于蒸馏水中,再加入三号胆盐及山梨醇,溶解后校正 pH 至 7.6,分装试管,于 121 ℃高压灭菌 15 min,备用。

2.碱处理液

(1)0.5%氯化钠溶液:氯化钠 0.5 g,蒸馏水 100 mL,121 ℃高压灭菌 15 min。

(2)0.5%氢氧化钾溶液:氢氧化钾 0.5 g,蒸馏水 100 mL,121 ℃高压灭菌 15 min。

(3)将 0.5%氯化钠及 0.5%氢氧化钾等量混合。

3.CIN-1 培养基

(1)基础培养基:胰胨 20.0 g,酵母浸膏 2.0 g,甘露醇 20.0 g,氯化钠 1.0 g,去氧胆酸钠 2.0 g,硫酸镁 0.01 g,琼脂 12.0 g,蒸馏水 950 mL,校正 pH 至 7.5±0.1。

将基础培养基于 121 ℃高压灭菌 15 min,备用。

(2)Irgasan(二氯苯氧氯酚):可用 95%的乙醇作溶剂,溶解二苯醚,配成 0.4%的溶液来替代 Irgasan,待基础培养基冷至 80 ℃时,加入 1 mL 混匀。

(3)冷至 50℃时,加入:中性红(3.0 mg/mL) 10.0 mL 结晶紫(0.1 mg/mL) 10.0 mL 头孢菌素(1.5 mg/mL) 10.0 mL 新生霉素(0.25 mg/mL) 10.0 mL 最后不断搅拌加入 10.0 mL 的 10%氯化锶,倾注平皿。

4.改良 Y 培养基

(1)成分:蛋白胨 15.0 g,氯化钠 5.0 g,乳糖 10.0 g,草酸钠 2.0 g,去氧胆酸钠 6.0 g,三号胆盐 5.0 g,丙酮酸钠 2.0 g,孟加拉红 40.0 mg,水解酪蛋白 5.0 g,琼脂 17.0 g,蒸馏水 1000 mL。

(2)制法:将各成分混合,校正 pH 至 7.4±0.1。于 121 ℃高压灭菌 15 min,待冷至 45 ℃左右时,倾注平皿。

5.改良克氏双糖培养基

(1)成分:蛋白胨 20.0 g,牛肉膏 3.0 g,酵母膏 3.0 g,山梨醇 20.0 g,葡萄糖 1.0 g,氯化钠 5.0 g,柠檬酸铁铵 0.5 g,硫代硫酸钠 0.5 g,琼脂 12.0 g,酚红 0.025 g,蒸馏水 1000 mL。

(2)制法:将酚红以外的各成分溶解于蒸馏水中,校正 pH 至 7.4。加入 0.2%的酚红溶液

12.5 mL,摇匀,分装试管,装量宜多些,以便得到比较高的底层。121 ℃高压灭菌 15 min,放置高层斜面备用。

6.糖发酵管

见检验五附录的"12.糖发酵管"。

7.鸟氨酸脱羧酶试验培养基

(1)成分:蛋白胨 5.0 g,酵母浸膏 3.0 g,葡萄糖 1.0 g,蒸馏水 1000 mL,1.6%溴甲酚紫-乙醇溶液,1.0 mL,L-鸟氨酸或 DL-鸟氨酸 0.5 g/100 mL 或 1 g/100 mL。

(2)制法:除鸟氨酸以外的成分加热溶解后,分装,每瓶 100 mL,分别加入鸟氨酸。L-鸟氨酸按 0.5%加入,DL-鸟氨酸按 1%加入。再校正 pH 至 6.8。对照培养基不加鸟氨酸。分装于无菌的小试管内,每管 0.5 mL,上面滴加一层液体石蜡,115 ℃高压灭菌 10 min。

(3)试验方法:从琼脂斜面上挑取培养物接种,于(26±1)℃培养 18～24 h,观察结果。鸟氨酸脱羧酶阳性者由于产碱,培养基呈紫色。阴性者无碱性产物,但因葡萄糖产酸而使培养基变为黄色。对照管为黄色。

8.半固体琼脂

见检验五附录的"14.半固体琼脂"。

9.缓冲葡萄糖蛋白胨水[甲基红(MR)和 V-P 试验用]

见检验三附录的"4.缓冲葡萄糖蛋白胨水[甲基红(MR)和 V-P 试验用]"。

10.尿素培养基

见检验五附录的"8.尿素培养基"。

11.营养琼脂

见检验八附录的"4.营养琼脂"。

检验十一 食品中空肠弯曲菌检验

一、教学目的

1. 了解空肠弯曲菌的生物学特性。
2. 掌握食品中空肠弯曲菌检验的方法。

二、基本原理

空肠弯曲菌(*Campylobacter jejuni*)是人畜共患致病菌,广泛分布于自然界,主要宿主包括家畜、禽类、宠物以及野生动物,因此养殖过程中与动物接触、动物屠宰和加工操作不当等方式均可污染该菌。一般情况下,与其他动物的肉相比,新鲜的禽肉总是携带有更多的空肠弯曲杆菌。人类感染空肠弯曲菌的途径以食用生的、未彻底加热的禽肉和消毒不充分的牛奶为主,在卫生条件较差的地区和国家以水源性传播多见。

空肠弯曲菌为螺旋菌科弯曲杆菌属的一个种,该属还包括结肠弯曲菌(*C. coli*)、胎儿弯曲菌(*C. fetus*)等其他12个种。该菌是革兰氏阴性、呈弯曲或螺旋状的运动杆菌,大小为$(0.2\sim0.8)\mu m\times(0.5\sim0.5)\mu m$,有一个以上螺旋并可长达8 μm,也可出现S形或似飞翔的海鸥形,菌体一端或两段有单根鞭毛,长度为菌体的$2\sim3$倍,有活泼的动力或不产生动力(图3-23)。空肠弯曲菌是一类微需氧菌,初次分离时需在5%氧气、10%二氧化碳和85%氮气的环境中。该菌相对脆弱,对周围环境(如干燥、加热、消毒、酸性和21%氧气)敏感。培养适宜温度为$25\sim43$ ℃,最适宜温度为$42\sim43$ ℃,最适pH 7.2。弯曲杆菌对冷冻比较敏感,并且在室温下就会死亡,而在冷藏温度下它们的存活能力会提高。对糖类既不发酵也不氧化,呼吸代谢无酸性或中性产物。

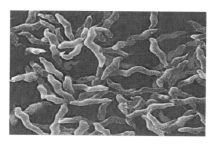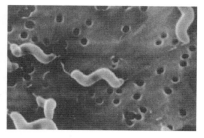

图3-23 空肠弯曲菌的菌体形态和运动特征

本菌按照《食品安全国家标准 食品微生物学检验 空肠弯曲菌检验》(GB 4789.7—2013)进行,主要通过增菌、选择性平板分离、生化鉴定、血清分型等进行定性和定量检验。

三、检验设备和试剂

(一)主要设备

微需氧培养装置,提供微需氧条件(5%氧气、10%二氧化碳和85%氮气)。

（二）培养基和试剂

Bolton 肉汤（Bolton broth），改良 CCD 琼脂（modified Charcoal Cefoperazone Deoxycholate Agar，mCCDA），哥伦比亚血琼脂（Columbia blood agar），布氏肉汤（Brucella broth），氧化酶试剂，马尿酸钠水解试剂，Skirrow 血琼脂（Skirrow blood agar），吲哚乙酸酯纸片，0.1% 蛋白胨水，1 mol/L 硫代硫酸钠（$Na_2S_2O_3$）溶液，3% 过氧化氢（H_2O_2）溶液，空肠弯曲菌显色培养基，生化鉴定试剂盒或生化鉴定卡。见本检验附录。

四、检验程序

空肠弯曲菌检验程序见图 3-24。

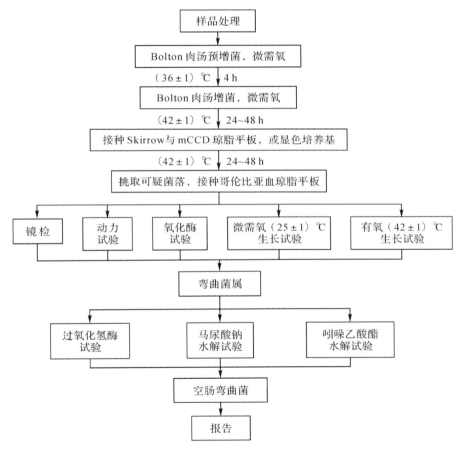

图 3-24　空肠弯曲菌检验程序

五、检验步骤

（一）样品处理

1. 一般样品

取 25 g（mL）样品（水果、蔬菜、水产品为 50 g）加入盛有 225 mL Bolton 肉汤的有滤网的均质袋中（若为无滤网均质袋可使用无菌纱布过滤），用拍击式均质器均质 1~2 min，经滤网或无菌纱布过滤,将滤过液进行培养。

2.整禽等样品

用 200 mL 0.1% 的蛋白胨水中充分冲洗样品的内外部,并振荡 2~3 min,经无菌纱布过滤至 250 mL 离心管中,16000 g 离心 15 min 后弃去上清,用 10 mL 0.1% 蛋白胨水悬浮沉淀,吸取 3 mL 于 100 mL Bolton 肉汤中进行培养。

3.贝类

取至少 12 个带壳样品,除去外壳后将所有内容物放到均质袋中,用拍击式均质器均质 1~2 min,取 25 g 样品至 225 mL Bolton 肉汤中(1∶10 稀释),充分震荡后再转移 25 mL 于 225 mL Bolton 肉汤中(1∶100 稀释),将 1∶10 和 1∶100 稀释的 Bolton 肉汤同时进行培养。

4.蛋黄液或蛋浆

取 25 g(mL)样品于 125 mL Bolton 肉汤中并混匀(1∶6 稀释),再转移 25 mL 于 100 mL Bolton 肉汤中并混匀(1∶30 稀释),同时将 1∶6 和 1∶30 稀释的 Bolton 肉汤进行培养。

5.鲜乳、冰淇淋、奶酪等

若为液体乳制品取 50 g;若为固体乳制品取 50 g 加入盛有 50 mL 0.1% 蛋白胨水的有滤网均质袋中,用拍击式均质器均质 15~30 s,保留过滤液。必要时调整 pH 值至 7.5±0.2,将液体乳制品或滤过液以 20000 g 离心 30 min 后弃去上清,用 10 mL Bolton 肉汤悬浮沉淀(尽量避免带入油层),再转移至 90 mL Bolton 肉汤进行培养。

6.需表面涂拭检测的样品

无菌棉签擦拭检测样品的表面(面积至少 100 cm² 以上),将棉签头剪落到 100 mL Bolton 肉汤中进行培养。

7.水样

将 4 L 的水(对于氯处理的水,在过滤前每升水中加入 5 mL 1 mol/L 硫代硫酸钠溶液)经 0.45 μm 滤膜过滤,把滤膜浸没在 100 mL Bolton 肉汤中进行培养。

(二)预增菌与增菌

在微需氧条件下,(36±1)℃培养 4 h,如条件允许配以 100 r/min 的速度进行振荡。必要时测定增菌液的 pH 值并调整至 7.4±0.2,(42±1)℃继续培养 24~48 h。

(三)分离

将 24 h 增菌液、48 h 增菌液及对应的 1∶50 稀释液分别划线接种于 Skirrow 血琼脂与 mCCDA 琼脂平板上,微需氧条件下(42±1)℃培养 24~48 h。另外可选择使用空肠弯曲菌显色平板作为补充。

观察 24 h 培养与 48 h 培养的琼脂平板上的菌落形态,mCCDA 琼脂平板上的可疑菌落通常为淡灰色,有金属光泽、潮湿、扁平,呈扩散生长的倾向。Skirrow 血琼脂平板上的第一型可疑菌落为灰色、扁平、湿润有光泽,呈沿接种线向外扩散的倾向;第二型可疑菌落常呈分散凸起的单个菌落,边缘整齐、发亮。空肠弯曲菌显色培养基上的可疑菌落按照说明进行判定。见表 3-22。

表 3-22　空肠弯曲菌在选择性琼脂平板上的菌落形态特征

琼脂平板	典型菌落	菌落形态
mCCDA 琼脂		淡灰色,有金属光泽、潮湿、扁平,呈扩散生长的倾向
Skirrow 血琼脂		灰色、扁平、湿润有光泽,呈沿接种线向外扩散的倾向

(四)鉴定

1. 弯曲菌属的鉴定

挑取 5 个(如少于 5 个则全部挑取)或更多的可疑菌落接种到哥伦比亚血琼脂平板上,微需氧条件下(42±1)℃培养 24～48 h,按照如下(1)至(5)进行鉴定,结果符合表 3-23 的可疑菌落确定为弯曲菌属。

(1)形态观察:挑取可疑菌落进行革兰氏染色,镜检。

(2)动力观察:挑取可疑菌落用 1 mL 布氏肉汤悬浮,用相差显微镜观察运动状态。

(3)氧化酶试验:用铂/铱接种环或玻璃棒挑取可疑菌落至氧化酶试剂润湿的滤纸上,如果在 10 s 内出现紫红色、紫罗兰或深蓝色为阳性。

(4)微需氧条件下(25±1)℃生长试验:挑取可疑菌落,接种到哥伦比亚血琼脂平板上,微需氧条件下(25±1)℃培养(44±4)h,观察细菌生长情况。

(5)有氧条件下(42±1)℃生长试验:挑取可疑菌落,接种到哥伦比亚血琼脂平板上,有氧条件下(42±1)℃培养(44±4)h,观察细菌生长情况。

表 3-23　弯曲菌属的鉴定

项目	弯曲菌属特性
形态观察	革兰氏阴性,菌体弯曲如小逗点状,两菌体的末端相接时呈 S 形、螺旋状或海鸥展翅状[a]
动力观察	呈现螺旋状运动[b]
氧化酶试验	阳性
微需氧条件下(25±1)℃生长试验	不生长
有氧条件下(42±1)℃生长试验	不生长

注:[a] 有些菌株的形态不典型;[b] 有些菌株的运动不明显。

2.空肠弯曲菌的鉴定

（1）过氧化氢酶试验：挑取菌落，加到干净玻片上的 3% 过氧化氢溶液中，如果在 30 s 内出现气泡则判定结果为阳性。

（2）马尿酸钠水解试验：挑取菌落，加到盛有 0.4 mL 1% 马尿酸钠的试管中制成菌悬液。混合均匀后在（36±1）℃水浴中温育 2 h 或（36±1）℃培养箱中温育 4 h。沿着试管壁缓缓加入 0.2 mL 茚三酮溶液，不要振荡，在（36±1）℃的水浴或培养箱中再温育 10 min 后判读结果。若出现深紫色则为阳性；若出现淡紫色或没有颜色变化则为阴性。

（3）吲哚乙酸酯水解试验：挑取菌落至吲哚乙酸酯纸片上，再滴加 1 滴灭菌水。如果吲哚乙酸酯水解，则在 5～10 min 内出现深蓝色；若无颜色变化则表示没有发生水解。空肠弯曲菌的鉴定结果见表 3-24。

表 3-24　空肠弯曲菌的鉴定

特征	空肠弯曲菌 （*C. jejuni*）	结肠弯曲菌 （*C. coli*）	海鸥弯曲菌 （*C. lari*）	乌普萨拉弯曲菌 （*C. upsaliensis*）
过氧化氢酶试验	＋	＋	＋	－或微弱
马尿酸盐水解试验	＋	－	－	－
吲哚乙酸脂水解试验	＋	＋	－	＋

注：＋表示阳性；－表示阴性。

（4）替代试验：对于确定为弯曲菌属的菌落，可使用生化鉴定试剂盒或生化鉴定卡代替前述步骤进行鉴定。

六、结果报告

综合以上试验结果，报告检样单位中检出或未检出空肠弯曲菌。

【思考题】

1.简述空肠弯曲杆菌培养特性。

2.试述空肠弯曲杆菌的检验程序和鉴定要点。

【附录】主要培养基和试剂

1.Bolton 肉汤（Bolton broth）

（1）基础培养基。

①成分：动物组织酶解物 10.0 g，乳白蛋白水解物 5.0 g，酵母浸膏 5.0 g，氯化钠 5.0 g，丙酮酸钠 0.5 g，偏亚硫酸氢钠 0.5 g，碳酸钠 0.6 g，α-酮戊二酸 1.0 g，蒸馏水 1000.0 mL。

②制法：将各成分溶于蒸馏水中，121 ℃灭菌 15 min，备用。

（2）无菌裂解脱纤维绵羊血或马血。

对无菌脱纤维绵羊血或马血通过反复冻融进行裂解或使用皂角苷进行裂解。

（3）抗生素溶液。

①成分：头孢哌酮（cefoperazone）0.02 g，万古霉素（vancomycin）0.02 g，三甲氧苄胺嘧啶

乳酸盐(trimethoprim lactate)0.02 g,两性霉素 B(amphotercin B)0.01 g,多粘菌素 B(polymyxin B)0.01 g,乙醇/灭菌水(1∶1)5.0 mL。

②制法:将各成分溶解于乙醇/灭菌水混合溶液中。

(4)完全培养基。

①成分:基础培养基 1000.0 mL,无菌裂解脱纤维绵羊血或马血 50.0 mL,抗生素溶液5.0 mL。

②制法:当基础培养基的温度约为 45 ℃左右时,无菌加入绵羊血或马血和抗生素溶液,混匀,校正 pH 至 7.4±0.2(25 ℃),常温下放置不得超过 4 h,或在 4 ℃左右避光保存不得超过7 d。

2. 改良 CCD 琼脂（modified Charcoal Cefoperazone Deoxycholate Agar，mCCDA）

(1)基础培养基。

①成分:肉浸液 10.0 g,动物组织酶解物 10.0 g,氯化钠 5.0 g,木炭 4.0 g,酪蛋白酶解物3.0 g,去氧胆酸钠 1.0 g,硫酸亚铁 0.25 g,丙酮酸钠 0.25 g,琼脂 8.0～18.0 g,蒸馏水 1000.0 mL。

②制法:将各成分溶于蒸馏水中,121 ℃灭菌 15 min,备用。

(2)抗生素溶液。

①成分:头孢哌酮(cefoperazone)0.032 g,两性霉素 B(amphotericin B)0.01 g,利福平(rifampicin)0.01 g,乙醇/灭菌水(1∶1)5.0 mL。

②制法:将各成分溶解于乙醇/灭菌水混合溶液中。

(3)完全培养基。

成分:基础培养基 1000.0 mL,抗生素溶液 5.0 mL。

制法:当基础培养基的温度约为 45 ℃左右时,加入抗生素溶液,混匀。校正 pH 至 7.4±0.2(25 ℃)。倾注 15 mL 于无菌平皿中,静置至培养基凝固。使用前需预先干燥平板。制备的平板未干燥时在室温放置不得超过 4 h,或在 4 ℃左右冷藏不得超过 7 d。

3. 哥伦比亚血琼脂(Columbia blood agar)

(1)基础培养基。

①成分:动物组织酶解物 23.0 g,淀粉 1.0 g,氯化钠 5.0 g 琼脂 8.0～18.0 g 蒸馏水 1000.0 mL。

②制法:将上述各成分溶于蒸馏水中,121 ℃灭菌 15 min,备用。

(3)无菌脱纤维绵羊血。

无菌操作条件下,将绵羊血倒入盛有灭菌玻璃珠的容器中,振摇约 10 min,静置后除去附有血纤维的玻璃珠即可。

(4)完全培养基。

①成分:基础培养基 1000.0 mL 无菌脱纤维绵羊血 50.0 mL。

②制法:当基础培养基的温度为 45 ℃左右时,无菌加入绵羊血,混匀。校正 pH 至 7.3±0.2(25 ℃)。倾注 15 mL 完全培养基于无菌平皿中,静置至培养基凝固。制备的平板未干燥时在室温放置不得超过 4 h,或在 4 ℃左右冷藏不得超过 7 d。

4. 布氏肉汤(Brucella broth)

成分:酪蛋白酶解物 10.0 g,动物组织酶解物 10.0 g,葡萄糖 1.0 g,酵母浸膏 2.0 g,氯化钠 5.0 g,亚硫酸氢钠 0.1 g,蒸馏水 1000.0 mL

制法:将上述各成分溶于蒸馏水中,校正 pH 至 7.0±0.2(25 ℃),121 ℃灭菌 15 min,备用。

5.1 mol/L 硫代硫酸钠($Na_2S_2O_3$)溶液

①成分:硫代硫酸钠(无水)160.0 g,碳酸钠(无水)2.0 g,蒸馏水 1000.0 mL。

②制法:称取 160 g 无水硫代硫酸钠,加入 2 g 无水碳酸钠,溶于 1000 mL 水中,缓缓煮沸 10 min,冷却。

6. Skirrow 血琼脂(Skirrow blood agar)

(1)基础培养基。

①成分:蛋白胨 15.0 g,胰蛋白胨 2.5 g,酵母浸膏 5.0 g,氯化钠 5.0 g,琼脂 15.0 g 蒸馏水 1000.0 mL。

②制法:将上述各成分溶于蒸馏水中,121 ℃灭菌 15 min,备用。

(2)FBP 溶液。

①成分:丙酮酸钠 0.25 g,焦亚硫酸钠 0.25 g,硫酸亚铁 0.25 g,蒸馏水 100.0 mL。

②制法:将上述中各成分溶于蒸馏水中,经 0.22 μm 滤膜过滤除菌。FBP 根据需要量现用现配,在-70 ℃储存不超过 3 个月或-20 ℃储存不超过 1 个月。

(3)抗生素溶液。

①成分:头孢哌酮(cefoperazone)0.032 g,两性霉素 B(amphotericin B)0.01 g,利福平(rifampicin)0.01 g,乙醇/灭菌水(1∶1)5.0 mL。

②制法:将上述各成分溶解于乙醇/灭菌水混合溶液中。

(4)无菌脱纤绵羊血:无菌操作条件下,将绵羊血倒入盛有灭菌玻璃珠的容器中,振摇约 10 min,静置后除去附有血纤维的玻璃珠即可。

(5)完全培养基。

①成分:基础培养基 1000.0 mL,FBP 溶液 5.0 mL,抗生素溶液 5.0 mL,无菌脱纤绵羊血 50.0 mL。

②制法:当基础培养基的温度约为 45 ℃左右时,加入 FBP 溶液、抗生素溶液与冻融的无菌脱纤绵羊血,混匀。校正 pH 至 7.4±0.2(25 ℃)。倾注 15 mL 于无菌平皿中,静置至培养基凝固。预先制备的平板 未干燥时在室温放置不得超过 4 h,或在 4 ℃左右冷藏不得超过 7 d。

7. 氧化酶试剂

见检验七附录 2 的"10. 氧化酶试剂"。

8. 马尿酸钠水解试剂

(1)马尿酸钠溶液。

①成分:马尿酸钠 10.0 g;磷酸盐缓冲液(PBS),组分含氯化钠 8.5 g、磷酸氢二钠 8.98 g、磷酸二氢钠 2.71 g;蒸馏水 1000.0 mL。

②制法:将马尿酸钠溶于磷酸盐缓冲溶液中,过滤除菌。无菌分装,每管 0.4 mL,储存于-20 ℃。

(2)3.5%(水合)茚三酮溶液。

①成分:(水合)茚三酮(ninhydrin)1.75 g,丙酮 25.0 mL,丁醇 25.0 mL。

②制备:将(水合)茚三酮溶解于丙酮/丁醇混合液中。该溶液在避光冷藏时不超过 7 d。

9. 吲哚乙酸酯纸片

①成分:吲哚乙酯 0.1 ,丙酮 1.0 mL。

②制法:将吲哚乙酸脂溶于丙酮中,吸取 25～50 μL 溶液于空白纸片上(直径为 0.6～1.2 cm)。室温干燥,用带有硅胶塞的棕色试管/瓶于 4 ℃保存。

10.3％过氧化氢(H_2O_2)溶液

①成分:30％过氧化氢(H_2O_2)溶液 100.0 mL,蒸馏水 900.0 mL。

②制法:吸取 100 mL 30％过氧化氢(H_2O_2)溶液,溶于 900 mL 蒸馏水中,混匀,分装备用。

检验十二　食品中克罗诺杆菌属（阪崎肠杆菌）检验

一、教学目的

1. 掌握食品中克罗诺杆菌属的检验方法。

2. 了解食品中克罗诺杆菌属的生物学特征。

二、基本原理

克罗诺杆菌（*Cronobacter* spp.）原称阪崎肠杆菌（*Enterobacter sakazakii*），以前也称为黄色阴沟肠杆菌。克罗诺杆菌是由 Iversen 等人于 2008 年建议创立的隶属于肠杆菌科的一个新属，该属是寄生在人和动物肠道内的一种有周生鞭毛、能运动、兼性厌氧的革兰氏阴性无芽孢杆菌，见图 3-25。该菌是一种条件致病菌，婴幼儿（即＜1 岁的儿童）是克罗诺杆菌感染的高危人群，感染主要引起菌血症、脑膜炎、坏死性小肠结肠炎等，致死率高达 40％～80％。该致病菌致病剂量较低，克罗诺杆菌在婴幼儿奶粉、肉类、水、蔬菜等多种食品中被检测到，其中奶粉是该菌的主要感染渠道。由于婴儿配方奶粉不是商业无菌，尽管在加工过程中有加热处理，但未彻底灭菌，成品中仍有一部分细菌。

克罗诺杆菌检验方法主要针对该属特有的生化特征，尤其是黄色素的产生和 α-葡萄糖苷酶活性等生物学性状进行鉴定。有克罗诺杆菌属定性检验和计数两种方法，其中定量检测采用 100 g、10 g 和 1 g 三个样本量的最可能数（MPN）法，因此产品中数量极少的微生物也可以被检测和定量。

食品中克罗诺杆菌属检验按照《食品安全国家标准　食品微生物学　克罗诺杆菌属（阪崎肠杆菌）检验》（GB 4789.40—2016）展开。

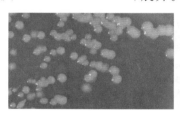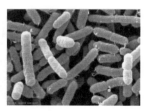

图 3-25　克罗诺杆菌在 TSA 琼脂上的菌落特征和菌体形态

三、检验设备和试剂

（一）主要设备

恒温培养箱（44 ℃±0.5 ℃）、全自动微生物生化鉴定系统等。

（二）试剂和培养基

改良月桂基硫酸盐胰蛋白胨肉汤-万古霉素，阪崎肠杆菌显色培养基，L-赖氨酸脱羧酶培养基，鸟氨酸脱羧酶培养基，L-精氨酸双水解酶培养基，糖类发酵培养基，西蒙氏柠檬酸盐培养基，见本检验附录。

四、检验方法

(一)克罗诺杆菌属定性检验

1.检验程序

克罗诺杆菌属检验程序见图 3-26。

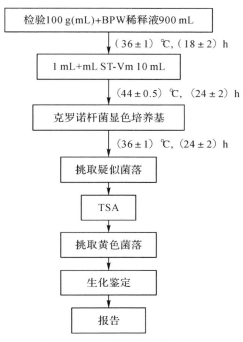

图 3-26　克罗诺杆菌属检验程序

2.检验步骤

(1)前增菌和增菌。

取检样 100 g(mL)置灭菌锥形瓶中,加入 900 mL 已预热至 44 ℃的缓冲蛋白胨水,用手缓缓地摇动至充分溶解,(36±1)℃培养(18±2)h。移取 1 mL 转种于 10 mL mLST-Vm 肉汤,(44±0.5)℃培养(24±2)h。

(2)分离。

①轻轻混匀 mLST-Vm 肉汤培养物,各取增菌培养物 1 环,分别划线接种于两个阪崎肠杆菌显色培养基平板,显色培养基须符合 GB 4789.28 的要求,(36±1)℃培养(24±2)h,或按培养基要求条件培养。

②挑取至少 5 个可疑菌落,不足 5 个时挑取全部可疑菌落,划线接种于 TSA 平板。(25±1)℃培养(48±4)h,见图 3-27。

③鉴定自 TSA 平板上直接挑取黄色可疑菌落,进行生化鉴定。克罗诺杆菌属的主要生化特征见表 3-25。可选择生化鉴定试剂盒或全自动微生物生化鉴定系统。

 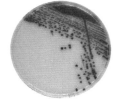 

显色培养基 TSA琼脂 显色培养基（蓝色菌落）

图 3-27 克罗杆菌属在两种琼脂平板上的菌落形态

表 3-25 克罗诺杆菌属的主要生化特征

生化试验		特征
黄色素产生		＋
氧化酶		－
L-赖氨酸脱羧酶		－
L-鸟氨酸脱羧酶		（＋）
L-精酸脱羧酶		＋
柠檬酸水解		（＋）
发酵	D-山梨醇	（－）
	L-鼠李醇	＋
	D-蔗糖	＋
	D-蜜二糖	＋
	苦杏仁甙	＋

注：＋,99％阳性；－,99％阴性；（＋）90％～99％阳性；（－）90％～99％阴性。

3.结果与报告

综合菌落形态和生化特征,报告每 100 g(mL)样品中检出或未检出克罗诺杆菌属。

（二）克罗诺杆菌属的计数

1.操作步骤

（1）样品的稀释。

①固体和半固体样品:无菌称取样品 100 g、10 g、1 g 各 3 份,分别加入 900 mL、90 mL、9 mL 已预热至 44 ℃的 BPW,轻轻振摇使充分溶解,制成 1:10 样品匀液,置(36±1)℃培养(18±2)h。分别移取 1 mL 转种于 10 mL mLST-Vm 肉汤,(44±0.5)℃培养(24±2)h。

②液体样品:以无菌吸管分别取样品 100 mL、10 mL、1 mL 各三份,分别加入 900 mL、90 mL、9 mL 已预热至 44 ℃的 BPW,轻轻振摇使充分混匀,制成 1:10 样品匀液,置(36±1)℃培养(18±2)h。分别移取 1 mL 转种于 10 mL mLST-Vm 肉汤,(44±0.5)℃培养(24±2)h。

（2）分离、鉴定。

同克罗诺杆菌属定性检验。

2. 结果与报告

综合菌落形态、生化特征，根据证实为克罗诺杆菌属的阳性管数，查 MPN 检索表 3-26，报告每 100 g(mL)样品中克罗诺杆菌属的 MPN 值。

表 3-26　克罗诺杆菌最可能数(MPN)检索表

阳性管数			MPN	95%可信限		阳性管			MPN	95%可信限	
100	10	1		下限	上限	100	10	1		下限	上限
0	0	0	<0.3	—	0.95	2	2	0	2.1	4.5	4.2
0	0	1	0.3	0.015	0.96	2	2	1	2.8	0.87	9.4
0	1	0	0.3	0.015	1.1	2	2	2	3.5	0.87	9.4
0	1	1	0.61	0.12	1.8	2	3	0	2.9	0.87	9.4
0	2	0	0.62	0.12	1.8	2	3	1	3.6	0.87	9.4
0	3	0	0.94	0.36	3.8	3	0	0	2.3	0.46	9.4
1	0	0	0.36	0.017	1.8	3	0	1	3.8	0.87	
1	1	0	1	0.72	0.13	1.8	3	0	2	6.4	1.7
1	0	2	1.1	0.36	3.8	3	1	0	4.3	0.9	18
1	1	0	0.74	0.13	2.0	3	1	1	7.5	1.7	20
1	1	1	1.1	0.36	3.8	3	1	2	12	3.7	42
1	2	0	1.1	0.36	4.2	3	1	3	16	4.0	42
1	2	1	1.5	0.36	4.2	3	2	0	9.3	1.8	42
1	3	0	1.6	0.45	4..2	3	2	1	15	3.7	42
2	0	0	0.92	0.14	3.8	3	2	2	21	4.0	43
2	0	1	1.4	0.36	4.2	3	2	3	29	9.0	100
2	0	2	2.0	0.45	4.2	3	3	0	24	4.2	100
2	1	0	1.5	0.37	4.2	3	3	1	46	9.0	200
2	1	1	2.0	0.45	4.2	3	3	2	110	18	410
2	1	2	2.7	0.87	9.4	3	3	3	>110	42.0	—

注 1：本表采用 3 个检验量[100 g(mL)、10 g(mL)、1 g(mL)]，每个检验量接种 3 管。

注 2：表内所列检样量如改用 1000 g(mL)、100 g(mL)、10 g(mL)时，表内数字应相应降低 10 倍；如改用 10 g(mL)、1 g(mL)、0.1 g(mL)时，则表内数字应相应增高 10 倍，其与类推。

【思考题】

1. 克罗诺杆菌的检验主要包括哪几个步骤？

2. 克罗诺杆菌对婴儿有哪些危害？目前还有哪些检测方法？

【附录】主要培养基和试剂

1. 缓冲蛋白胨水(BPW)

见检验五附录的"1. 缓冲蛋白胨水(BPW)"。

2. 改良月桂基硫酸盐胰蛋白胨肉汤-万古霉素(Modified lauryl sulfate truptose broth-vancomycin medium, mLST-Vm)

(1)改良月桂基硫酸盐胰蛋白胨(mLST)肉汤。

成分:氯化钠 34.0 g,胰蛋白胨 20.0 g,乳糖 5.0 g,磷酸二氢钾 2.75 g,磷酸氢二钾 2.75 g,十二烷基硫酸钠 0.1 g,蒸馏水 1000 mL。

制法:加热搅拌至溶解,调节 pH 至 6.8±0.2。分装每管 10 mL,121 ℃高压灭菌 15 min。

(2)万古霉素溶液。

将 10.0 mg 万古霉素溶解于 10.0 mL 蒸馏水,过滤除菌。万古霉素溶液可以在 0~5 ℃保存 15 d。

(3)完全培养基:每 10 mL mLST 加入万古霉素溶液 0.1 mL,混液中万古霉素的终浓度为 10 μg/mL。注:mLST-Vm 必须在 24 h 之内使用。

3. 胰蛋白胨大豆琼脂(TSA)

(1)成分:胰蛋白胨 15.0 g,植物蛋白胨 5.0 g,氯化钠 5.0 g,琼脂 15.0 g,蒸馏水 1000 mL。

(2)制法:加热搅拌至溶解,煮沸 1 min,调节 pH 至 7.3±0.2,121 ℃高压 15 min。

4. 氧化酶试剂

见检验七附录的"10. 氧化酶试剂"。

5. L-赖氨酸脱羧酶培养基

见检验五附录的"11. L-赖氨酸脱羧酶培养基"。

6. L-鸟氨酸脱羧酶培养基

见检验十附录的"6. L-鸟氨酸脱羧酶培养基"。

7. L-精氨酸双水解酶培养基

(1)成分:L-精氨酸盐酸盐(L-argininemonohydrochloride) 5.0 g,酵母浸膏 3.0 g,葡萄糖 1.0 g,溴甲酚紫 0.015 g,蒸馏水 1000 mL。

(2)制法:将各成分加热溶解,必要时调节 pH 至 6.8±0.2。每管分装 5 mL,121 ℃高压 15 min。

(3)试验方法:挑取培养物接种于 L-精氨酸脱羧酶培养基,刚好在液体培养基的液面下。(30±1)℃培养(24±2)h,观察结果。L-精氨酸脱羧酶试验阳性者,培养基呈紫色,阴性者为黄色。

8. 糖类发酵培养基

见检验六附录的"10. 糖类发酵管"。

9. 西蒙氏柠檬酸盐培养基

见检验六附录的"12. 西蒙氏柠檬酸盐培养基"。

第四章 食品革兰氏阳性致病菌检验

检验十三 食品中金黄色葡萄球菌检验

一、教学目标

1. 掌握食品中金黄色葡萄球菌的定性、定量检测方法。
2. 学习金黄色葡萄球菌选择性分离、鉴定的基本原理。

二、基本原理

金黄色葡萄球菌（*Staplylococcus aureus*）属于葡萄球菌属，它在自然界广泛存在，是人、动物和鸟类的鼻子、喉咙、皮肤和毛发（羽毛）中微生物群落的重要组成成员。葡萄球菌肠毒素引起的食物中毒又称葡萄球菌性胃肠炎，是世界上最常见的食源性疾病之一。金黄色葡萄球菌能产生 21 种不同的肠毒素：A、B、C1、C2、C3、D、E 到 V 不同血清型（也被称为 SEA、SEB 等）。2011 年美国疾病预防控制中心报告，每年约有 240 起葡萄球菌性胃肠炎引起的食物中毒案例，其中死亡 6 例。我国食品安全风险评估中心 2011～2014 年的报告，金黄色葡萄球菌及其肠毒素引发的食源性微生物安全案例排名第三。

典型的金黄色葡萄球菌为球形，直径 0.8 μm 左右，显微镜下排列成葡萄串状。金黄色葡萄球菌无芽孢、鞭毛，大多数无荚膜，革兰氏染色阳性，见图 4-1。金黄色葡萄对营养要求不高，在普通培养基上生长良好，需氧或兼性厌氧，最适生长温度 37 ℃，最适生长 pH 7.4。金黄色葡萄球菌有高度的耐盐性，可在 10%～15% NaCl 肉汤中生长。多数菌株能分解葡萄糖、麦芽糖和蔗糖，产酸不产气；不产生靛基质，能还原硝酸盐，甲基红试验阳性，VP 试验

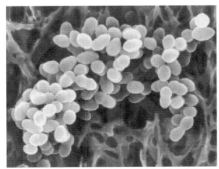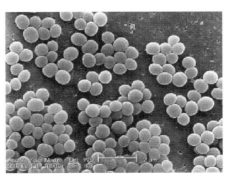

图 4-1 金黄色葡萄球菌的菌体形态

不定,能产生氨和少量硫化氢;能分泌胞外蛋白水解酶,凝固牛奶。大多数金黄色葡萄球菌菌株能发酵甘露醇,并产生血浆凝固酶、耐高温的脱氧核糖核酸酶和溶血素,这些生理生化特性可用于金黄色葡萄球菌与其他球菌(如表皮葡萄球菌、微球菌等)的鉴别。

金黄色葡萄球菌污染食品大量繁殖后产生的肠毒素,是我国最常见的食物中毒之一。因此检查食品中金黄色葡萄球菌具有重要食品卫生学意义。而金黄色葡萄球菌在速冻食品中的存在量,2011 年 12 月 21 日实施的国家安全标准《速冻面米制品》(GB 19295—2011),允许金黄色葡萄球菌限量存在。本菌根据《食品安全国家标准 食品微生物学检验 金黄色葡萄球菌检验》(GB 4789.10—2016)进行检测,其中第一法适用于食品中金黄色葡萄球菌的定性检验;第二法适用于金黄色葡萄球菌含量较高的食品计数;第三法适用于金黄色葡萄球菌含量较低的食品计数。

三、检验设备和试剂

(一)主要设备

恒温培养箱(36 ℃±1 ℃),冰箱(2~5 ℃),恒温水浴箱(36~56 ℃),感量 0.1 g 天平,均质器,均质袋、振荡器、1 mL 和 10 mL 无菌吸管或微量移液器及吸头、100 mL 和 500 mL 无菌锥形瓶,直径 90 mm 无菌培养皿,涂布棒,pH 计等。

(二)培养基及试剂

7.5%氯化钠肉汤,血琼脂平板,Baird-Parker 琼脂平板,脑心浸出液肉汤(BHI),兔血浆,无菌磷酸盐缓冲液,营养琼脂小斜面,无菌生理盐水,见本检验附录。

四、检测方法

(一)第一法:金黄色葡萄球菌定性检测

1.检验程序

金黄色葡萄球菌定性检验程序见图 4-2。

2.操作步骤

(1)样品的处理。

①固体或半固体样品:称取 25 g 样品至盛有 225 mL 7.5%氯化钠肉汤的无菌均质杯内,8000~10000 r/min 均质 1~2 min,或放入盛有 225 mL 7.5%氯化钠肉汤无菌均质袋中,用拍击式均质器拍打 1~2 min。

②液态样品:吸取 25 mL 样品至盛有 225 mL 7.5%氯化钠肉汤的无菌锥形瓶(瓶内可预置适当数量的无菌玻璃珠)中,振荡混匀。

(2)增菌。

将上述样品匀液于(36±1)℃培养 18~24 h。金黄色葡萄球菌在 7.5%氯化钠肉汤中呈混浊生长。

(3)分离。

将增菌后的培养物,分别划线接种到 Baird-Parker 平板和血平板,血平板(36±1)℃培养 18~24 h。Baird-Parker 平板(36±1)℃培养 24~48 h。

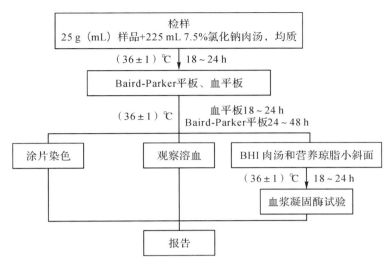

图 4-2　金黄色葡萄球菌定性检验程序

3.操作步骤

(1)初步鉴定。

金黄色葡萄球菌在 Baird-Parker 平板上呈圆形,表面光滑、凸起、湿润、菌落直径为2~3 mm,颜色呈灰黑色至黑色,有光泽,常有浅色(非白色)的边缘,周围绕以不透明圈(沉淀),其外常有一清晰带。当用接种针触及菌落时具有黄油样黏稠感。有时可见到不分解脂肪的菌株,除没有不透明圈和清晰带外,其他外观基本相同。从长期贮存的冷冻或脱水食品中分离的菌落,其黑色常较典型菌落浅些,且外观可能较粗糙,质地较干燥。在血平板上,形成菌落较大,圆形、光滑凸起、湿润、金黄色(有时为白色),菌落周围可见完全透明溶血圈。挑取上述可疑菌落进行革兰氏染色镜检及血浆凝固酶试验。

(2)确证鉴定。

①染色镜检:金黄色葡萄球菌为革兰氏阳性球菌,排列呈葡萄球状,无芽胞,无荚膜,直径约为 0.5~1 μm。

②血浆凝固酶试验:挑取 Baird-Parker 平板或血平板上至少5个可疑菌落(小于5个全选),分别接种到 5 mL BHI 和营养琼脂小斜面,(36±1)℃培养 18~24 h。取新鲜配制兔血浆 0.5 mL,放入小试管中,再加入 BHI 培养物 0.2~0.3 mL,振荡摇匀,置(36±1)℃温箱或水浴锅内,每半小时观察一次,观察 6 h,如呈现凝固(即将试管倾斜或倒置时,呈现凝块)或凝固体积大于原体积的一半,被判定为阳性结果。同时以血浆凝固酶试验阳性和阴性葡萄球菌菌株的肉汤培养物作为对照。结果如可疑,挑取营养琼脂小斜面的菌落到 5 mL BHI,(36±1)℃培养 18~48 h,重复试验。

典型金黄色葡萄球菌初步和确证鉴定的现象见表 4-1。

表 4-1 典型金黄色葡萄球菌的特征

检测项目	典型形态	特征
Baird-Parker 平板		呈圆形,表面光滑、凸起、湿润、菌落直径为 2 mm~3 mm,颜色呈灰黑色至黑色,有光泽,常有浅色(非白色)的边缘,周围绕以不透明圈(沉淀),其外常有一清晰带。当用接种针触及菌落时具有黄油样黏稠感。有时可见到不分解脂肪的菌株。
血平板		形成菌落较大,圆形、光滑凸起、湿润、金黄色(有时为白色),菌落周围可见完全透明溶血圈。
革兰氏染色镜鉴		细胞呈葡萄状成簇排列,但有时亦可以单个、成双或念珠状出现。
血浆凝固试验		呈现凝固-即将试管倾斜或倒置时呈现凝块,或凝固体积大于原体积的一半,被判定为阳性结果。

4.结果与报告

(1)结果判定:符合初步鉴定、明确鉴定,可判定为金黄色葡萄球菌。

(2)结果报告:在 25 g(mL)样品中检出或未检出金黄色葡萄球菌。

注:可疑食物中毒样品或产生葡萄球菌肠毒素的金黄色葡萄球菌菌株的鉴定,操作详见本检验附录 2 选做试验。

(二)第二法:金黄色葡萄球菌平板计数

1.检验程序

金黄色葡萄球菌平板计数法检验程序见图 4-3。

2.检验步骤

(1)样品的稀释。

①固体和半固体样品:称取 25 g 样品置于盛有 225 mL 磷酸盐缓冲液或生理盐水的无菌均质杯内,8000~10000 r/min 均质 1~2 min,或置于盛有 225 mL 稀释液的无菌均质袋中,用拍击式均质器拍打 1~2 min,制成 1∶10 的样品匀液。

②液体样品:以无菌吸管吸取 25 mL 样品置于盛有 225 mL 磷酸盐缓冲液或生理盐水的无菌锥形瓶(瓶内预置适当数量的无菌玻璃珠)中,充分混匀,制成 1∶10 的样品匀液。

用 1 mL 无菌吸管或微量移液器吸取 1∶10 样品匀液 1 mL,沿管壁缓慢注于盛有 9 mL 磷酸盐缓冲液或生理盐水的无菌试管中(注意吸管或吸头尖端不要触及稀释液面),振摇试管或换用 1 支 1 mL 无菌吸管反复吹打使其混合均匀,制成 1∶100 的样品匀液。

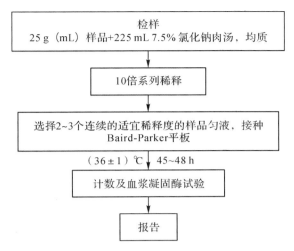

图 4-3 金黄色葡萄球菌平板计数法检验程序

③按上一步操作程序,制备 10 倍系列稀释样品匀液。每递增稀释一次,换用 1 次 1 mL 无菌吸管或吸头。

(2)样品的接种。

根据对样品污染状况的估计,选择 2~3 个适宜稀释度的样品匀液(液体样品可包括原液),在进行 10 倍递增稀释的同时,每个稀释度分别吸取 1 mL 样品匀液以 0.3 mL、0.3 mL、0.4 mL 接种量分别加入三块 Baird-Parker 平板,然后用无菌涂布棒涂布整个平板,注意不要触及平板边缘。

注:使用前,如 Baird-Parker 平板表面有水珠,可放在 25~50 ℃ 的培养箱里干燥,直到平板表面的水珠消失。

(3)培养。

在通常情况下,涂布后,将平板静置 10 min,如样液不易吸收,可将平板放在培养箱(36±1)℃培养 1 h;等样品匀液吸收后翻转平板,倒置后于(36±1)℃培养 24~48 h。

(4)典型菌落确认。

①金黄色葡萄球菌在 Baird-Parker 平板上典型菌落确认。

②选择有典型的金黄色葡萄球菌菌落的平板,且同一稀释度 3 个平板所有菌落数合计在 20~200 CFU 之间的平板,计数典型菌落数。

③Baird-Parker 平板典型菌落中至少选 5 个可疑菌落(小于 5 个全选)进行鉴定试验。分别做染色镜检和血浆凝固酶试验;同时划线接种到血平板(36±1)℃培养 18~24 h 后观察菌落形态,金黄色葡萄球菌菌落较大,圆形、光滑凸起、湿润、金黄色(有时为白色),菌落周围可见完全透明溶血圈。确定阳性菌落数。

(5)金黄色葡萄球菌计数。

①典型菌落计算原则按表 4-3。

表 4-3 典型菌落计算原则

典型菌落情况	计算方法
只有一个稀释度平板的典型菌落数在 20~200 CFU 之间,计数该稀释度平板上的典型菌落;	计算公式(4-1)

典型菌落情况	计算方法
最低稀释度平板的典型菌落数小于 20 CFU,计数该稀释度平板上的典型菌落;	计算公式(4-1)
某一稀释度平板的典型菌落数大于 200 CFU,但下一稀释度平板上没有典型菌落,计数该稀释度平板上的典型菌落;	计算公式(4-1)
某一稀释度平板的典型菌落数大于 200 CFU,但下一稀释度平板上没有典型菌落,计数该稀释度平板上的典型菌落,计数该稀释度平板上的典型菌落;	计算公式(4-1)
某一稀释度平板的典型菌落数大于 200 CFU,而下一稀释度平板上虽有典型菌落但不在 20～200 CFU 范围内,计数该稀释度平板上的典型菌落;	计算公式(4-1)
若 2 个连续稀释度的平板典型菌落数均在 20～200 CFU 之间;	计算公式(4-2)

②计算公式

计算公式(4-1):

$$T = \frac{AB}{Cd} \tag{4-1}$$

T——样品中金黄色葡萄球菌菌落数;

A——某一稀释度典型菌落的总数;

B——某一稀释度鉴定为阳性的菌落数;

C——某一稀释度用于鉴定试验的菌落数;

d——稀释因子。

计算公式(4-2):

$$T = \frac{A_1 B_1 / C_1 + A_2 B_2 / C_2}{1.1d} \tag{4-2}$$

式中:

T——样品中金黄色葡萄球菌菌落数;

A_1——第一稀释度(低稀释倍数)典型菌落的总数;

B_1——第一稀释度(低稀释倍数)鉴定为阳性的菌落数;

C_1——第一稀释度(低稀释倍数)用于鉴定试验的菌落数;

A_2——第二稀释度(高稀释倍数)典型菌落的总数;

B_2——第二稀释度(高稀释倍数)鉴定为阳性的菌落数;

C_2——第二稀释度(高稀释倍数)用于鉴定试验的菌落数;

1.1——计算系数;

d——稀释因子(第一稀释度)。

(6)结果与报告

根据上述中公式计算结果,报告每 g(mL)样品中金黄色葡萄球菌数,以 CFU/g(mL)表示;如 T 值为 0,则以小于 1 乘以最低稀释倍数报告。

(三)第三法:金黄色葡萄球菌 MPN 计数

1.检验程序

金黄色葡萄球菌平板计数法检验程序见图 4-4。

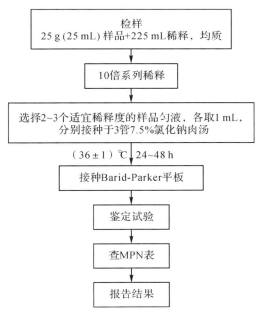

图 4-4　金黄色葡萄球菌 MPN 计数法检验程序

2. 检验步骤

(1) 样品的稀释。

按第一张中"样品的处理"进行,并将 1∶10 稀释液按 1 mL 加 9 mL 磷酸盐缓冲液或生理盐水的试管中,制备 10^{-2}—10^{-3} 的系列稀释液。

(2) 接种和培养。

① 根据对样品污染状况的估计,选择 3 个适宜稀释度的样品匀液(液体样品可包括原液),在进行 10 倍递增稀释的同时,每个稀释度分别接种 1 mL 样品匀液至 7.5% 氯化钠肉汤管(如接种量超过 1 mL,则用双料 7.5% 氯化钠肉汤),每个稀释度接种 3 管,将上述接种物 (36±1)℃ 培养,18～24 h。

② 用接种环从培养后的 7.5% 氯化钠肉汤管中分别取培养物 1 环,移种于 Baird-Parker 平板 (36±1)℃ 培养,24～48 h。

(3) 典型菌落确认。

按第一法进行。

3. 结果与报告

根据证实为金黄色葡萄球菌阳性的试管管数,查 MPN 检索表 2-2,报告每 g(mL) 样品中金黄色葡萄球菌的最可能数,以 MPN/g(mL) 表示。

【思考题】

1. 金黄色葡萄球菌在血平板或 B-P 平板上的菌落特征如何? 为什么?

2. 食品中能否允许有个别金黄色葡萄球菌存在? 为什么?

3. 鉴定致病性金黄色葡萄球菌的重要指标是什么?

4. 金黄色葡萄球菌平板计数检验中,为什么直接使用鉴别性培养基而无增菌? 金黄色葡萄球菌定量检测中还需注意哪些?

【附录1】主要培养基和试剂

1.7.5%氯化钠肉汤

(1)成分(g/L):蛋白胨10.0 g、牛肉膏5.0 g、氯化钠75 g。

(2)制法:将上述成分加热溶解于900 mL蒸馏水中,调节pH至7.4±0.2,定容至1000 mL,225 mL每瓶分装,121 ℃高压灭菌15 min。

2.血琼脂平板

(1)豆粉琼脂成分(g/L):牛心浸粉15.0 g、氯化钠5.0 g、豌豆浸粉3.0 g、琼脂15.0 g。

(2)兔血浆制备:取柠檬酸钠3.8 g,加蒸馏水100 mL,溶解后过滤,装瓶,121 ℃高压灭菌15 min,获得无菌3.8%柠檬酸钠溶液。取无菌柠檬酸钠溶液1份,加兔全血4份,混好静置(或以3000 r/min离心30 min),使血液细胞下降,即可得血浆。

(3)血琼脂平板制法:成分取豆粉琼脂成分,加热溶化于900 mL蒸馏水中,pH值调至7.4～7.6,定容至1000 mL,100 mL每瓶分装,121 ℃高压灭菌15 min,备用。临用前,加热熔化琼脂,冷却至50 ℃,以无菌操作加入脱纤维羊血5～10 mL,摇匀,倾注平板。

3.Baird-Parker琼脂平板

(1)成分(g/L):胰蛋白胨10.0 g、牛肉膏5.0 g、酵母膏1.0 g、丙酮酸钠10.0 g、甘氨酸12.0 g、氯化锂(LiCl·6H_2O)5.0 g、琼脂20.0 g。

(2)30%卵黄盐水配制:用酒精棉球擦拭鸡蛋表面,用75%酒精浸泡30 min。敲破鸡蛋气孔侧,倒出蛋清。吸取35 mL无菌生理盐水,加入约15 mL蛋黄。充分摇匀后可用。4 ℃储存备用。

(3)增菌剂的配法:30%卵黄盐水50 mL与通过0.22 μm孔径滤膜进行过滤除菌的1%亚碲酸钾溶液10 mL混合,保存于冰箱内。

(4)制法:将(1)各成分加到950 mL蒸馏水中,加热煮沸至完全溶解,调节pH至7.0±0.2。分装每瓶95 mL,121 ℃高压灭菌15 min。临用时加热溶化琼脂,冷至50 ℃,每95 mL加入预热至50 ℃的卵黄亚碲酸钾增菌剂5 mL摇匀后倾注平板。培养基应是致密不透明的。使用前在冰箱储存不得超过48 h。

4.脑心浸出液肉汤(BHI)

成分(g/L):胰蛋白质胨10.0 g,氯化钠5.0 g,磷酸氢二钠(12H_2O)2.5 g,葡萄糖2.0 g、牛心浸出液500 mL。

制法:加热溶解,调节pH至7.4±0.2,分装16 mm×160 mm试管,每管5 mL置121 ℃,15 min灭菌。

5.磷酸盐缓冲液

见检验一附录2。

6.营养琼脂小斜面

成分(g/L):蛋白胨10.0 g、牛肉膏3.0 g、氯化钠5.0 g、琼脂15.0～20.0 g。

制法:将除琼脂以外的各成分溶解于1000 mL蒸馏水内,加入15%氢氧化钠溶液约2 mL调节pH至7.3±0.2。加入琼脂,加热煮沸,使琼脂溶化,分装13 mm×130 mm试管,121 ℃高压灭菌15 min。

【附录2】金黄色葡萄球菌毒素检测（选做项目）

1.原理

由金黄色葡萄球菌引起的可疑中毒事件或产肠毒素金黄色葡萄球菌菌株鉴定,需葡萄球菌肠毒素检测。金黄色葡萄球菌 A、B、C、D、E 型肠毒素分型可用酶联免疫吸附（ELISA）试剂盒完成。

96孔酶标板的每一个微孔条的 A～E 孔分别包被了 A、B、C、D、E 型葡萄球菌肠毒素抗体,包被混合型葡萄球菌肠毒素抗体 H 孔为阳性质控,包被了非免疫动物的抗体 F 和 G 孔为阴性质控。样品中如果有葡萄球菌肠毒素,游离的葡萄球菌肠毒素则与各微孔中包被的特定抗体结合,形成抗原抗体复合物,其余未结合的成分在洗板过程中被洗掉;抗原抗体复合物再与辣根过氧化物酶（HRP）标记物（二抗）结合,未结合上的酶标记物在洗板过程中被洗掉;加入酶底物（如,3,3',5,5'-四甲基联苯胺,TMB）和显色剂并孵育,酶标记物上的酶催化底物分解,使无色的显色剂变为蓝色;加入反应酸性终止液可使颜色由蓝变黄,并终止了酶反应;以 450 nm 波长的酶标仪测量微孔溶液的吸光度值,样品中的葡萄球菌肠毒素与吸光度值成正比。

图 4-5　夹心 ELISA 的检测图

2.建议设备和材料

（1）仪器和设备:电子天平（0.01 g）、均质器、离心机（转速 3000～5000 g）、50 mL 离心管、0.2 μm 滤器、微量加样器（20～200 μL、200～1000 μL）、微量多通道加样器:50～300 μL、自动洗板机（可选择使用）、酶标仪;

（2）试剂:A、B、C、D、E 型金黄色葡萄球菌肠毒素分型可用酶联免疫吸附（ELISA）试剂盒、pH 试纸（范围在 3.5～8.0,精度 0.1）、0.25 mol/L Tris-HCl 缓冲液（pH 8.0）、磷酸盐缓冲液（pH 7.4）、庚烷、10%次氯酸钠溶液、肠毒素产毒培养基。

肠毒素产毒培养基配制:称取各成分（蛋白胨 20.0 g、胰消化酪蛋白 200 mg（氨基酸）、氯化钠 5.0 g、磷酸氢二钾 1.0 g、磷酸二氢钾 1.0 g、氯化钙 0.1 g、硫酸镁 0.2 g、菸酸 0.01 g）溶于 1000 mL 蒸馏水 ,调 pH 7.3±0.2, 121 ℃高压灭菌 30 min。

3.检测步骤

（1）检测样品制备。

表 4-3 金黄色葡萄球菌毒素检测样品处理方法

样品来源	处理方法
分离菌株检测葡萄球菌肠毒素	待测菌株接种营养琼脂斜面(试管 18 mm×180 mm)36 ℃培养 24 h,用 5 mL 生理盐水洗下菌落,倾入 60 mL 产毒培养基中,36 ℃ 振荡培养 48 h,振速为 100 次/min,吸出菌液离心,8000 r/min,20 min,加热 100 ℃,10 min,取上清液,取 100 μL 稀释后的样液进行试验。
牛奶和奶粉	将 25 g 奶粉溶解到 125 mL、0.25 mol/L、pH 8.0 的 Tris 缓冲液中,混匀后同液体牛奶一样按以下步骤制备。将牛奶于 15 ℃,3500 g 离心 10 min。将表面形成的一层脂肪层移走,变成脱脂牛奶。用蒸馏水对其进行稀释(1∶20)。取 100 μL 稀释后的样液进行试验。
脂肪含量不超过 40% 的食品	称取 10 g 样品绞碎,加入 pH 7.4 的 PBS 液 15 mL 进行均质,振摇 15 min。于 15 ℃,3500 g 离心 10 min。取上清液进行过滤除菌(必要时,移去上面脂肪层)。取 100 μL 的滤出液进行试验。
脂肪含量超过 40% 的食品	称取 10 g 样品绞碎,加入 pH 7.4 的 PBS 液 15 mL 进行均质。振摇 15 min。于 15 ℃,3500 g 离心 10 min。吸取 5 mL 上层悬浮液,转移到另外一个离心管中,再加入 5 mL 的庚烷,充分混匀 5 min。于 15 ℃,3500 g 离心 5 min。将上部有机相(庚烷层)全部弃去,注意该过程中不要残留庚烷。将下部水相层进行过滤除菌。取 100 μL 的滤出液进行试验。
其他食品	酌情参考上述食品处理方法。

(2)检测。

①将制备的待样品液 100 μL 加入微孔条的 A～G 孔,H 孔加 100 μL 的阳性对照。用手轻拍微孔板充分混匀,用黏胶纸封住微孔以防溶液挥发,置室温下孵育 1 h。

②将孔中液体倾倒至含 10% 次氯酸钠溶液的容器中,并在吸水纸上拍打几次以确保孔内不残留液体。每孔用多通道加样器注入 250 μL 的洗液,再倾倒掉并在吸水纸上拍干。重复以上洗板操作 4 次(本步骤也可由自动洗板机完成)。

③每孔加入 100 μL 的酶标抗体,用手轻拍微孔板充分混匀,置室温下孵育 1 h。

④重复(2)的洗板程序。

⑤加 50 μL 的 TMB 底物和 50 μL 的发色剂至每个微孔中,轻拍混匀,室温黑暗避光处孵育 30 min。

⑥加入 100 μL 的 2 mol/L 硫酸终止液,轻拍混匀,30 min 内用酶标仪在 450 nm 波长条件下测量每个微孔溶液的 OD 值。

注:1. 所有操作均应在室温(20～25 ℃)下进行,A、B、C、D、E 型金黄色葡萄球菌肠毒素分型 ELISA 检测试剂盒中所有试剂的温度均应回升至室温方可使用。

2. 测定中吸取不同的试剂和样品溶液时应更换吸头,用过的吸头以及废液处理前要浸泡到 10% 次氯酸钠溶液中过夜。

3. 测试结果阳性质控的 OD 值要大于 0.5,阴性质控的 OD 值要小于 0.3,如果不能同时满足以上要求,测试的结果不被认可。对阳性结果要排除内源性过氧化物酶的干扰。

4. 结果的计算和表述

(1)临界值的计算。

每一个微孔条的 F 孔和 G 孔为阴性质控,两个阴性质控 OD 值的平均值加上 0.15 为临界值。

示例：阴性质控1＝0.08，阴性质控2＝0.10，平均值＝0.09，临界值＝0.09＋0.15＝0.24。

（2）结果表述。

OD值小于临界值的样品孔判为阴性，表述为样品中未检出某型金黄色葡萄球菌肠毒素；OD值大于或等于临界值的样品孔判为阳性，表述为样品中检出某型金黄色葡萄球菌肠毒素。

检验十四　食品中 β 型溶血性链球菌检验

一、教学目标

1. 掌握食品中 β 型溶血性链球菌检验的方法。
2. 学习 β 型溶血性链球菌生理生化特点。

二、基本原理

β 型溶血性链球菌(β-hemolytic *streptococcus*)在自然界分布广泛,在水体、空气、动物粪便以及人类和动物的呼吸道中均能发现。根据链球菌在血平板是否溶血及其溶血性质分为 3 类:α-溶血性链球菌、β-溶血性链球菌和 γ-溶血性链球菌。β-溶血性链球菌菌落周围形成一个 2～4 mm 宽、界限分明、完全透明的无色溶血环,又称乙型溶血。化脓(或 A 群)链球菌(S. *pyogenes*)和无乳(或 B 群)链球菌(S. *agalactiae*)是产生 β 型溶血的两种主要病原体。

β 型溶血性链球菌属于链球菌属。该链球菌为无芽胞,无鞭毛,革兰氏阳性细菌。细胞呈球形或卵圆形,直径 0.5～1.0 μm,呈链状排列。链的长短与细菌的种类及生长环境有关,短的由 4～8 个甚至 2～3 个细胞组成,长的可至 20～30 个细胞(图 4-6)。在液体培养基中易呈长链,固体培养基中溶血性链球菌常呈短链,有时染色镜检与葡萄球菌易混淆。溶血性链球菌触酶阴性,可用触酶试验区分二者。β-溶血性链球菌在血清肉汤中易形成长链,管底呈絮状或颗粒状沉淀生长。在血平板上形成灰白色、半透明或不透明、表面光滑有乳光、边缘整齐、直径 0.5～0.75 mm 的圆形突起的细小菌落,菌落周围形成一个 2～4 mm 宽界限分明、无色透明的溶血圈。

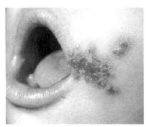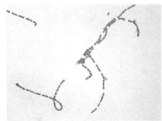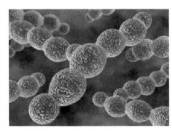

图 4-6　化脓链球菌感染导致的化脓性炎症及其形态

该类细菌对营养要求较高,普通培养基上生长不良,需补充血清、血液、腹水等营养物质,大多数菌株需核黄素、维生素 B6、烟酸、苏氨酸等生长因子。能在 20～42 ℃温度下生长繁殖,最适生长温度为 37 ℃,最适 pH 为 7.4～7.6。该细菌属于需氧或兼性厌氧细菌,但有的菌株严格厌氧。该菌分解葡萄糖,产酸不产气,对乳糖、甘露醇、水杨苷、山梨醇、棉子糖、蕈糖、七叶苷的分解能力因不同菌株而异。一般不分解菊糖,不被胆汁溶解,可用于β-溶血性链球菌的生化鉴定。

该菌抵抗力一般,对热敏感,55 ℃ 30 min 即被杀死,对 0.1% 碘酒、3%～5% 石炭酸等常见消毒剂敏感,在干燥尘埃中生存数月。可通过直接接触、空气飞沫传播或通过皮肤、粘膜伤口感染,引起中毒的食物主要有海产品、发酵食品、奶、肉、蛋及其制品等。根据《食品安全国家标准　食品微生物学检验　β型溶血性链球菌检验》(GB 4789.11—2014),β型溶血性链球菌检验包括选择性分离、染色镜检、触媒、生化鉴定等。

三、检验设备和试剂

(一)主要设备

恒温培养箱、冰箱、厌氧培养装置、天平(感量 0.1 g)、均质器与配套均质袋、显微镜、1 mL 和 10 mL 无菌吸管或微量移液器及吸头、无菌锥形瓶(容量 100 mL、200 mL、2000 mL)、pH 计或 pH 比色管或精密 pH 试纸、微生物生化鉴定系统。

(二)培养基和试剂

改良胰蛋白胨大豆肉汤(Modified tryptone soybean broth,mTSB)、哥伦比亚 CNA 血琼脂(Columbia CNA blood agar)、哥伦比亚血琼脂(Columbia blood agar)、革兰氏染色液、胰蛋白胨大豆肉汤(Tryptone soybean broth,TSB)、草酸钾血浆、0.25%氯化钙(CaCl$_2$)溶液、3%过氧化氢(H$_2$O$_2$)溶液、生化鉴定试剂盒或生化鉴定卡。见本检验附录。

四、检验程序

β-溶血性链球菌检验程序见图 4-7。

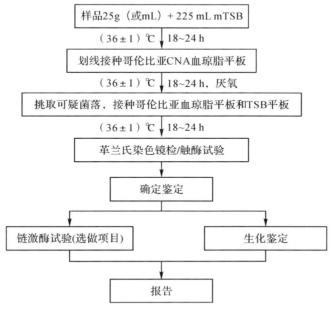

图 4-7　β-溶血性链球菌检验程序

五、检验步骤

(一)样品处理及增菌

按无菌操作称取检样 25 g(mL),加入盛有 225 mL mTSB 的均质袋中,用拍击式均质器均质 1～2 min;或加入盛有 225 mL mTSB 的均质杯中,以 8000～10000 r/min 均质 1～2 min。若样品为液态,振荡均匀即可。(36±1)℃培养 18～24 h。

(二)分离

将增菌液划线接种于哥伦比亚 CNA 血琼脂平板,36±1 ℃厌氧培养 18～24 h,观察菌落形态。溶血性链球菌在哥伦比亚 CNA 血琼脂平板上的典型菌落形态为直径约 2～3 mm,灰白色、半透明、光滑、表面突起、圆形、边缘整齐,并产生 β 型溶血(图 4-8)。

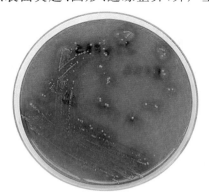

图 4-8 β-溶血性链球菌在哥伦比亚 CNA 血琼脂上的典型特征

(三)鉴定

1. 分纯培养

挑取 5 个(如小于 5 个则全选)可疑菌落分别接种哥伦比亚血琼脂平板和 TSB 增菌液,(36±1)℃培养 18～24 h。

2. 革兰氏染色镜检

挑取可疑菌落染色镜检。β 型溶血性链球菌为革兰氏染色阳性,球形或卵圆形,常排列成短链状。

3. 触酶试验

挑取可疑菌落于洁净的载玻片上,滴加适量 3% 过氧化氢溶液,立即产生气泡者为阳性。β 型溶血性链球菌触酶为阴性。

4. 链激酶试验(选做项目)

吸取草酸钾血浆 0.2 mL 于 0.8 mL 灭菌生理盐水中混匀,再加入经(36±1)℃培养18～24 h 的可疑菌的 TSB 培养液 0.5 mL 及 0.25% 氯化钙溶液 0.25 mL,振荡摇匀,置于(36±1)℃水浴中 10 min,血浆混合物自行凝固(凝固程度至试管倒置,内容物不流动)。继续(36±1)℃培养 24 h,凝固块重新完全溶解为阳性,不溶解为阴性,β 型溶血性链球菌为阳性。

5. 其他检验

使用生化鉴定试剂盒或生化鉴定卡对可疑菌落进行鉴定。

（四）结果与报告

综合以上试验结果，报告每 25 g(mL)检样中检出或未检出溶血性链球菌。

【思考题】

1. 简述 β-溶血性链球菌在哥伦比亚 CNA 血琼脂上菌落的典型特征。

2. 检验样品中常混有葡萄球菌，简述如何确定食物中毒由 β-溶血性链球菌引起。

3. GB/T 4789.11—2003 采用葡萄糖肉浸肉汤和普通血琼脂分离 β-溶血性链球菌，而 GB 4789.11—2014 中采用哥伦比亚 CNA 血琼脂分离，比较培养基的成分差异，及哥伦比亚 CNA 血琼脂的优点。

【附录】主要培养基和试剂

1. 改良胰蛋白胨大豆肉汤培养基（Modified tryptone soybean broth，mTSB）

（1）基础培养基（胰蛋白胨大豆肉汤 TSB）。

TSB 基础培养基成分(g/L)：胰蛋白胨 17.0 g，大豆蛋白胨 3.0 g，氯化钠 5.0 g，磷酸二氢钾（无水）2.5 g 和葡萄糖 2.5 g。

（2）抗生素溶液。

多黏菌素溶液：称取 10 mg 多黏菌素 B 于 10 mL 灭菌蒸馏水中，振摇混匀，充分溶解后过滤除菌。

萘啶酮酸钠溶液：称取 10 mg 萘啶酮酸于 10 mL 0.05 mol/L 氢氧化钠溶液中，振摇混匀，充分溶解后过滤除菌。

（3）完全培养基。

成分：胰蛋白胨大豆肉汤（TSB）1000.0 mL，多黏菌素溶液 10.0 mL，萘啶酮酸钠溶液 10.0 mL。

制法：无菌条件下，将上述中各成分进行混合，充分混匀，分装备用。

2. 哥伦比亚 CNA 血琼脂（Columbia CNA blood agar）

（1）成分(g/L)：胰酪蛋白胨 12.0 g、动物组织蛋白消化液 5.0 g、酵母提取物 3.0 g、牛肉提取物 3.0 g、玉米淀粉 1.0 g、氯化钠 5.0 g、琼脂 13.5 g、多黏菌素 0.01 g、萘啶酸 0.01 g。

（2）制法：将上述各成分溶于蒸馏水中，加热溶解，校正 pH 至 7.3±0.2，121 ℃灭菌 12 min，待冷却至 50 ℃左右时加 50 mL；无菌脱纤维绵羊血，摇匀后倒平板。

3. 哥伦比亚血琼脂（Columbia blood agar）

见检验十一附录的"3. 哥伦比亚血琼脂（Columbia blood agar）"。

4. 胰蛋白胨大豆肉汤（Tryptone Soybean Broth，TSB）

（1）成分(g/L)：胰蛋白胨 17.0 g，大豆蛋白胨 3.0 g，氯化钠 5.0 g，磷酸二氢钾（无水）2.5 g，葡萄糖 2.5 g。

（2）制法：将各成分溶于蒸馏水中，加热溶解，校正 pH 至 7.3±0.2，121 ℃灭菌 15 min，分装备用。

5. 草酸钾血浆

草酸钾 0.01 g 放入灭菌小试管中，再加入 5 mL 人血，混匀，经离心沉淀，吸取上清液即为草酸钾血浆。

检验十五 食品中肉毒梭菌及肉毒毒素检验

一、教学目标

1. 掌握食品中肉毒毒素小鼠中毒和血清学检验的方法。
2. 学习肉毒梭菌检验及其基因检验的基本原理。

二、基本原理

肉毒梭状芽孢杆菌（*Clostridium botulinum*），简称为肉毒梭菌，为革兰氏阳性，严格厌氧芽孢杆菌。它为大杆菌，大小约为 $1~\mu m \times 4~\mu m$，两侧平行，两端钝圆，以单细胞或小链的形式出现，许多菌株周生鞭毛能运动，形成单端芽孢（图 4-9）。细胞对低 pH（<4.6）、低 aw（0.93）和中高盐（5.5%）敏感。肉毒梭菌广泛分布于土壤、污水、淤泥、沼泽沉积物、湖泊和沿海水域、植物以及动物和鱼类的肠道内，其中土壤是重要污染源。水果和蔬菜可能被土壤中的孢子污染，水和沉积物中的鱼以及其他各种食物也极易被上述许多来源污染。肉毒梭菌污染的食物依地域不同而异，美国以罐头食品为主，日本为水产品，我国则主要以发酵豆制品如豆瓣酱、面酱、豆豉、臭豆腐等为主。

肉毒梭菌被分为 A、B、C、D、E、F、G 共 7 个型，其中引起人群中毒的主要是 A、B、E、F 型，C、D 型主要引起畜禽中毒，而 G 型引起人群中毒较少。毒素类别也有地区差异，美国主要为 A 型，欧洲主要为 B 型，我国主要以 A、B 和 E 型中毒较为常见。A 型毒素为蛋白水解型，E 型毒素为非蛋白水解型，B 及 F 型毒素中既有蛋白水解型又有非蛋白水解型。

肉毒梭菌产生的外毒素-肉毒毒素（Botulinum toxins）是目前已知化学毒物和生物毒物中毒力最强的物质，$0.1~\mu g$ 即可致一个成年人死亡，比氰化钾的毒力大 1 万倍。肉毒毒素被肠道吸收后，选择性作用于运动神经和副交感神经，阻止神经末梢乙酰胆碱释放，导致肌肉麻痹和神经功能不全而瘫痪。

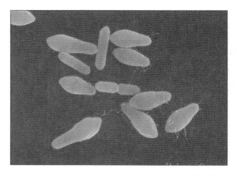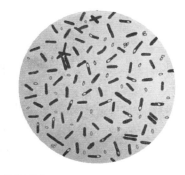

图 4-9 肉毒梭菌的菌体形态

肉毒梭菌广泛分布于自然界，仅从肉毒梭菌检验阳性很难判断中毒事件是否因肉毒梭菌污染引起，因此肉毒梭菌检验以肉毒毒素检测为重点。本菌按照《食品安全国家标准 食品微生物学检验 肉毒梭菌及肉毒毒素检验》（GB 4789.12—2016）规定，以基于毒素小鼠中毒试验和毒素血清分型试验为肉毒毒素检验的基本方法,并辅以细菌生理生化和基于PCR基因检验的肉毒梭菌检测方法。

三、检验设备和试剂

(一)主要设备

均质器、离心机(3000 r/min、14000 r/min)、厌氧培养装置、恒温培养箱、恒温水浴箱、显微镜、PCR仪、核酸电泳仪、凝胶成像系统或紫外检测仪、核酸蛋白分析仪或紫外分光光度计、可调微量移液器、离心管(50 mL和1.5 mL)、PCR反应管、无菌注射器、小鼠:15~20 g,每一批次试验应使用同一品系的KM或ICR小鼠。

(二)培养基和试剂

庖肉培养基、胰蛋白酶胰蛋白胨葡萄糖酵母膏肉汤(TPGYT)、卵黄琼脂培养基、明胶磷酸盐缓冲液、革兰氏染色液、10%胰蛋白酶溶液、磷酸盐缓冲液(PBS)、1 mol/L氢氧化钠溶液、1 mol/L盐酸溶液、肉毒毒素诊断血清、无水乙醇和95%乙醇、10 mg/mL溶菌酶溶液、10 mg/mL蛋白酶K溶液、3 mol/L乙酸钠溶液(pH 5.2)、TE缓冲液。见本检验附录。

合成的引物临用时用超纯水配制引物浓度为10 μmol/L、10×PCR缓冲液、25 mmol/L MgCl$_2$、dNTPs(dATP、dTTP、dCTP、dGTP)、Taq酶、琼脂糖(电泳级)、溴化乙锭或Goldview、5×TBE缓冲液、6×加样缓冲液、DNA分子量标准。

四、检验程序

肉毒梭菌及肉毒毒素检验程序见图4-10。

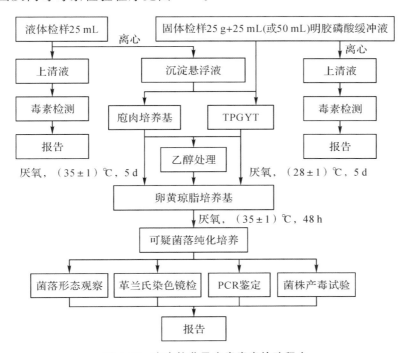

图4-10 肉毒梭菌及肉毒毒素检验程序

五、检验步骤

(一)样品制备

1.样品保存

待检样品应放置 2～5 ℃冰箱冷藏。

2.样品处理

不同类型样品,按表 4-4 方法处理。

表 4-4　不同样品处理方法

样品类型	处理方法
含水量较高的固态食品(块状食品,无菌操作切碎)	无菌操作称取样品 25 g,放入无菌均质袋或无菌乳钵,加入 25 mL 明胶磷酸盐缓冲液,用拍击式均质器拍打 2 min 或用无菌研杵研磨制备样品匀液,收集备用
乳粉、牛肉干等含水量低的固体食品(若块状食品,无菌操作切碎)	无菌操作称取样品 25 g,放入无菌均质袋或无菌乳钵,加入 50 mL 明胶磷酸盐缓冲液,浸泡 30 min,用拍击式均质器拍打 2 min 或用无菌研杵研磨制备样品匀液,收集备用
液态食品	液态食品摇匀,以无菌操作量取 25 mL 检验

3.剩余样品处理

取样后的剩余样品放 2～5 ℃冰箱冷藏,直至检验结果报告发出后,按感染性废弃物要求进行无害化处理,检出阳性的样品应采用压力蒸汽灭菌方式进行无害化处理。

(二)肉毒毒素检测

1.毒素液制备

取样品匀液约 40 mL 或均匀液体样品 25 mL 放入离心管,3000 r/min 离心 10～20 min,收集上清液分为两份放入无菌试管中,一份直接用于毒素检测,一份用于胰酶处理后进行毒素检测。液体样品保留底部沉淀及液体约 12 mL,重悬,制备沉淀悬浮液备用。

胰酶消化处理:用 1 mol/L 氢氧化钠或 1 mol/L 盐酸调节上清液 pH 至 6.2,每 9 份上清液加 1 份 10% 胰酶(活力 1∶250)水溶液,混匀,37 ℃孵育 60 min,胰酶消化过程每个 5～10 min 轻轻摇动反应液。

2.检出试验

用 5 号针头注射器分别取离心上清液和胰酶处理上清液腹腔注射小鼠 3 只,每只 0.5 mL,观察和记录小鼠 48 h 内的中毒表现。典型肉毒毒素中毒症状多在 24 h 内出现,通常在 6 h 内发病和死亡,其主要表现为竖毛、四肢瘫软,呼吸困难,呈现风箱式呼吸、腰腹部凹陷、宛如峰腰,多因呼吸衰竭而死亡,可初步判定为肉毒毒素所致。若小鼠在 24 h 后发病或死亡,应仔细观察小鼠症状,必要时浓缩上清液重复试验,以排除肉毒毒素中毒。若小鼠出现猝死(30 min 内)导致症状不明显时,应将毒素上清液进行适当稀释,重复试验。

注:毒素检测动物试验应遵循 GB 15193.2《食品安全国家标准　食品毒理学实验室操作规范》的规定。

3.确证试验

上清液或(和)胰酶处理上清液的毒素试验阳性者,取相应试验液 3 份,每份 0.5 mL,其中第 1 份加等量多型混合肉毒毒素诊断血清,混匀,37 ℃孵育 30 min;第 2 份加等量明胶磷酸盐缓冲液,混匀后煮沸 10 min;第 3 份加等量明胶磷酸盐缓冲液,混匀。将 3 份混合液分别腹腔注射小鼠各两只,每只 0.5 mL,观察 96 h 内小鼠的中毒和死亡情况。

结果判定:若注射第一份和第二份混合液的小鼠未死亡,而第三份混合液小鼠发病死亡,并出现肉毒毒素中毒的特有症状,则判定检测样品中检出肉毒毒素。

4.毒力测定(选做项目)

取确证试验阳性的试验液,用明胶磷酸盐缓冲液稀释制备一定倍数稀释液,如 10 倍、50 倍、100 倍、500 倍等,分别腹腔注射小鼠各两只,每只 0.5 mL,观察和记录小鼠发病与死亡情况至 96 h,计算最低致死剂量(MLD/mL 或 MLD/g),评估样品中肉毒毒素毒力,MLD 等于小鼠全部死亡的最高稀释倍数乘以样品试验液稀释倍数。例如,样品稀释两倍制备的上清液,再稀释 100 倍试验液使小鼠全部死亡,而 500 倍稀释液组存活,则该样品毒力为 200 MLD/g。

5.定型试验(选做项目)

根据毒力测定结果,用明胶磷酸盐缓冲液将上清液稀释至 10~1000 MLD/mL 作为定型试验液,分别与各单型肉毒毒素诊断血清等量混合(国产诊断血清一般为冻干血清,用 1 mL 生理盐水溶解),37 ℃孵育 30 min,分别腹腔注射小鼠两只,每只 0.5 mL,观察和记录小鼠发病与死亡情况至 96 h。同时,用明胶磷酸盐缓冲液代替诊断血清,与试验液等量混合作为小鼠试验对照。

结果判定:某一单型诊断血清组动物未发病且正常存活,而对照组和其他单型诊断血清组动物发病死亡,则判定样品中所含肉毒毒素为该型肉毒毒素。

注:未经胰酶激活处理的样品上清液的毒素检出试验或确证试验为阳性者,则毒力测定和定型试验可省略胰酶激活处理试验。

(三)肉毒梭菌检验

1.增菌培养与检出试验

(1)取出庖肉培养基 4 支和 TPGY 肉汤管 2 支,隔水煮沸 10~15 min,排除溶解氧,迅速冷却,切勿摇动,在 TPGY 肉汤管中缓慢加入胰酶液至液体石蜡液面下肉汤中,每支 1 mL,制备成 TPGYT。

(2)吸取样品匀液或毒素制备过程中的离心沉淀悬浮液 2 mL 接种至庖肉培养基中,每份样品接种 4 支,2 支直接放置 35±1 ℃厌氧培养至 5 d,另 2 支放 80 ℃保温 10 min,再放置(35±1)℃厌氧培养至 5 d;同样方法接种 2 支 TPGYT 肉汤管,(28±1)℃厌氧培养至 5 d。

注:接种时,用无菌吸管轻轻吸取样品匀液或离心沉淀悬浮液,将吸管口小心插入肉汤管底部,缓缓放出样液至肉汤中,切勿搅动或吹气。

(3)检查记录增菌培养物的浊度、产气、肉渣颗粒消化情况,并注意气味。肉毒梭菌培养物为产气、肉汤浑浊(庖肉培养基中 A 型和 B 型肉毒梭菌肉汤变黑)、消化或不消化肉粒、有异臭味。

（4）取增菌培养物进行革兰氏染色镜检,观察菌体形态。（注意是否有芽胞、芽胞的相对比例、芽胞在细胞内的位置。）

（5）若增菌培养物 5 d 无菌生长,应延长培养至 10 d,观察生长情况。

（6）取增菌培养物阳性管的上清液,按（2）方法进行毒素检出和确证试验,必要时进行定型试验,阳性结果可证明样品中有肉毒梭菌存在。

注:TPGYT 增菌液的毒素试验无需添加胰酶处理。

2.分离与纯化培养

（1）增菌液前处理,吸取 1 mL 增菌液至无菌螺旋帽试管中,加入等体积过滤除菌的无水乙醇,混匀,在室温下放置 1 h。

（2）取增菌培养物和经乙醇处理的增菌液分别划线接种至卵黄琼脂平板,（35±1）℃厌氧培养 48 h。

（3）观察平板培养物菌落形态,肉毒梭菌菌落隆起或扁平、光滑或粗糙,易成蔓延生长,边缘不规则,在菌落周围形成乳色沉淀晕圈（E 型较宽,A 型和 B 型较窄）,在斜视光下观察,菌落表面呈现珍珠样虹彩,这种光泽区可随蔓延生长扩散到不规则边缘区外的晕圈（图4-11）。

图 4-11　肉毒梭菌在卵黄琼脂平板上的菌落形态

（4）菌株纯化培养,在分离培养平板上选择 5 个肉毒梭菌可疑菌落,分别接种卵黄琼脂平板,（35±1）℃,厌氧培养 48 h,按（3）观察菌落形态及其纯度。

3.鉴定试验

（1）染色镜检:挑取可疑菌落进行涂片、革兰氏染色和镜检,肉毒梭菌菌体形态为革兰氏阳性粗大杆菌、芽胞卵圆形、大于菌体、位于次端,菌体呈网球拍状。

（2）毒素基因检测:

①菌株活化:挑取可疑菌落或待鉴定菌株接种 TPGY,（35±1）℃厌氧培养 24 h。

②DNA 模板制备:吸取 TPGY 培养液 1.4 mL 至无菌离心管中,14000×g 离心 2 min,弃上清,加入 1.0 mL PBS 悬浮菌体,14000×g 离心 2 min,弃上清,用 400 μL PBS 重悬沉淀,加入 10 mg/mL 溶菌酶溶液 100 μL,摇匀,37 ℃水浴 15 min,加入 10 mg/mL 蛋白酶 K 溶液 10 μL,摇匀,60 ℃水浴 1 h,再沸水浴 10 min,14000×g 离心 2 min,上清液转移至无菌小离心管中,加入 3 mol/L NaAc 溶液 50 μL 和 95%乙醇 1.0 mL,摇匀,−70 ℃或−20 ℃

放置 30 min,14000×g 离心 10 min,弃去上清液,沉淀干燥后溶于 200 μL TE 缓冲液,置于 −20 ℃保存备用。

注:根据实验室实际情况,也可采用常规水煮沸法或商品化试剂盒制备 DNA 模板。

③核酸浓度测定(必要时):取 5 μL DNA 模板溶液,加超纯水稀释至 1 mL,用核酸蛋白分析仪或紫外分光光度计分别检测 260 nm 和 280 nm 波段的吸光值 A260 和 A280。按式(4-3)计算 DNA 浓度。当浓度在 0.34~340 μg/mL 或 A260/A280 比值在 1.7~1.9 之间时,适宜于 PCR 扩增。

$$C = A_{260} \times N \times 50 \tag{4-3}$$

式中:

C——DNA 浓度单位为 μg/mL;

A_{260}——260 nm 处的吸光值;

N——核酸稀释倍数。

④PCR 扩增:

a. 分别采用针对各型肉毒梭菌毒素基因设计的特异性引物(见表 4-5)进行 PCR 扩增,包括 A 型肉毒毒素(botulinum neurotoxin A,bont/A)、B 型肉毒毒素(botulinum neurotoxin B,bont/B)、E 型肉毒毒素(botulinum neurotoxin E,bont/E)和 F 型肉毒毒素(botulinum neurotoxin F,bont/F),每个 PCR 反应管检测一种型别的肉毒梭菌。

表 4-5　肉毒梭菌毒素基因 PCR 检测的引物序列及其产物

检测肉毒梭菌类型	引物序列	扩增长度/bp
A 型	F5'-GTGATACAACCAGATGGTAGTTATAG-3'	983
	R5'-AAAAAACAAGTCCCAATTATT AACTTT-3'	
B 型	F5'-GAGATG TTTGTGAAT ATT ATG ATCCAG-3'	492
	R5'-GTTCATGCATTAATATCAAGGCTGG-3'	
E 型	F5'-CCAGGCGGTTGTCAAGAATTTTAT-3'	410
	R5'-TCAAATAAATCAGGCTCTGCTCCC-3'	
F 型	F5'-GCTTCATTA AAGAACGGAAGCAGTGCT-3'	1137
	R5'-GTGGCGCCTTTGTACCTTTTCTAGG-3'	

b. 反应体系配制见表 4-6,反应体系中各试剂的量可根据具体情况或不同的反应总体积进行相应调整。

表 4-6　肉毒梭菌毒素基因 PCR 检测的反应体系

试剂	终浓度	加入体积/μL
10×PCR 缓冲液	1×	5.0
25 mmol/L MgCl₂	2.5 mmol/L	5.0
10 mmol/L dNTPs	0.2 mmol/L	1.0
10 μmol/L 正向引物	0.5 μmol/L	2.5

试剂	终浓度	加入体积/μL
10 μmol/L 反向引物	0.5 μmol/L	2.5
5 U/μL Taq 酶	0.05 U/μL	0.5
DNA 模板	—	1.0
ddH$_2$O	—	32.5
总体积	—	50.0

c.反应程序,预变性95 ℃、5 min;循环参数94 ℃、1 min,60 ℃、1 min,72 ℃、1 min;循环数40;后延伸72 ℃,10 min;4 ℃保存备用。

d.PCR 扩增体系应设置阳性对照、阴性对照和空白对照。用含有已知肉毒梭菌菌株或含肉毒毒素基因的质控品作阳性对照、非肉毒梭菌基因组 DNA 作阴性对照、无菌水作空白对照。

e.凝胶电泳检测 PCR 扩增产物,用0.5×TBE 缓冲液配制1.2%~1.5%的琼脂糖凝胶,凝胶加热融化后冷却至60 ℃左右加入溴化乙锭至0.5 μg/mL 或 Goldview 5 μL/100 mL 制备胶块,取10 μLPCR 扩增产物与2.0 μL 6×加样缓冲液混合,点样,其中一孔加入 DNA 分子量标准。0.5×TBE 电泳缓冲液,10 V/cm 恒压电泳,根据溴酚蓝的移动位置确定电泳时间,用紫外检测仪或凝胶成像系统观察和记录结果。PCR 扩增产物也可采用毛细管电泳仪进行检测。

f.结果判定,阴性对照和空白对照均未出现条带,阳性对照出现预期大小的扩增条带(见表4-6),判定本次 PCR 检测成立;待测样品出现预期大小的扩增条带,判定为 PCR 结果阳性,根据表4-6 判定肉毒梭菌菌株型别,待测样品未出现预期大小的扩增条带,判定 PCR 结果为阴性。

注:PCR 试验环境条件和过程控制应参照 GB/T 27403《实验室质量控制规范 食品分子生物学检测》规定执行。

(3)菌株产毒试验

将 PCR 阳性菌株或可疑肉毒梭菌菌株接种庖肉培养基或 TPGYT 肉汤(用于 E 型肉毒梭菌),厌氧培养5 d,按上述方法进行毒素检测和(或)定型试验,毒素确证试验阳性者,判定为肉毒梭菌,根据定型试验结果判定肉毒梭菌型别。

注:根据 PCR 阳性菌株型别,可直接用相应型别的肉毒毒素诊断血清进行确证试验。

4.结果报告

(1)肉毒毒素检测结果报告

根据步骤3试验结果,报告25 g(mL)样品中检出或未检出肉毒毒素。

根据步骤3定型试验结果,报告25 g(mL)样品中检出某型肉毒毒素。

(2)肉毒梭菌检验结果报告

根据各项试验结果,报告样品中检出或未检出肉毒梭菌或检出某型肉毒梭菌。

【思考题】

1.为什么肉毒梭菌的检验以毒素中毒检测为根本方法?

2.样品经增菌培养基后肉毒毒素检出为阳性,而肉毒梭菌检出结果为阴性的原因是什么?

3.假如某批食品肉毒毒素检验中小鼠中毒试验为阳性,而毒素血清试验为阴性,如何确定肉毒毒素污染?

【附录】主要培养基和试剂

1.庖肉培养基

(1)成分(g/L):新鲜牛肉 500 g、蛋白胨 30.0 g、酵母浸膏 5.0 g、磷酸二氢钠 5.0 g、葡萄糖 3.0 g、可溶性淀粉 2.0 g。

(2)制法:称取新鲜除去脂肪与筋膜的牛肉 500.0 g,切碎,加入蒸馏水 1000 mL 和 1 mol/L 氢氧化钠溶液 25 mL,搅拌煮沸 15 min,充分冷却,除去表层脂肪,纱布过滤并挤出肉渣余液,分别收集肉汤和碎肉渣。

在肉汤中加入除新鲜牛肉外的其他成分,并用蒸馏水补足至 1000 mL,调节 pH 至 7.4±0.1。肉渣凉至半干,在 20 mm×150 mm 试管中先加入碎肉渣 1～2 cm 高,每管加入还原铁粉 0.1～0.2 g 或少许铁屑,再加入配制肉汤 15 mL,最后加入液体石蜡覆盖培养基 0.3～0.4 cm,121 ℃高压蒸汽灭菌 20 min。

2.胰蛋白酶胰蛋白胨葡萄糖酵母膏肉汤(TPGYT)

(1)成分:胰酪胨(trypticase)50.0 g、蛋白胨 5.0 g、酵母浸膏 20.0 g、葡萄糖 4.0 g、硫乙醇酸钠 1.0 g。

(2)制法:上述成分溶于 1000.0 mL 蒸馏水,调节 pH 至 7.2±0.1,分装 20×150 mm 试管,每管 15 mL,加入液体石蜡覆盖培养基 0.3～0.4 cm,121 ℃高压蒸汽灭菌 10 min。冰箱冷藏,两周内使用。临用接种样品时,每管加入胰酶液 1.0 mL。

胰酶液配制:称取胰酶(1∶250)1.5 g,加入 100 mL 蒸馏水中溶解,膜过滤除菌,4 ℃保存备用。

3.卵黄琼脂培养基

(1)基础培养基成分:酵母浸膏 5.0 g、胰胨 5.0 g、胨胨(proteose peptone) 20.0 g、氯化钠 5.0 g、琼脂 20.0 g。

(2)50％卵黄乳液制法:用硬刷清洗鸡蛋 2～3 个,沥干,70％乙醇杀菌消毒表面 30 min,无菌条件打开蛋壳,取出内容物,弃去鸡蛋白,用无菌注射器吸取蛋黄,放入无菌容器中,加等量无菌生理盐水,充分混合调均,4℃保存备用。

(3)完全琼脂制法:称取基础培养基各成分,加热溶于 1000.0 mL 蒸馏水中,调节 pH 至 7.0±0.2,分装锥形瓶,121 ℃高压蒸汽灭菌 15 min。临用前将灭菌基础培养基加热熔化琼脂,冷却至 50 ℃左右,按每 100 mL 基础培养基加入 15 mL 卵黄乳液,充分混匀,倾注平板,35 ℃培养 24 h,进行无菌检查后,冷藏备用。

4.明胶磷酸盐缓冲液

取明胶 2.0 g 和磷酸氢二钠(Na_2HPO_4)4.0 g,加热溶于 1000.0 mL 蒸馏水,调节 pH 至 6.2,121 ℃高压蒸汽灭菌 15 min。

检验十六　食品中产气荚膜梭菌检验

一、教学目标

1. 掌握食品中产气荚膜梭菌检验的方法。
2. 了解产气荚膜梭菌确证试验的基本原理。

二、基本原理

产气荚膜梭菌（*Clostridium perfringens*）属厌氧芽孢菌，能产生多种外毒素和侵袭酶，是引起食源性胃肠炎最常见的病原之一，可引起典型的食物中毒，多发生于夏秋季节。患者的典型症状为腹痛、腹泻、中毒呕吐、甚至发生出血坏死性肠炎，病死率可达40%。据估计，目前美国每年由产气荚膜梭菌引起的食物中毒案例超过96万起，其中死亡26人。

产气荚膜梭菌为革兰氏阳性粗大梭菌，单独或成双排列，有时也可成短链排列。芽孢呈卵圆形，位于中央或末次端（图4-12）。适宜生长温度为37～47℃，对厌氧程度的要求不高。能发酵葡萄糖、麦芽糖、乳糖及蔗糖，产酸、产气，液化明胶，不产靛基质，多数菌能还原硝酸盐为亚硝酸盐，能将亚硫酸盐还原为硫化物，发酵牛奶乳糖中乳糖导致牛奶酸凝固，大量产气导致琼脂破裂，产卵磷脂酶，对D-环丝氨酸有抗性。

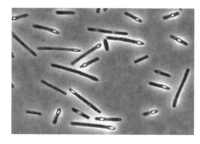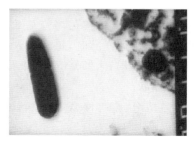

图4-12　产气荚膜梭菌的菌体形态

产气荚膜梭菌广泛存在于土壤、灰尘、动物排泄物及污水中，能污染生肉、家禽、脱水汤、酱料、生蔬菜、香料等多种食物。当食物中细菌浓度超过10^{-7} CFU/g，会产生毒素，导致食物中毒发生。营养细胞对低热量处理（巴氏杀菌）敏感，但芽孢极耐高温，甚至可以在沸腾数小时后存活，因此食物污染几乎不可避免。产气荚膜梭菌中毒主要原因是当事先煮好的食物未经恰当冷却或没有及时冷藏，特别是当做好的食物量比较多时。多数中毒事件与自助餐厅、餐馆、学校、宴会等聚餐有关。

产气荚膜梭菌对冷冻敏感，样品采集与运输过程不能直接冷冻，否则会导致细胞失活，影响检测结果。这增加了检测难度。当样品不能及时检测时，样品需保存于缓冲甘油-氯化钠溶液，并将其冷藏送至检验实验室。本菌按照《食品安全国家标准　食品微生物学检验产气荚膜梭菌检验》（GB 4789.13—2012），食品中可能存在的产气荚膜梭菌通过样品前处理、倍比稀释、分离培养、确证鉴定等进行定量计数检验。

三、检验设备和试剂

（一）主要设备

恒温培养箱、冰箱、恒温水浴箱、天平（感量 0.1 g）、均质器、显微镜、1 mL 和 10 mL 无菌吸管或微量移液器、pH 计、厌氧培养装置。

（二）培养基和试剂

胰胨-亚硫酸盐-环丝氨酸（TSC）琼脂、液体硫乙醇酸盐培养基（FTG）、缓冲动力-硝酸盐培养基、乳糖-明胶培养基、含铁牛乳培养基、0.1％蛋白胨水、革兰氏染色液、硝酸盐还原试剂、缓冲甘油-氯化钠溶液、对氨基苯磺酸溶液、α-萘酚乙酸溶液。

四、检验程序

食品中产气荚膜梭菌检测流程见图 4-13。

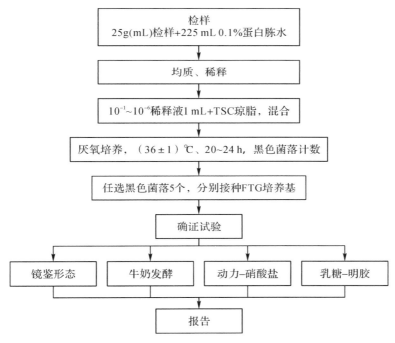

图 4-13　产气荚膜梭菌检验程序

五、检验程序

（一）样品制备

1.采样

样品采集后应尽快检验，若不能及时检验，可在 2～5 ℃保存；如 8 h 内不能进行检验，应以无菌操作称取 25 g（mL）样品加入等量缓冲甘油-氯化钠溶液（液体样品应加双料），并尽快置于－60 ℃低温冰箱中冷冻保存或加干冰保存。

2.样品均质

无菌操作称取 25 g(mL)样品放入含有 225 mL 0.1％蛋白胨水(如为冷冻保存样品,室温解冻后,加入 225 mL 0.1％蛋白胨水)的均质袋中,在拍击式均质器上连续均质 1~2 min;或置于盛有 225 mL 0.1％蛋白胨水的均质杯中,8000~10000 r/min 均质 1~2 min,作为 1：10 稀释液。

3.样品稀释

以上述 1：10 稀释液按 1 mL 加 0.1％蛋白胨水 9 mL 制备 10^{-2}~10^{-6} 的系列稀释液。

(二)培养

1.吸取各稀释液 1 mL 加入无菌平皿内,每个稀释度做两个平行。每个平皿倾注冷却至 50 ℃的 TSC 琼脂(可放置于(50±1)℃恒温水浴箱中保温)15 mL,缓慢旋转平皿,使稀释液和琼脂充分混匀。

2.上述琼脂平板凝固后,再加 10 mL 冷却至 50 ℃的 TSC 琼脂(可放置于(50±1)℃恒温水浴箱中保温)均匀覆盖平板表层。

3.待琼脂凝固后,正置于厌氧培养装置内,(36±1)℃培养 20~24 h。

4.典型的产气荚膜梭菌在 TSC 琼脂平板上为黑色菌落,典型菌落见图 4-14。

(三)确证试验

1.典型菌落培养

从单个平板上任选 5 个(小于 5 个全选)黑色菌落,分别接种到 FTG 培养液,(36±1)℃培养 18~24 h。

注:培养结束氧化层(红色)不超过培养液的 1/2;产气荚膜梭菌在氧化层以下层丝状,见图 4-14。

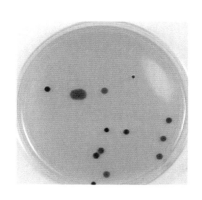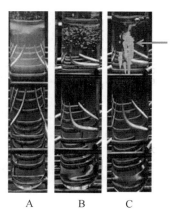

图 4-14 产气荚膜梭菌在 TSC 平板上的菌落和 FTG 培养液中的形态

A:枯草芽孢杆菌;B:金黄色葡萄球菌;C:产气荚膜梭菌;箭头所指为产气荚膜梭菌的形态

2.形态镜鉴

用上述培养液涂片,革兰氏染色镜检并观察其纯度。产气荚膜梭菌为革兰氏阳性粗短的杆菌,有时可见芽孢体(图 14-15)。如果培养液不纯,应划线接种 TSC 琼脂平板进行分纯,(36±1)℃厌氧培养 20~24 h,挑取单个典型黑色菌落接种到 FTG 培养基,(36±1)℃培养 18~24 h,用于后续的确证试验。

3.牛奶发酵试验

取生长旺盛的 FTG 培养液 1 mL 接种于含铁牛乳培养基,在(46±0.5)℃水浴中培养 2 h 后,每小时观察一次有无"暴烈发酵"现象,该现象的特点是乳凝结物破碎后快速形成海绵样物质,通常会上升到培养基表面。5 h 内不发酵者为阴性。产气荚膜梭菌发酵乳糖,凝固酪蛋白并大量产气,呈"暴烈发酵"现象,但培养基不变黑(图 4-15)。

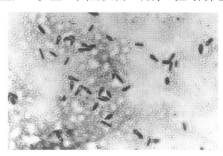

图 4-15　产气荚膜梭菌革兰氏染色和牛奶发酵现象

4.硝酸盐-动力试验

用接种环(针)取 FTG 培养液穿刺接种缓冲动力-硝酸盐培养基,于(36±1)℃培养 24 h。在透射光下检查细菌沿穿刺线的生长情况,判定有无动力。有动力的菌株沿穿刺线呈扩散生长,无动力的菌株只沿穿刺线生长。然后滴加 0.5 mL 对氨基苯磺酸溶液和 0.2 mL α-萘酚乙酸溶液以检查亚硝酸盐的存在。15 min 内出现红色者,表明硝酸盐被还原为亚硝酸盐;如果不出现颜色变化,则加少许锌粉,放置 10 min,出现红色者,表明该菌株不能还原硝酸盐。产气荚膜梭菌无动力,能将硝酸盐还原为亚硝酸盐。

5.乳糖-明胶试验

用接种环(针)取 FTG 培养液穿刺接种乳糖-明胶培养基,于(36±1)℃培养 24 h,观察结果。如发现产气和培养基由红变黄,表明乳糖被发酵并产酸。将试管于 5 ℃左右放置 1 h,检查明胶液化情况。如果培养基是固态,于(36±1)℃再培养 24 h,重复检查明胶是否液化。产气荚膜梭菌能发酵乳糖,使明胶液化。

(四)结果计算

1.典型菌落计数

选取典型菌落数在 20～200 CFU 之间的平板,计数典型菌落数,其原则如表 4-7。

表 4-7　典型菌落计数原则

典型菌落情况	计算方法
只有一个稀释度平板的典型菌落数在 20～200 CFU 之间	计数该稀释度平板
最低稀释度平板的典型菌落数小于 20 CFU	计数该稀释度平板
某一稀释度平板的典型菌落数大于 200 CFU,但下一稀释度平板上没有典型菌落	计数该稀释度平板
某一稀释度平板的典型菌落数大于 200 CFU,但下一稀释度平板上没有典型菌落	计数该稀释度平板
某一稀释度平板的典型菌落数大于 200 CFU,而下一稀释度平板上虽有典型菌落但不在 20 CFU～200 CFU 范围内	计数该稀释度平板
若 2 个连续稀释度的平板典型菌落数均在 20 CFU～200 CFU 之间	公式(4-4)

2.计算公式

计数结果按公式(4-4)计算:

$$T = \frac{\sum \left(A \dfrac{B}{C} \right)}{(n_1 + 0.1n_2)d} \tag{4-4}$$

式中:

T——样品中产气荚膜梭菌的菌落数;

A——单个平板上典型菌落数;

B——单个平板上经确证试验为产气荚膜梭菌的菌落数;

C——单个平板上用于确证试验的菌落数;

n_1——第一稀释度(低稀释倍数)经确证试验有产气荚膜梭菌的平板个数;

n_2——第二稀释度(高稀释倍数)经确证试验有产气荚膜梭菌的平板个数;

0.1——稀释系数;

d——稀释因子(第一稀释度)。

(五)报告

根据 TSC 琼脂平板上产气荚膜梭菌的典型菌落数,按照上述公式计算,报告每 g(mL)样品中产气荚膜梭菌数,报告单位以 CFU/g(mL)表示;如 T 值为 0,则以小于 1 乘以最低稀释倍数报告。

【思考题】

1.简述产气荚膜梭菌在 TSC 平板的典型特征及原因。

2.产气荚膜梭菌确证试验包括哪些? 典型特征有哪些?

3.如何预防产气荚膜梭菌中毒?

【附录】主要培养基和试剂

1.胰胨-亚硫酸盐-环丝氨酸(TSC)琼脂

(1)基础成分:胰胨 15.0 g,大豆胨 5.0 g,酵母粉 5.0 g,焦亚硫酸钠 1.0 g,柠檬酸铁铵 1.0 g,琼脂 15.0 g,D-环丝氨酸溶液(溶解 1 g D-环丝氨酸于 200 mL 蒸馏水),膜过滤除菌后,于 4 ℃ 冷藏保存备用。

(2)制法:将基础成分加热煮沸至完全溶解,调节 pH,分装到 500 mL 三角烧瓶中,每瓶装 250 mL,121 ℃ 高压灭菌 15 min,于 50 ℃±1 ℃ 保温备用。领用前每 250 mL 基础溶液中加入 20 mL) D-环丝氨酸溶液,混匀,倒平皿。

2.液体硫乙醇酸盐培养基(FTG)

(1)成分:胰蛋白胨 15.0 g,L-胱氨酸 0.5 g,酵母粉 5.0 g,葡萄糖 5.0 g,氯化钠 2.5 g,硫乙醇酸钠 0.5 g,刃天青 0.001 g,琼脂 0.75 g,蒸馏水 1000.0 mL。

(2)制法:将以上成分加热煮沸至完全溶解,冷却后调节 pH,分装试管,每管 10 mL,121 ℃ 高压灭菌 15 min,临时前煮沸或流动蒸汽加热 15 min,迅速冷却至接种温度。

3.缓冲动力-硝酸盐培养基

(1)成分:蛋白胨 5.0 g,牛肉粉 3.0 g,硝酸钾 5.0 g,磷酸氢二钠 2.5 g,半乳糖 5.0 g,甘油

5.0 mL,琼脂 3.0 g,蒸馏水 1000.0 mL。pH 7.3±0.2。

(2)制法:将以上成分加热煮沸至完全溶解,调 pH,分装试管,每管 10 mL,121 ℃高压灭菌 15 min。如果当天不用,置 4 ℃左右冷藏保存。临用前煮沸或流动蒸汽加热 15 min,迅速冷却至接种温度。

4.乳糖-明胶培养基

(1)成分:蛋白胨 15.0 g,酵母粉 10.0 g,乳糖 10.0 g,酚红 10.0 g,明胶 120.0g,蒸馏水 1000.0 mL。pH 7.5±0.2。

(2)制法:加热溶解蛋白胨、酵母粉和明胶于 1000 mL 蒸馏水中,调节 pH,加入乳糖和酚红。分装试管,每管 10 mL,121 ℃高压灭菌 10 min。如果当天不用,置 4 ℃左右冷藏保存。临用前煮沸或流动蒸汽加热 15 min,迅速冷却至接种温度。

5.含铁牛乳培养基

(1)成分:新鲜全脂牛奶 1000.0 mL,硫酸亚铁($FeSO_4 \cdot 7H_2O$)1.0 g,蒸馏水 50.0 mL。

(2)制法:将硫酸亚铁溶于蒸馏水中,不断搅拌,缓慢加入 1000 mL 牛奶中,混匀。分装大试管,每管 10 mL,118 ℃高压灭菌 12 min。本培养基必须新鲜配制。

检验十七 食品中蜡样芽孢杆菌检验

一、教学目标

1. 掌握食品中蜡样芽孢杆菌检测方法及技术要点。
2. 学习蜡样芽孢杆菌分离、鉴定的基本原理。

二、基本原理

蜡样芽孢杆菌($Bacillus\ cereus$)属革兰氏阳性,需氧型产芽孢杆菌,大小为 $1\sim1.3\ \mu m$ $\times3\sim5\ \mu m$,周生鞭毛,能运动,芽孢成椭圆形,位于菌体中央。该细菌具有较强的抗逆性,能在 4 ℃、pH 4.3、盐浓度 18% 的条件下存活或生长,100 ℃煮 20 min 才能完全杀死该细菌的营养细胞,杀死芽孢需 100 ℃煮 30 min 以上。蜡样芽孢杆菌在肉汤中生长浑浊,有菌膜或壁环。在普通琼脂上生成灰白色、不透明、表面粗糙、边缘扩展状的大菌落,直径 4∼10 mm(图 4-16)。

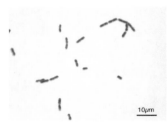

图 4-16 蜡样芽孢杆菌的菌体形态

蜡样芽孢杆菌广泛分布于土壤、蔬菜、生的食品原料和加工后的食品,数据显示大约 10% 健康人的正常肠道菌群中有该细菌。蜡样芽胞杆菌能产生溶血致死性肠毒素 BL(Hbl)、非溶血性肠毒素(Nhe)、细胞毒性肠毒素(CytK)等多种肠毒素。由于蜡样芽孢杆菌不分解蛋白质,因此污染食物无明显变化、无异味,很容易误食而导致食物中毒。蜡样芽孢杆菌食物中毒有两种主要症状:常见的是腹痛和非血性腹泻,吞食后潜伏期为 4∼16 h,症状持续 12∼24 h;第二种是在食用受污染的食物后 1∼5 h 内出现的恶心、呕吐等急性症状,但一般不出现腹泻。最常见的易引发该菌中毒的食品包括乳制品、肉制品、米饭蔬菜、沙拉、剩菜等。据美国疾病预防控制中心估计,蜡样芽孢杆菌每年大约可引起 6.3 万人食物中毒。我国食品安全风险评估中心 2011∼2014 年的数据显示,蜡样芽孢杆菌引起的食物中毒爆发事件 20∼30 起/年,在我国食源性微生物引发事件中排名第四。

蜡样芽孢杆菌是引起食源性疾病的主要致病菌之一,主要通过腹泻毒素和呕吐毒素导致人类中毒。国家卫生计生委发分的《蜡样芽胞食物中毒诊断标准及处理原则》(WS/T 82-1996)中规定蜡样芽孢杆菌食物中毒的判断标准为污染水平达到 10^5 CFU/g。食品中本菌检验按照《食品安全国家标准 食品微生物学检验 蜡样芽孢杆菌》(GB 4789.14)进行,通过平板计数法和 MPN 法对食品中蜡样芽孢杆菌进行定量检测。

三、检验设备和试剂

(一)主要设备

恒温培养箱、均质器、均质袋、电子天平(感量 0.1 g)、100 mL 和 500 mL 无菌锥形瓶、无菌吸管(1 mL 和 10 mL)或微量移液器及吸头、显微镜、L 涂布棒。

(二)培养基和试剂

磷酸盐缓冲液(PBS)、甘露醇卵黄多黏菌素(MYP)琼脂、胰酪胨大豆多黏菌素肉汤、营养琼脂、过氧化氢溶液、动力培养基、硝酸盐肉汤、酪蛋白琼脂、硫酸锰营养琼脂培养基、0.5%碱性复红、动力培养基、糖发酵管、V-P 培养基、胰酪胨大豆羊血(TSSB)琼脂、溶菌酶营养肉汤、西蒙氏柠檬酸盐培养基、明胶培养基。见本检验附录。

四、计数方法

(一)第一法:蜡样芽孢杆菌平板计数法

1. 检验程序

蜡样芽胞杆菌平板计数法检验程序见图 4-17。

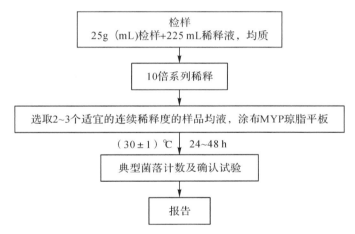

图 4-17 蜡样芽孢杆菌检验程序

2. 检验步骤

(1)样品处理。

冷冻样品应在 45 ℃以下不超过 15 min 或在 2～5 ℃不超过 18 h 解冻,若不能及时检验,应放于-20～-10 ℃保存;非冷冻而易腐的样品应尽可能及时检验,若不能及时检验,应置于 2～5 ℃冰箱保存,24 h 内检验。

(2)样品制备。

称取样品 25 g,放入盛有 225 mL PBS 或生理盐水的无菌均质杯内,用旋转刀片式均质器以 8000～10000 r/min 均质 1～2 min,或放入盛有 225 mL PBS 或生理盐水的无菌均质袋中,用拍击式均质器拍打 1～2 min。若样品为液态,吸取 25 mL 样品至盛有 225 mL PBS 或生理盐水的无菌锥形瓶(瓶内可预置适当数量的无菌玻璃珠)中,振荡混匀,作为

1∶10的样品匀液。

（3）样品稀释。

吸取上步骤中1∶10的样品匀液1 mL加到装有9 mL PBS或生理盐水的稀释管中，充分混匀制成1∶100的样品匀液。跟据对样品污染状况的估计，按上述操作，依次制成十倍递增系列稀释样品匀液。每递增稀释1次，换用1支1 mL无菌吸管或吸头。

（4）样品接种。

根据对样品污染状况的估计，选择2～3个适宜稀释度的样品匀液（液体样品可包括原液），以0.3 mL、0.3 mL、0.4 mL接种量分别移入三块MYP琼脂平板，然后用无菌L棒涂布整个平板，注意不要触及平板边缘。使用前，如MYP琼脂平板表面有水珠，可放在25～50 ℃的培养箱里干燥，直到平板表面的水珠消失。

（5）分离、培养。

①分离。在通常情况下，涂布后，将平板静置10 min。如样液不易吸收，可将平板放在培养箱（30±1）℃培养1 h，待样品匀液吸收后翻转平皿，倒置于培养箱，（30±1）℃培养（24±2）h。如果菌落不典型，可继续培养（24±2）h再观察。在MYP琼脂平板上，典型菌落为微粉红色（表示不发酵甘露醇），周围有白色至淡粉红色沉淀环（表示产卵磷脂酶），见图4-18。

MYP　　　　　　　　营养琼脂

图 4-18　蜡样芽孢杆菌在 MYP 和营养琼脂平板上的菌落形态

②纯培养。从每个平板（符合上述要求的平板）中挑取至少5个典型菌落（小于5个全选），分别划线接种于营养琼脂平板做纯培养，（30±1）℃培养（24±2）h，进行确证实验。在营养琼脂平板上，典型菌落为灰白色，偶有黄绿色，不透明，表面粗糙似毛玻璃状或融蜡状，边缘常呈扩展状，直径为4～10 mm。

（6）确定鉴定。

①染色镜检。挑取纯培养的单个菌落，革兰氏染色镜检。蜡样芽孢杆菌为革兰氏阳性芽孢杆菌，大小为(1～1.3)μm×(3～5)μm，芽孢呈椭圆形位于菌体中央或偏端，不膨大于菌体，菌体两端较平整，多呈短链或长链状排列。

②生化鉴定。

a.概述：挑取纯培养的单个菌落，进行过氧化氢酶试验、动力试验、硝酸盐还原试验、酪蛋白分解试验、溶菌酶耐性试验、V-P试验、葡萄糖利用（厌氧）试验、根状生长试验、溶血试验、蛋白质毒素结晶试验。蜡样芽孢杆菌生化特征与其他芽孢杆菌的区别见表4-8。

表 4-8　蜡样芽胞杆菌生化特征与其他芽胞杆菌的区别

项目	蜡样芽胞杆菌 *Bacillus cereus*	苏云金芽胞杆菌 *Bacillus thuringiensis*	蕈状芽胞杆菌 *Bacillus mycoides*	炭疽芽胞杆菌 *Bacillus anthracis*	巨大芽胞杆菌 *Bacillus megaterium*
革兰氏染色	+	+	+	+	+
过氧化氢酶	+	+	+	+	+
动力	+/−	+/−	−	−	+/−
硝酸盐还原	+	+/−	+	+	−/+
酪蛋白分解	+	+	+/−	−/+	+/−
溶菌酶耐性	+	+	+	+	
卵黄反应					
葡萄糖利用(厌氧)	+	+	+	+	
V-P 试验	+	+	+	+	
甘露醇产酸	−	−	−	−	+
溶血(羊红细胞)	+	+	+	−/+	
根状生长	−	−	+	−	−
蛋白质毒素晶体	−	+	−	−	−

注:+表示 90％～100％的菌株阳性;—表示 90％～100％的菌株阴性;+/—表示大多数的菌株阳性;—/+表示大多数的菌株阴性。

b.动力试验:用接种针挑取培养物穿刺接种于动力培养基中,30 ℃培养 24 h。有动力的蜡样芽胞杆菌应沿穿刺线呈扩散生长,而蕈状芽孢杆菌常呈"绒毛状"生长。也可用悬滴法检查。

c.溶血试验:挑取纯培养的单个可疑菌落接种于 TSSB 琼脂平板上,(30±1)℃培养(24±2)h。蜡样芽胞杆菌菌落为浅灰色,不透明,似白色毛玻璃状,有草绿色溶血环或完全溶血环。苏云金芽胞杆菌和蕈状芽胞杆菌呈现弱的溶血现象,而多数炭疽芽胞杆菌为不溶血,巨大芽胞杆菌为不溶血。

d.根状生长试验:挑取单个可疑菌落按间隔 2～3 cm 左右距离划平行直线于经室温干燥 1～2 d 的营养琼脂平板上,(30±1)℃培养 24～48 h,不能超过 72 h。用蜡样芽胞杆菌和蕈状芽胞杆菌标准株作为对照进行同步试验。蕈状芽胞杆菌呈根状生长的特征。蜡样芽胞杆菌菌株呈粗糙山谷状生长的特征。

e.溶菌酶耐性试验:用接种环取纯菌悬液一环,接种于溶菌酶肉汤中,(36±1)℃培养 24 h。蜡样芽胞杆菌在本培养基(含 0.001％溶菌酶)中能生长。如出现阴性反应,应继续培养 24 h。巨大芽胞杆菌不生长。

f.蛋白质毒素结晶试验:挑取纯培养的单个可疑菌落接种于硫酸锰营养琼脂平板上,(30±1)℃培养(24±2)h,并于室温放置 3～4 d,挑取培养物少许于载玻片上,滴加蒸馏水混匀并涂成薄膜。经自然干燥,微火固定后,加甲醇作用 30 s 后倾去,再通过火焰干燥,于载玻片上滴满 0.5％碱性复红,放火焰上加热(微见蒸汽,勿使染液沸腾)持续 1～2 min,移去火焰,再更换染色液再次加温染色 30 s,倾去染液用洁净自来水彻底清洗、晾干后镜检。观察有无游离芽胞(浅红色)和染成深红色的菱形蛋白结晶体。如发现游离芽胞形成得不丰富,应再将培养物置室温 2～3 d 后进行检查。除苏云金芽胞杆菌外,其他芽胞杆菌不产生蛋白结晶体。

③生化分型（选做项目）：根据对柠檬酸盐利用、硝酸盐还原、淀粉水解、V-P 试验反应、明胶液化试验，将蜡样芽胞杆菌分成不同生化型别，见表 4-9。

表 4-9　蜡样芽胞杆菌生化分型试验

型别	生化试验				
	柠檬酸盐	硝酸盐	淀粉	V-P	明胶
1	＋	＋	＋	＋	＋
2	－	＋	＋	＋	＋
3	＋	＋	－	＋	＋
4	－	－	＋	＋	＋
5	－	－	－	＋	＋
6	＋	－	－	＋	＋
7	－	－	＋	＋	＋
8	－	＋	－	＋	＋
9	－	＋	－	－	＋
10	－	＋	＋	－	＋
11	＋	＋	＋	－	＋
12	＋	＋	－	－	＋
13	－	－	－	－	－
14	＋	－	－	－	＋
15	＋	－	＋	－	＋

注：＋表示 90％～100％的菌株阳性；－表示 90％～100％的菌株阴性。

（7）结果计算。

①典型菌落计数和确认。

a. 选择有典型蜡样芽胞杆菌菌落的平板，且同一稀释度 3 个平板所有菌落数合计在 20～200 CFU 之间的平板，计数典型菌落数。菌落计数按照表 4-10 原则；

表 4-10　典型菌落计算原则

典型菌落情况	计算方法
只有一个稀释度的平板菌落数在 20～200 CFU 之间且有典型菌落，计数该稀释度平板上的典型菌落	计算公式(4-5)
2 个连续稀释度的平板菌落数均在 20～200 CFU 之间，但只有一个稀释度的平板有典型菌落，应计数该稀释度平板上的典型菌落	计算公式(4-5)
所有稀释度的平板菌落数均小于 20 CFU 且有典型菌落，应计数最低稀释度平板上的典型菌落	计算公式(4-5)
某一稀释度的平板菌落数大于 200 CFU 且有典型菌落，但下一稀释度平板上没有典型菌落，应计数该稀释度平板上的典型菌落	计算公式(4-5)

续表

典型菌落情况	计算方法
所有稀释度的平板菌落数均大于 200 CFU 且有典型菌落,应计数最高稀释度平板上的典型菌落	计算公式(4-5)
所有稀释度的平板菌落数均不在 20～200 CFU 之间且有典型菌落,其中一部分小于 20 CFU 或大于 200 CFU 时,应计数最接近 20 CFU 或 200 CFU 的稀释度平板上的典型菌落	计算公式(4-5)
2 个连续稀释度的平板菌落数均在 20～200 CFU 之间且均有典型菌落	计算公式(4-6)

b. 从每个平板中至少挑取 5 个典型菌落(小于 5 个全选),划线接种于营养琼脂平板做纯培养,(30±1)℃培养(24±2)h。

②计算公式。

式(4-5):

$$T = \frac{AB}{Cd} \tag{4-5}$$

T——样品中蜡样芽胞杆菌菌落数;

A——某一稀释度蜡样芽胞杆菌典型菌落的总数;

B——鉴定结果为蜡样芽胞杆菌的菌落数;

C——用于蜡样芽胞杆菌鉴定的菌落数;

d——稀释因子。

式(4-6):

$$T = \frac{A_1 B_1 / C_1 + A_2 B_2 / C_2}{1.1d} \tag{4-6}$$

式中:

T——样品中蜡样芽胞杆菌菌落数;

A_1——第一稀释度(低稀释倍数)蜡样芽胞杆菌典型菌落的总数;

A_2——第二稀释度(高稀释倍数)蜡样芽胞杆菌典型菌落的总数;

B_1——第一稀释度(低稀释倍数)鉴定结果为蜡样芽胞杆菌的菌落数;

B_2——第二稀释度(高稀释倍数)鉴定结果为蜡样芽胞杆菌的菌落数;

C_1——第一稀释度(低稀释倍数)用于蜡样芽胞杆菌鉴定的菌落数;

C_2——第二稀释度(高稀释倍数)用于蜡样芽胞杆菌鉴定的菌落数;

1.1——计算系数(如果第二稀释度蜡样芽胞杆菌鉴定结果为 0,计算系数采用 1);

d——稀释因子(第一稀释度)。

(8)结果与报告。

①根据 MYP 平板上蜡样芽胞杆菌的典型菌落数,按式(1)、式(2)计算,报告每 g(mL)样品中蜡样芽胞杆菌菌数,以 CFU/g(mL)表示;如 T 值为 0,则以小于 1 乘以最低稀释倍数报告。

②必要时报告蜡样芽胞杆菌生化分型结果。

(二)第二法:蜡样芽孢杆菌 MPN 计数法

1.检验程序

蜡样芽胞杆菌 MPN 计数法检验程序见图 4-19。

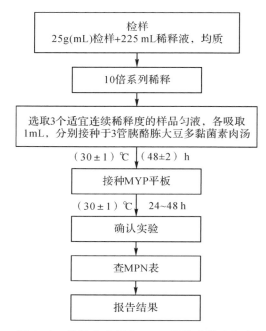

图 4-19 蜡样芽孢杆菌 MPN 计数法检验程序

2.检验步骤

(1)样品处理、样品制备和样品的稀释,与第一法相同。

(2)样品接种。

取 3 个适宜连续稀释度的样品匀液(液体样品可包括原液),接种于 10 mL 胰酪胨大豆多黏菌素肉汤中,每一稀释度接种 3 管,每管接种 1 mL(如果接种量需要超过 1 mL,则用双料胰酪胨大豆多黏菌素肉汤)。于(30±1)℃培养(48±2)h。

(3)培养。

用接种环从各管中分别移取 1 环,划线接种到 MYP 琼脂平板上,(30±1)℃培养(24±2)h。如果菌落不典型,可继续培养(24±2)h 再观察。

(4)确定鉴定。

从每个平板选取 5 个典型菌落(小于 5 个全选),划线接种于营养琼脂平板做纯培养,(30±1)℃培养(24±2)h,进行确证实验,见第一法(6)。

(5)结果与报告。

根据证实为蜡样芽孢杆菌阳性的试管管数,查 MPN 检索表 2-2,报告每 g(mL)样品中蜡样芽孢杆菌的最可能数,以 MPN/g(mL)表示。

【思考题】

1.简述蜡样芽孢杆菌在 MYP 平板上的菌落特征及原因。

2.试述蜡样芽孢杆菌和苏云金芽孢杆菌、蕈状芽孢杆菌、巨大芽孢杆菌生理生化特性的差别。

3.试述动力试验、溶血试验、根状生长试验、溶菌酶耐受性和蛋白质毒素结晶试验在蜡样芽孢杆菌确定试验中的意义。

【附录】主要培养基和试剂

1. 甘露醇卵黄多黏菌素(MYP)琼脂

(1)成分(g/L):蛋白胨 10.0 g,牛肉粉 1.0 g,D-甘露醇 10.0 g,氯化钠 10.0 g,琼脂粉 12.0～15.0 g,0.2 %酚红溶液 13.0 mL,50%卵黄液 50.0 mL 多黏菌素 B 100 000 IU。

(2)制法:上述各成分加热溶解于 950mL 蒸馏水中,校正 pH 至 7.3±0.1,加入 0.2 %酚红溶液 13.0 mL,95 mL 每瓶分装,121 ℃高压灭菌 15 min,备用。临用时加热融化琼脂,冷却至 50 ℃,每瓶加入 50%卵黄液 5 mL 和浓度为 10 000 IU 的多黏菌素 B 溶液 1 mL,混匀后倾注平板。

2. 胰酪胨大豆多黏菌素肉汤

(1)成分(g/L):胰酪胨或酪蛋白胨 17.0 g,植物蛋白胨或大豆蛋白胨 3.0 g,氯化钠 5.0 g,无水磷酸氢二钾 2.5 g,葡萄糖 2.5 g,多黏菌素 B 100 IU/mL。

(2)制法:将上述成分加热溶于 1000.0 mL 蒸馏水,校正 pH 至 7.3±0.2,121℃高压灭菌 15 min。临用时加入多黏菌素 B 至终浓度 100 IU/mL 即可。

3. 动力培养基

(1)成分(g/L):胰酪胨(或酪蛋白胨)10.0 g,酵母粉 2.5 g,葡萄糖 5.0 g,无水磷酸氢二钠 2.5 g,琼脂粉 3.0～5.0 g。

(2)制法:加热溶解于 1000.0 mL 蒸馏水,校正 pH 至 7.2±0.2,分装每管 2～3 mL。115 ℃高压灭菌 20 min,备用。

(3)试验方法:用接种针挑取培养物穿刺接种于动力培养基中,30 ℃±1 ℃培养 48 h±2 h。蜡样芽胞杆菌应沿穿刺线呈扩散生长,而蕈状芽胞杆菌常常呈绒毛状生长,形成蜂巢状扩散。动力试验也可用悬滴法检查。蜡样芽胞杆菌和苏云金芽胞杆菌通常运动极为活泼,而炭疽杆菌则不运动。

4. 硝酸盐肉汤

(1)成分(g/L):蛋白胨 5.0 g、硝酸钾 0.2 g。

(2)制法:称取上述成分溶解于 1000.0 mL 蒸馏水,校正 pH 至 7.4,分装每管 5 mL,121 ℃高压灭菌 15 min。

(3)硝酸盐还原试剂:

甲液:将对氨基苯磺酸 0.8 g 溶解于 2.5 mol/L 乙酸溶液 100 mL 中。

乙液:将甲萘胺 0.5 g 溶解于 2.5 mol/L 乙酸溶液 100 mL 中。

试验方法:接种后在 36±1 ℃培养 2～72 h。加甲液和乙液各 1 滴,观察结果,阳性反应立即或数分钟内显红色。如为阴性,可再加入锌粉少许,如出现红色,表示硝酸盐未被还原,为阴性。反之,则表示硝酸盐已被还原,为阳性。

5. 酪蛋白琼脂

(1)成分(g/L):酪蛋白 10.0 g,牛肉粉 3.0 g,无水磷酸氢二钠 2.0 g,氯化钠 5.0 g,琼脂粉 12.0～15.0 g,0.4%溴麝香草酚蓝溶液 12.5 mL。

(2)制法:将上述溴麝香草酚蓝溶液外其他加热溶解于 1000.0 mL 蒸馏水(酪蛋白不会溶解),校正 pH 至 7.4±0.2,加入 0.4%溴麝香草酚蓝溶液 12.5 mL,121 ℃高压灭菌 15 min 后倾注平板。

（3）试验方法：用接种环挑取可疑菌落，点种于酪蛋白琼脂培养基上，36 ℃±1 ℃培养48 h±2h，阳性反应菌落周围培养基应出现澄清透明区（表示产生酪蛋白酶）。阴性反应时应继续培养72 h再观察。

6.硫酸锰营养琼脂培养基

（1）成分（g/L）：胰蛋白胨5.0 g，葡萄糖5.0 g，酵母浸膏5.0 g，磷酸氢二钾4.0 g，琼脂粉12.0～15.0 g，3.08%硫酸锰（$MnSO_4 \cdot H_2O$）1.0 mL。

（2）制法：将上述除硫酸锰其他成分溶于1000.0 mL蒸馏水，加3.08%硫酸锰（$MnSO_4 \cdot H_2O$）1.0 mL，校正pH至7.2±0.2，121 ℃高压灭菌15 min。

7.糖发酵管

见检验五附录的"12.糖发酵管"。

8.胰酪胨大豆羊血（TSSB）琼脂

（1）成分（g/L）：胰酪胨或酪蛋白胨15.0 g、植物蛋白胨或大豆蛋白胨5.0 g、氯化钠5.0 g、无水磷酸氢二钾2.5 g、葡萄糖2.5 g、琼脂粉12.0～15.0 g、无菌脱纤维羊血50～100 mL。

（2）制法：取上述除无菌脱纤维羊血外其他成分，加热溶解1000 mL蒸馏水中，校正pH至7.2±0.2，分装每瓶100 mL。121 ℃高压灭菌15 min。水浴中冷却至45～50 ℃，每100 mL加入5～10 mL无菌脱纤维羊血，混匀后倾注平板。

9.溶菌酶营养肉汤

（1）成分（g/L）：牛肉粉3.0 g、蛋白胨5.0 g、0.1%溶菌酶溶液10 mL。

（2）制法：称取牛肉粉和蛋白胨溶于于990.0 mL蒸馏水中，校正pH至6.8±0.1，分装每瓶99 mL。121 ℃高压灭菌15 min。临用前，每瓶加入0.1%溶菌酶溶液1 mL，混匀后分装灭菌试管，每管2.5 mL。

0.1%溶菌酶溶液配制：在65 mL灭菌的0.1 mol/L盐酸中加入0.1 g溶菌酶，隔水煮沸20 min溶解后，再用灭菌的0.1 mol/L盐酸稀释至100 mL。或者称取0.1 g溶菌酶溶于100 mL的无菌蒸馏水后，用孔径为0.45 μm硝酸纤维膜过滤。使用前测试是否无菌。

（3）试验方法：用接种环取纯菌悬液一环，接种于溶菌酶肉汤中，（36±1）℃培养24 h。蜡样芽胞杆菌在本培养基（含0.001%溶菌酶）中能生长。如出现阴性反应，应继续培养24 h。

10.西蒙氏柠檬酸盐培养基

见检验六附录的"12.西蒙氏柠檬酸盐培养基"。

11.明胶培养基

（1）成分（g/L）：蛋白胨5.0 g，牛肉粉3.0 g，明胶120.0 g。

（2）制法：取上述成分溶于1 000.0 mL蒸馏水，加热溶解，校正pH至7.4～7.6，过滤，分装试管，121 ℃高压灭菌10 min，备用。

（3）试验方法：挑取可疑菌落接种于明胶培养基，（36±1）℃培养（24±2）h，取出，2～8 ℃放置30 min，取出，观察明胶液化情况。

检验十八　食品中单核细胞增生李斯特氏菌检验

一、教学目的

1. 学习单核细胞增生李斯特氏菌的生物学特性。
2. 掌握单核细胞增生李斯特氏菌的检验方法。

二、基本原理

单核细胞增生李斯特氏菌（*Listeria monocytogenes*）属于李斯特氏菌属，是一种人畜共患病的病原菌。它能引起人畜的李斯特氏菌病，感染后临床症状为败血症、脑膜炎、单核细胞增多，并导致孕妇流产。单核细胞增生李斯特氏菌广泛存在于自然界中，对肉类、奶制品和蔬菜都有不同程度的污染。食品中存在的单核细胞增生李斯特氏菌对人类安全具有危险，该菌在 4 ℃ 环境中仍可生长繁殖，为嗜冷菌，是冷藏食品威胁人类健康的主要病原菌之一。单核细胞增生李斯特氏菌对成年人仅可引起轻微的类似流感的症状，但是该菌对儿童、老年人及免疫缺陷人群可产生严重危害，其死亡率达 20％。

单核细胞增生李斯特氏菌为革兰氏阳性短小杆菌，大小为 $(0.4\sim0.5)\mu m \times (0.5\sim2.0)\mu m$、直或稍弯，两段钝圆，常常呈 V 字型或成双排列，偶尔可见双球菌，见图 4-19。该菌为兼性厌氧菌，不产生芽孢，一般不形成荚膜，该菌体有 4 根周毛和 1 根端毛，但周毛易脱落。该菌对营养要求不高，生长范围在 2～42 ℃，最适生长温度为 35～37 ℃，在 pH 中性至弱碱性（pH 9.6）、氧分压略低、二氧化碳张力略高的条件下该菌生长良好，在 6.5％ NaCl 肉汤中生长良好。在固体培养基上，菌落初始很小，透明，边缘整齐，呈露滴状，但随着菌落的增大，变得不透明。在 5％～7％ 的血平板上，菌落通常也不大，灰白色，刺种血平板培养后可产生窄小的 β-溶血环。在含 0.6％ 酵母浸膏胰酪大豆琼脂（TSA-YE）和改良 Mc Bride（MMA）琼脂上，用 45°入射光照射菌落，通过解剖镜垂直观察，单核细胞增生李斯特氏菌菌落呈蓝色、灰色或蓝灰色。

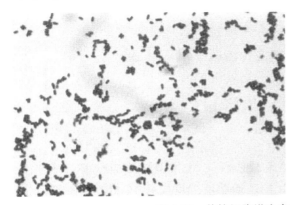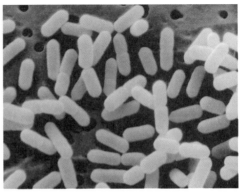

图 4-20　单核细胞增生李斯特菌的菌体形态

该菌触酶阳性,氧化酶阴性,能发酵多种糖类,产酸不产气,如发酵葡萄糖、乳糖、水杨素、麦芽糖、鼠李糖、七叶苷、蔗糖(迟发酵)、山梨醇、海藻糖、果糖,不发酵木糖、甘露醇、肌醇、阿拉伯糖、侧金盏花醇、棉子糖、卫矛醇和纤维二糖,不利用枸橼酸盐,40%胆汁不溶解,吲哚、硫化氢、尿素、明胶液化、硝酸盐还原、赖氨酸、鸟氨酸均阴性,VP、甲基红试验和精氨酸水解阳性。

本菌按照《食品安全国家标准 食品微生物学检验 单核细胞增生李斯特氏菌检验》(GB 4789.30—2016)进行。第一种方法适用于食品中单核细胞增生李斯特氏菌的定性检验,包括增菌、分离培养、初筛和生化鉴定等过程;第二种方法适用于单核细胞增生李斯特氏菌含量较高的食品中该菌的计数;第三种方法适用于单核细胞增生李斯特氏菌含量较低(<100 CFU/g)而杂菌含量较高的食品中该菌的计数,特别是牛奶、水以及含干扰菌落计数的颗粒物质的食品。

三、检验设备和试剂

(一)主要设备

恒温培养箱(30 ℃±1 ℃、36 ℃±1 ℃),均质器,显微镜(10×～100×),全自动微生物生化鉴定系统。

(二)培养基和试剂

小白鼠:ICR 体重 18～22 g,含 0.6%酵母浸膏的胰酪胨大豆肉汤(TSB-YE),含 0.6%酵母浸膏的胰酪胨大豆琼脂(TSA-YE),李氏增菌肉汤 LB(LB1,LB2),1%盐酸吖啶黄(acriflavine HCl)溶液,1%萘啶酮酸钠盐(naladixicacid)溶液,PALCAM 琼脂,SIM 动力培养基,缓冲葡萄糖蛋白胨水[甲基红(MR)和 V-P 试验用],5%～8%羊血琼脂,生化鉴定试剂盒或全自动微生物鉴定系统等。单核细胞增生李斯特氏菌(L. monocytogenes)ATCC 19111 或 CMCC54004,英诺克李斯特氏菌(L. innocua)ATCC 33090,伊氏李斯特氏菌(L. ivanovii)ATCC19119,斯氏李斯特氏菌(L. seeligeri)ATCC35967,金黄色葡萄球菌(Staphylococcus saureus)ATCC25923 或其他产 β-溶血环金葡菌,马红球菌(Rhodococcus equi)ATCC6939 或 NCTC1621,或其他等效标准菌株。

四、检验方法

(一)第一法:单核细胞增生李斯特氏菌定性检验

1.检验程序

单核细胞增生李斯特氏菌定性检验程序见图 4-21。

2.检验步骤

(1)增菌。

以无菌操作取样品 25 g(mL)加入到含有 225 mL LB1 增菌液的均质袋中,在拍击式均质器上连续均质 1～2 min;或放入盛 225 mL LB1 增菌液的均质杯中,以 8000～10000 r/min 均质 1～2 min。于(30±1)℃培养(24±2)h,移取 0.1 mL,转种于 10 mL LB2 增菌液内,于(30±1)℃培养(24±2)h。

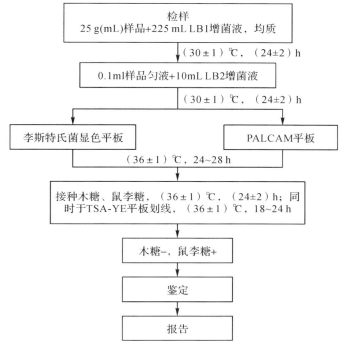

图 4-21 单核细胞增生李斯特氏菌定性检验程序

（2）分离。

取 LB2 二次增菌液划线接种于李斯特氏菌显色平板和 PALCAM 琼脂平板，于 36 ℃±1 ℃培养 24～48 h，观察各个平板上生长的菌落。典型菌落在 PALCAM 琼脂平板上为小的圆形灰绿色菌落，周围有棕黑色水解圈，有些菌落有黑色凹陷；在李斯特氏菌显色平板上的菌落特征，参照产品说明进行判定。典型菌落形态特征见图 4-22。

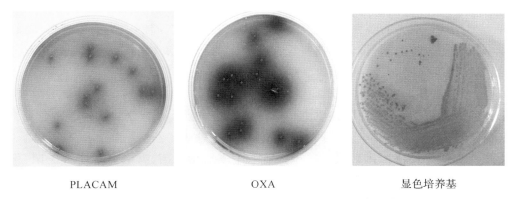

PLACAM   OXA   显色培养基

图 4-22 单核细胞增生李斯特菌在不同琼脂平板上的典型菌落形态

注：OXA 琼脂上形成 2mm 灰黑色菌落周围呈棕黑色水解圈，显色培养基形成绿色小菌落。

（3）初筛。

自选择性琼脂平板上分别挑取 3～5 个典型或可疑菌落，分别接种木糖、鼠李糖发酵管，于（36±1）℃培养（24±2）h，同时在 TSA-YE 平板上划线，于（36±1）℃培养 18～24 h，然后选择木糖阴性、鼠李糖阳性的纯培养物继续进行鉴定。

（4）鉴定（或选择生化鉴定试剂盒或全自动微生物鉴定系统等）。

①染色镜检:李斯特氏菌为革兰氏阳性短杆菌,大小为$(0.4\sim0.5)\mu m\times(0.5\sim2.0)\mu m$;用生理盐水制成菌悬液,在油镜或相差显微镜下观察,该菌出现轻微旋转或翻滚样的运动。

②动力试验:挑取纯培养的单个可疑菌落穿刺半固体或 SIM 动力培养基,于 $25\sim30$ ℃培养 48 h,李斯特氏菌有动力,在半固体或 SIM 培养基上方呈伞状生长,如伞状生长不明显,可继续培养 5 d,再观察结果。

③生化鉴定:挑取纯培养的单个可疑菌落,进行过氧化氢酶试验,过氧化氢酶阳性反应的菌落继续进行糖发酵试验和 MR-VP 试验。单核细胞增生李斯特氏菌的主要生化特征如表 4-11 所示。

表 4-11　单核细胞增生李斯特氏菌生化特征与其他李斯特氏菌的区别

菌种	溶血反应	协同溶血	葡萄糖	麦芽糖	MR-VP	甘露醇	鼠李糖	木糖	七叶苷
单核细胞增生李斯特氏菌(L. monocytogenes)	+	+	+	+	+/+	—	+	—	+
格氏李斯特氏菌(L. grayi)	—	—	+	+	+/+	+	—	—	+
斯氏李斯特氏菌(L. seeligeri)	+	+	+	+	+/+	—	—	+	+
威氏李斯特氏菌(L. welshimeri)	—	—	+	+	+/+	—	V	+	+
伊氏李斯特氏菌(L. ivanovii)	+	+	+	+	+/+	—	+	—	+
英诺克李斯特氏菌(L. innocua)	—	—	+	+	+/+	—	V	—	+

注:＋阳性;—阴性;V 反应不定。

④溶血试验:将新鲜的羊血琼脂平板底面划分为 $20\sim25$ 个小格,挑取纯培养的单个可疑菌落刺种到血平板上,每格刺种一个菌落,并刺种阳性对照菌(单增李斯特氏菌、伊氏李斯特氏菌和斯氏李斯特氏菌)和阴性对照菌(英诺克李斯特氏菌),穿刺时尽量接近底部,但不要触到底面,同时避免琼脂破裂,(6 ± 1)℃培养 $24\sim48$ h,于明亮处观察,单增李斯特氏菌呈现狭窄、清晰、明亮的溶血圈,斯氏李斯特氏菌在刺种点周围产生弱的透明溶血圈,英诺克李斯特氏菌无溶血圈,伊氏李斯特氏菌产生宽的、轮廓清晰的 β-溶血区域,若结果不明显,可置 4 ℃冰箱 $24\sim48$ h 再观察。

注:也可用划线接种法。

⑤协同溶血试验 cAMP(可选项目):在羊血琼脂平板上平行划线接种金黄色葡萄球菌和马红球菌,挑取纯培养的单个可疑菌落垂直划线接种于平行线之间,垂直线两端不要触及平行线,距离 $1\sim2$ mm,同时接种单核细胞增生李斯特氏菌、英诺克李斯特氏菌、伊氏李斯特氏菌和斯氏李斯特氏菌,于(36 ± 1)℃培养 $24\sim48$ h。单核细胞增生李斯特氏菌在靠近金黄色葡萄球菌处出现约 2 mm 的 β-溶血增强区域,斯氏李斯特氏菌也出现微弱的溶血增强区域,伊氏李斯特氏菌在靠近马红球菌处出现约 $5\sim10$ mm 的"箭头状"β-溶血增强区域,英诺克李斯特氏菌不产生溶血现象。若结果不明显,可置 4 ℃冰箱 $24\sim48$ h 再观察。

注:5%～8%的单核细胞增生李斯特氏菌在马红球菌一端有溶血增强现象。

(5)小鼠毒力试验(可选项目)。

将符合上述特性的纯培养物接种于 TSB-YE 中,于(36 ± 1)℃培养 24 h,4000 r/min 离心 5 min,弃上清液,用无菌生理盐水制备成浓度为 1010 CFU/mL 的菌悬液,取此菌悬液对 3～5 只小鼠进行腹腔注射,每只 0.5 mL,同时观察小鼠死亡情况。接种致病株的小鼠于 2～5 d内死亡。试验设单增李斯特氏菌致病株和灭菌生理盐水对照组。单核细胞增生李斯特氏菌、伊氏李斯特氏菌对小鼠有致病性。

(6)结果与报告。

综合以上生化试验和溶血试验的结果,报告 25 g(mL)样品中检出或未检出单核细胞增生李斯特氏菌。

(二)第二法:单核细胞增生李斯特氏菌平板计数法

1.检验程序

单核细胞增生李斯特氏菌平板计数程序见图 4-23。

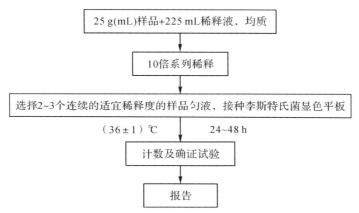

图 4-23 单核细胞增生李斯特氏菌平板计数检验程序

2.检验步骤

(1)样品的稀释。

①以无菌操作称取样品 25 g(mL),放入盛有 225 mL 缓冲蛋白胨水或无添加剂的 LB 肉汤的无菌均质袋内(或均质杯)内,在拍击式均质器上连续均质 1～2 min 或以 8000～10000 r/min 均质 1～2 min。液体样品,振荡混匀,制成 1∶10 的样品匀液。

②用 1 mL 无菌吸管或微量移液器吸取 1∶10 样品匀液 1 mL,沿管壁缓慢注于盛有 9 mL 缓冲蛋白胨水或无添加剂的 LB 肉汤的无菌试管中(注意吸管或吸头尖端不要触及稀释液面),振摇试管或换用 1 支 1 mL 无菌吸管反复吹打使其混合均匀,制成 1∶100 的样品匀液。

③按操作程序,制备 10 倍系列稀释样品匀液。每递增稀释 1 次,换用 1 支 1 mL 无菌吸管或吸头。

(2)样品的接种。

根据对样品污染状况的估计,选择 2～3 个适宜连续稀释度的样品匀液(液体样品可包括原液),每个稀释度的样品匀液分别吸取 1 mL 以 0.3 mL、0.3 mL、0.4 mL 的接种量分别加入 3 块李斯特氏菌显色平板,用无菌 L 棒涂布整个平板,注意不要触及平板边缘。使用前,如琼脂平板表面有水珠,可放在 25～50 ℃ 的培养箱里干燥,直到平板表面的水珠消失。

（3）培养。

在通常情况下，涂布后，将平板静置 10 min，如样液不易吸收，可将平板放在培养箱 36 ±1 ℃培养 1 h；等样品匀液吸收后翻转平皿，倒置于培养箱，(36±1)℃培养 24～48 h。

（4）典型菌落计数和确认。

①单核细胞增生李斯特氏菌在李斯特氏菌显色平板上的菌落特征以产品说明为准。

②选择有典型单核细胞增生李斯特氏菌菌落的平板，且同一稀释度 3 个平板所有菌落数合计在 15～150 CFU 之间的平板，计数典型菌落数。如果：

a. 只有一个稀释度的平板菌落数在 15～150 CFU 之间且有典型菌落，计数该稀释度平板上的典型菌落；

b. 所有稀释度的平板菌落数均小于 15 CFU 且有典型菌落，应计数最低稀释度平板上的典型菌落；

c. 某一稀释度的平板菌落数大于 150 CFU 且有典型菌落，但下一稀释度平板上没有典型菌落，应计数该稀释度平板上的典型菌落；

d. 所有稀释度的平板菌落数大于 150 CFU 且有典型菌落，应计数最高稀释度平板上的典型菌落；

e. 所有稀释度的平板菌落数均不在 15～150 CFU 之间且有典型菌落，其中一部分小于15 CFU 或大于 150 CFU 时，应计数最接近 15 CFU 或 150 CFU 的稀释度平板上的典型菌落。

以上按式(4-7)计算。

f. 2 个连续稀释度的平板菌落数均在 15 CFU～150 CFU 之间，按式(4-8)计算。

③从典型菌落中任选 5 个菌落(小于 5 个全选)，分别按定性检验(3)和(4)进行鉴定。

3. 结果计数

$$T = \frac{AB}{Cd} \tag{4-7}$$

式中：

T——样品中单核细胞增生李斯特氏菌菌落数；

A——某一稀释度典型菌落的总数；

B——某一稀释度确证为单核细胞增生李斯特氏菌的菌落数；

C——某一稀释度用于单核细胞增生李斯特氏菌确证试验的菌落数；

d——稀释因子。

$$T = \frac{A_1 B_1/C_1 + A_2 B_2/C_2}{1.1d} \tag{4-8}$$

式中：

T——样品中单核细胞增生李斯特氏菌菌落数；

A_1——第一稀释度(低稀释倍数)典型菌落的总数；

B_1——第一稀释度(低稀释倍数)确证为单核细胞增生李斯特氏菌的菌落数；

C_1——第一稀释度(低稀释倍数)用于单核细胞增生李斯特氏菌确证试验的菌落数；

A_2——第二稀释度(高稀释倍数)典型菌落的总数；

B_2——第二稀释度(高稀释倍数)确证为单核细胞增生李斯特氏菌的菌落数；

C_2——第二稀释度(高稀释倍数)用于单核细胞增生李斯特氏菌确证试验的菌落数；

1.1——计算系数；

d——稀释因子(第一稀释度)。

4. 结果报告

报告每 g(mL)样品中单核细胞增生李斯特氏菌菌数，以 CFU/g(mL)表示；如 T 值为 0，则以小于 1 乘以最低稀释倍数报告。

(三)第三法：单核细胞增生李斯特氏菌 MPN 计数法

1. 检验程序

单核细胞增生李斯特氏菌平板计数程序见图 4-24。

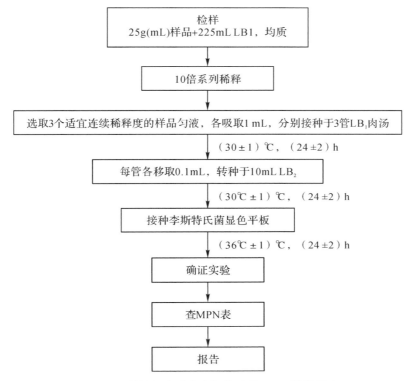

图 4-24　单核细胞增生李斯特氏菌 MPN 计数程序

2. 操作步骤

(1)样品的稀释。按第二法中样品的稀释进行。

(2)接种和培养。

①根据对样品污染状况的估计，选取 3 个适宜连续稀释度的样品匀液(液体样品可包括原液)，接种于 10 mL LB1 肉汤，每一稀释度接种 3 管，每管接种 1 mL(如果接种量需要超过1 mL，则用双料 LB1 增菌液)于(30±1)℃培养(24±2)h。每管各移取 0.1 mL，转种于10 mL LB2 增菌液内，于(30±1)℃培养(24±2)h。

②用接种环从各管中移取 1 环，接种李斯特氏菌显色平板，(36±1)℃培养 24～48 h。

(3)确证试验。

自每块平板上挑取 5 个典型菌落(5 个以下全选)，按照定性检验(3)和(4)进行鉴定。

3.结果与报告

根据证实为单核细胞增生李斯特氏菌阳性的试管管数,查 MPN 检索表(见本检验附录 2),报告每 g(mL)样品中单核细胞增生李斯特氏菌的最可能数,以 MPN/g(mL)表示。

【思考题】

1.如何分离鉴定食品中的单核增生李斯特氏菌?

2.简述单核细胞增生李斯特化菌在 PALCAM 选择性平板上菌落形态,并解释为何在该平板上挑取典型菌落鉴定后非单核增生李斯特氏菌的概率较高。

【附录】主要培养基和试剂

1.含 0.6%酵母浸膏的胰酪胨大豆肉汤(TSB-YE)

(1)成分:胰胨 17.0 g,多价胨 3.0 g,酵母膏 6.0 g,氯化钠 5.0 g,磷酸氢二钾 2.5 g,葡萄糖 2.5 g,蒸馏水 1000 mL。

(2)制法:将上述各成分加热搅拌溶解,调节 pH 至 7.2±0.2,分装,121 ℃高压灭菌 15 min,备用。

2.含 0.6%酵母膏的胰酪胨大豆琼脂(TSA-YE)

(1)成分:胰胨 17.0 g,多价胨 3.0 g,酵母膏 6.0 g,氯化钠 5.0 g,磷酸氢二钾 2.5 g,葡萄糖 2.5 g,琼脂 15.0 g,蒸馏水 1000 mL。

(2)制法:将上述各成分加热搅拌溶解,调节 pH 至 7.2±0.2,分装,121 ℃高压灭菌 15 min,备用。

3.李氏增菌肉汤(LB1,LB2)

(1)成分:胰胨 5.0 g,多价胨 5.0 g,酵母膏 5.0 g,氯化钠 20.0 g,磷酸二氢钾 1.4 g,磷酸氢二钠 12.0 g,七叶苷 1.0 g,蒸馏水 1000 mL。

(2)制法:将上述成分加热溶解,调节 pH 至 7.2±0.2,分装,121 ℃高压灭菌 15 min,备用。

李氏Ⅰ液(LB1)225 mL 中加入:1%萘啶酮酸(用 0.05 mol/L 氢氧化钠溶液配制)0.5 mL,1%吖啶黄(用无菌蒸馏水配制)0.3mL。

李氏Ⅱ液(LB2)200 mL 中加入:1%萘啶酮酸 0.4 mL,1%吖啶黄 0.5mL。

4.PALCAM 琼脂

(1)成分:酵母膏 8.0 g,葡萄糖 0.5 g,七叶甙 0.8 g,柠檬酸铁铵 0.5 g,甘露醇 10.0 g,酚红 0.1 g,氯化锂 15.0 g,酪蛋白胰酶消化物 10.0 g,心胰酶消化物 3.0 g,玉米淀粉 1.0 g,肉胃酶消化物 5.0 g,氯化钠 5.0 g,琼脂 15.0 g,蒸馏水 1000 mL。

(2)制法:将上述成分加热溶解,调节 pH 至 7.2±0.2,分装,121 ℃高压灭菌 15 min,备用。

PALCAM 选择性添加剂:多粘菌素 B 5.0 mg,盐酸吖啶黄 2.5 mg,头孢他啶 10.0 mg,无菌蒸馏水 500 mL。

制法:将 PALCAM 基础培养基溶化后冷却到 50 ℃,加入 2 mL PALCAM 选择性添加剂,混匀后倾倒在无菌的平皿中,备用。

6. SIM 动力培养基

(1)成分:胰胨 20.0 g,多价胨 6.0 g,硫酸铁铵 0.2 g,硫代硫酸钠 0.2 g,琼脂 3.5 g,蒸馏水 1000 mL。

(2)制法:将上述各成分加热混匀,调节 pH 至 7.2±0.2,分装小试管,121 ℃高压灭菌 15 min,备用。

(3)试验方法:挑取纯培养的单个可疑菌落穿刺接种到 SIM 培养基中,于 25～30 ℃培养 48 h,观察结果。

7. 缓冲葡萄糖蛋白胨水[甲基红(MR)和 V-P 试验用]

见检验三附录的"4.缓冲葡萄糖蛋白胨水[甲基红(MR)和 V-P 试验用]"。

8. 血琼脂

(1)成分:蛋白胨 1.0 g,牛肉膏 0.3 g,氯化钠 0.5 g,琼脂 1.5 g,蒸馏水 100 mL,脱纤维羊血 5～8 mL。

(2)制法:除新鲜脱纤维羊血外,加热溶化上述各组分,121 ℃高压灭菌 15 min,冷却至 50 ℃,以无菌操作加入新鲜脱纤维羊血,摇匀,倾注平板。

9. 过氧化氢酶试验

(1)试剂:3%过氧化氢溶液:临用时配制。

(2)试验方法:用细玻璃棒或一次性接种针挑取单个菌落,置于洁净玻璃平皿内,滴加 3%过氧化氢溶液 2 滴,观察结果。于半分钟内发生气泡者为阳性,不发生气泡者为阴性。

10. 缓冲蛋白胨水(BPW)

(1)成分:蛋白胨 10.0 g,氯化钠 5.0 g,磷酸氢二钠($Na_2HPO_4 \cdot 12H_2O$)9.0 g,磷酸二氢钾 1.5 g,蒸馏水 1000 mL。

(2)制法:加热搅拌至溶解,调节 pH 至 7.2±0.2,121 ℃高压灭菌 15 min。

第五章　食品产毒霉菌和病毒检验

检验十九　常见产毒霉菌的形态学鉴定

一、教学目的

1.学习食品中常见产毒真菌的形态特征。

2.掌握曲霉属（*Aspergillus*）、青霉属（*Penicillium*）、镰刀菌属（*Fusarium*）等常见产毒真菌的鉴定。

二、基本原理

霉菌（Mould）为丝状真菌的统称。凡是那些菌丝体较发达又不产生大型肉质子实体结构的真菌称为霉菌。按 Smith 分类统计,霉菌分属于真菌界的藻状菌纲、子囊菌纲和半知菌类。在潮湿的气候下,它们往往在有机质物上大量生长繁殖,从而引起食物、工农业产品的霉变,见图 5-1,并产生有毒的代谢产物,称为霉菌毒素。目前,已鉴定出 200 多种产毒真菌,最重要的产毒真菌有曲霉菌属（*Aspergillus*）,包括黄曲霉（*A. flavus*）、赭曲霉（*A. ochraceus*）、杂色曲霉（*A. versicolor*）、寄生曲霉（*A. parasiticus*）、构巢曲霉（*A. nidulans*）和烟曲霉（*A. fumigatus*）等。产毒青霉菌属（*Penicillium*）,包括橘青霉（*P. citrinum*）、橘灰青霉（*P. aurantiogriseum*）、灰黄青霉（*P. griseofulvum*）、鲜绿青霉（*P. virdicatum*）等。镰刀菌属（*Fusarium*）产毒真菌主要包括禾谷镰刀菌（*F. graminearum*）、串珠镰刀菌（*F. moniliforme*）、雪腐镰刀菌（*F. nivale*）、三线镰刀菌（*F. tricinctum*）和梨孢镰刀菌（*F. poae*）等。产毒真菌还包括木霉属（*Trichoderma*）、头孢霉属（*Cephalosporium*）、单端孢霉属（*Trichothecium*）、葡萄惠霉属（*Stachybotrys*）等。

图 5-1　食物霉变现象

霉菌能产生多种霉菌毒素,它们可通过饲料或食品进入人和动物体内,引起人和动物的急性或慢性毒性,损害机体的肝脏、肾脏、神经组织、造血组织及皮肤组织等。已知的霉菌毒素有 300 多种,常见的毒素有黄曲霉毒素(Aflatoxin)、玉米赤霉烯酮/F2 毒素(Zearalenone)、赭曲毒素(Ochratoxin)、T2 毒素(Trichothecenes)、呕吐毒素/脱氧雪腐镰刀菌烯醇(deoxynivalenol)、伏马毒素/烟曲霉毒素(Fumonisins,包括伏马毒素 B1、B2、B3),其中黄曲霉毒素毒性极强,可引起食物中毒及致癌。

产毒霉菌的检验根据《食品安全国家标准　食品微生物学检验　常见产毒霉菌的形态学鉴定》(GB 4789.16—2016)进行,观察菌落特征、斜面及镜检鉴定产毒霉菌。

三、检验设备和试剂

(一)主要设备

显微镜(10×～100×),目镜测微尺,物镜测微尺,生物安全柜。

(二)培养基和试剂

乳酸苯酚液、查氏培养基、马铃薯-葡萄糖琼脂培养基、麦芽汁琼脂培养基、无糖马铃薯琼脂培养基。

四、检验程序

常见产毒霉菌的形态学鉴定检验程序如图 5-2 所示。

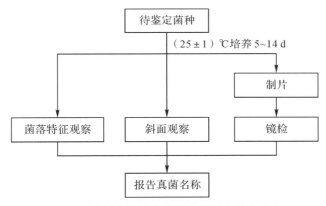

图 5-2　常见产毒霉菌的形态学鉴定检验程序

五、检验步骤

(一)菌落特征观察

为了培养完整的菌落以供观察记录,可将纯培养物点种于平板上。曲霉、青霉通常接种查氏培养基,镰刀菌通常需要同时接种多种培养基,其他真菌一般使用马铃薯-葡萄糖琼脂培养基。将平板倒转,向上接种一点或三点,每个菌株接种两个平板,正置于 25 ℃ ± 1 ℃恒温培养箱中进行培养。当刚长出小菌落时,取出一个平皿以无菌操作,用灭菌不锈钢小刀或眼科手术小刀将菌落连同培养基切下 1 cm×2 cm 的小块,置菌落一侧,继续培养,于 5～14 d 进行观察。此法代替小培养法,可观察子实体着生状态。

（二）斜面观察

将真菌纯培养物划线接种（曲霉、青霉）或点种（镰刀菌或其菌）于斜面，培养 5 d～14 d，观察菌落形态，同时还可以直接将试管斜面置低倍显微镜下观察孢子的形态和排列。

（三）制片

取载玻片加乳酸苯酚液一滴，用接种钩取一小块真菌培养物，置乳酸-苯酚液中，用两支分离针将培养物轻轻撕成小块，切忌涂抹，以免破坏真菌结构。然后加盖玻片，如有气泡，可在酒精灯上加热排除。制片时应在生物安全柜或无菌接种罩或接种箱或手套箱内操作以防孢子飞扬。

（四）镜检

观察真菌菌丝和孢子的形态、特征、孢子的排列等，并记录。曲霉和青霉的分生孢子头结构见图 5-3。

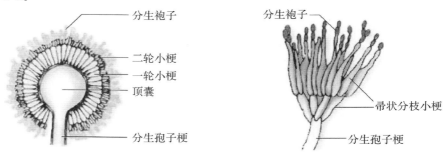

图 5-3　曲霉和青霉的分生孢子头结构

六、各属真菌的形态特征及可能产生的真菌毒素

（一）曲霉属（*Aspergillus*）

本属的产毒真菌主要包括黄曲霉、寄生曲霉、杂色曲霉、构巢曲霉、赭曲霉、黑曲霉、灰黑曲霉和棒曲霉等。这些真菌可能产生黄曲霉毒素、赭曲霉毒素、伏马菌素、展青霉素等次生代谢产物。曲霉属的菌丝体无色透明或呈明亮的颜色，但不呈暗污色（图5-4）；分生孢梗茎以大体垂直的方向从特化厚壁的足细胞生出，光滑或粗糙，通常无横隔；顶端膨大形成顶囊，具不同形状，从其表面形成瓶梗，或先产生梗基，再从梗基上形成瓶梗，最后由瓶梗产生分生孢子。分生孢子单胞，具不同形状和各种颜色，光滑或具纹饰，连接成不分枝的链。由顶囊到分生孢子链构成不同形状的分生孢子头，显现不同颜色。有的种可形成厚壁的壳细

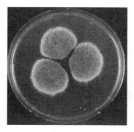

黄曲霉

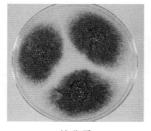

赭曲霉

构巢曲霉

图 5-4　三种产毒曲霉的菌落形态

胞,形状因种而异;有的种则可形成菌核或类菌核结构;还有的种产生有性阶段,形成闭囊壳,内含子囊和子囊孢子,子囊孢子大多透明或具不同颜色、形状和纹饰(表 5-1)。

表 5-1 主要产毒曲霉的培养特性和分生孢子头形态

菌株	培养特性	产孢结构和分生孢子头	分生孢子电镜图
黄曲霉	在查氏琼脂生长迅速,质地主要为致密丝绒状;分生孢子结构多,分生孢子头初为球状,后呈辐射型或裂成几个疏松的柱状体;分生孢子梗大多生自基质,顶囊近球形至烧瓶形;产孢结构双层。某些菌株可产生黄曲霉毒素。	10 μm	
寄生曲霉	质地丝绒状,偶有絮状菌丝;分生孢子结构多,颜色为深颜色;分生孢子头初为球形,后呈辐射形;分生孢子梗生自基质,顶囊为许形或烧瓶形,产孢结构单层;分生孢子球形或近球形。菌株都能产生黄曲霉毒素。	10 μm	
杂色曲霉	在查氏琼脂生长局限,质地为丝绒状或絮状;颜色差异很大;分生孢子头较小,初为球形,后呈辐射型;分生孢梗茎直接生自基质者,顶囊半球形、稍长性或稍呈椭圆形;产孢结构双层,分生孢子球形,绿色;壳细胞球形。某些菌株可产生杂色曲霉素。	1 4 10 μm 6 5 2 3 20 μm	
构巢曲霉	质地丝绒状或稍现絮状;分生孢子结构大量或较少;闭囊壳球形,暗紫红色,子囊近球形;分生孢子头初为球形至放射形;分生孢子梗生自基质或气生菌丝,顶囊为半球形,产孢结构双层。某些菌株可产生杂色曲霉素。	1 10 μm 2 3 4 40 μm	
赭曲霉	质地丝绒状或稍现絮状,分生孢子头为球形,分生孢梗大多生自基质,顶囊球形或近球形,产孢结构双层,分生孢子多为球形或近球形。某些菌株可产生赭曲霉毒素。	10 μm	

（二）青霉属（*Penicillium*）

本属产毒真菌,主要包括橘青霉、橘灰青霉(异名:圆弧青霉)、灰黄青霉(异名:展青霉、荨麻青霉)、鲜绿青霉(原名:纯绿青霉)等。这些真菌可能产生桔青霉素、圆弧偶氮酸、展青霉素等次生代谢产物。

菌丝细,具横隔,无色透明或色淡,有颜色者较少,更不会有暗色,展开并产生大量的不规则分枝,形成不同致密程度的菌丝体;由菌丝体组成的菌落边缘通常明确、整齐,很少有不规则者;分生孢子梗发生于埋伏型菌丝、基质表面菌丝或气生菌丝;孢梗茎较细,常具横隔,某些种在其顶端呈现不同程度的膨大,在顶部或顶端产生帚状枝,壁平滑或呈现不同程度的粗糙;其中帚状枝的形状和复杂程度是鉴别分类的首要标准,帚状枝有单轮生、双轮生、三轮生、四轮生和不规则者;产细胞瓶梗相继产生,彼此紧密、不紧密或近于平行,瓶装、披针形、圆柱状和近圆柱状者少,通常直而不弯,其顶端的梗颈明显或不明显;分生孢子是向基的瓶梗孢子,单胞,小,球形、近球形、椭圆形、近椭圆形、卵形或有尖端、圆柱状和近圆柱状者少,壁平滑、近于平滑、不同程度的粗糙,形成干链,使菌落表面形成不同程度颜色,如绿色、蓝色、灰色、橄榄色,褐色者少,颜色往往随着菌龄的增加而变得较深或较暗。

灰黄青霉

橘灰青霉

扩展青霉

图 5-5　产毒青霉的菌落形态

表 5-2　主要产毒青霉的培养特性和分生孢子结构

菌株	培养特性	产孢结构和分生孢子头	分生孢子电镜图
橘青霉	菌落有少量或大量放射状皱纹,质地通常绒状或中心带絮状;分生孢子结构通常大量产生,呈典型的蓝绿色;分生孢子梗生于基质,帚状枝主要双轮生,根基每轮 3～5 个,瓶梗每轮 6～10 个;分生孢子呈现球形或近球形。 某些菌株可产生桔青霉毒素。	10 μm	
橘灰青霉	菌落有少量的放射性皱纹,质地绒状兼粉状或颗粒状;分生孢子结构大量产生,常呈典型的蓝绿色;分生孢子梗发生于基质,孢梗茎壁通常呈现小疣状粗糙,也有平滑者;帚状枝三轮生,梗基每轮 3～5 个,瓶梗每轮 5～7 个,分生孢子呈现球形。 其代谢产物为圆弧偶氮酸。	10 μm	

菌株	培养特性	产孢结构和分生孢子头	分生孢子电镜图
灰黄青霉	菌落通常产生大量的反射性皱纹,质地绒状,带轻微絮状;分生孢子结构大量产生或较少,分生孢子面灰蓝绿色或蓝绿色;分生孢子梗发生于基质或在孢梗束和束丝之中,帚状枝比较复杂,多是四轮生,副枝/类副枝通常 2～3 个,梗基每轮 2～4 个,瓶梗每轮 5～7 个,分生孢子呈近球形。 某些菌株产生展青霉素。		
鲜绿青霉	菌落有是少量放射状皱纹,质地绒状兼颗粒状;分生孢子面黄绿色;分生孢子梗生于基质,孢梗茎壁显著的疣状粗糙;帚状枝常三轮生,彼此较紧贴;副枝 1～2 个,壁显著疣状粗糙,梗基每轮 2～5 个,瓶梗每轮 5～8 个,分生孢子呈现球形。 某些菌株可产生赭曲霉毒素和桔青霉素。		

(三)镰刀菌属(*Fusarium*)

本属的产毒真菌主要包括禾谷镰刀菌、串珠镰刀菌、雪腐镰刀菌、三线镰刀菌、梨孢镰刀菌、拟枝孢镰刀菌、尖孢镰刀菌、茄病镰刀菌和木贼镰刀菌等。这些真菌可产生单端孢霉烯族化合物、玉米赤霉烯酮、串珠镰刀菌素和丁烯酸内酯等次生代谢产物。

在马铃薯-葡萄糖琼脂或查氏培养基上气生菌丝发达,高 0.5～1.0 cm 或较低为 0.3～0.5 cm,或更低为 0.1～0.2 cm;气生菌丝稀疏,有的甚至完全无气生菌丝而由基质菌丝直接生出粘孢层,内含大量的分生孢子。

禾谷镰刀菌　　　　　雪腐镰刀菌　　　　　串珠镰刀菌

图 5-6　三种产毒镰刀菌的菌落形态

大多数种小型分生孢子通常假头状着生,较少为链状着生,或者假头状和链状着生兼有。小型分生孢子生于分枝或不分枝的分生子梗上,形状多样,有卵形、梨形、椭圆形、长椭圆形、纺锤形、披针形、腊肠形、柱形、锥形、逗点形、圆形等。1～2(3)隔,通常小型分生孢子的量较大型分生孢子为多。大型分生孢子产生在菌丝的短小爪状突起上或产生在分生孢子座上,或产生在粘孢团中;大型分生孢子形态多样,镰刀形、线形、纺锤形、披针形、柱形、腊肠形、蠕虫形、鳗鱼形,弯曲、直或近于直。顶端细胞形态多样,有短喙形、锥形、钩形、线形、柱形,逐渐变窄细或突然收缩。气生菌丝、子座、粘孢团、菌核可呈各种颜色,基质亦可被染成各种颜色。厚垣孢子间生或顶生,单生或多个成串或成结节状,有时也生于大型分生孢子的孢室中,无色或具有各种颜色,光滑或粗糙,主要的孢子结构如图5-7。

镰刀菌属的一些种,初次分离时只产生菌丝体,常常还需诱发产生正常的大型分生孢子以供鉴定。因此须同时接种无糖马铃薯琼脂培养基或查氏培养基等。

1. 串珠镰刀菌（滕仓赤霉）
注：A-子囊孢子；
B-小型分生孢子和分生孢子梗；
C-大型分生孢子和分生孢子梗

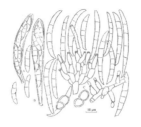

2. 禾谷镰刀菌（玉米赤霉）
注：A-寄主上的子囊和子囊孢子；
B-培养中的子囊孢子；
C-分生孢子和分生孢子梗

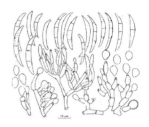

3. 梨孢镰刀菌的小型和大型分生孢子梗及小型和大型分生孢子

4. 三线镰刀菌的分生孢子和分生孢子梗

5. 雪腐镰刀菌（雪腐小赤壳）
注：A-子囊和子囊孢子；
B-分生孢子和分生孢子梗

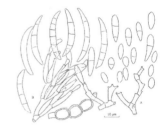

6. 拟枝孢镰刀菌
注：A-小型分生孢子和分生孢子梗；
B-大型分生孢子和分生孢子梗

7. 木贼镰刀菌（错综赤霉）的分生孢子、分生孢子梗和厚坦孢子

8. 茄病镰刀菌（红球赤壳）
注：A-子囊和子囊孢子；
B-分生孢子和分生孢子梗

9. 茄病镰刀菌（红球赤壳）
注：A-子囊和子囊孢子；
B-分生孢子和分生孢子梗

图 5-7　镰刀菌属的产孢结构

（四）其他产毒霉菌

木霉属(*Trichoderma*)中里氏木霉(*T. reesei*)和绿色木霉(*T. viride*)的一些菌株产生木霉素,属于单端孢霉烯族化合物。头孢霉属(*Cephalosporium*)的某些菌株能引起芹菜、大豆和甘蔗等的植物病害,它所产生的毒素也属于单端孢霉稀族化合物。单端孢霉属(*Trichothecium*)的某些菌株能产生单端孢霉素,属于单端孢霉稀族化合物。葡萄穗霉属(*Stachybotrys*)的某些菌株产生黑葡萄穗霉毒素,属于单端孢霉稀族化合物。交链孢霉属(Alternaria)的某些菌株能产生交链孢酚、交链孢酚单甲咪和细交链孢菌酮酸等多种真菌毒素。交菱孢属(*Arthrinium*)属的甘蔗交菱孢(*A. saccharicola*)和蔗生节菱孢(*A. phaeospermun*)中的一些菌株能产生 3-硝基丙酸。红曲霉属(*Monasus*)的某些菌株可以产生桔青霉素。

六、结果与报告

根据菌落形态及镜检结构,参考上述各种真菌的形态描述,确定菌种名称,报告真菌菌种鉴定结果。

七、其他

该实验操作应在生物安全二级实验室内进行。

【思考题】

1.试述产毒真菌的种类及形态鉴定方法。

2.画图描述产毒真菌中曲霉属、青霉属和镰刀霉属孢子结构的特点。

3.简述产毒真菌的主要有毒代谢产物。

【附录】主要培养基和试剂

1.乳酸苯酚液

(1)成分:苯酚(纯结晶)10 g,乳酸 10 g,甘油 20 g,蒸馏水 10 mL。

(2)制法:将苯酚置水浴中至结晶液化后加入乳酸、甘油和蒸馏水。

2.查氏培养基

(1)成分:$NaNO_3$ 3.0 g,K_2HPO_4 1.0 g,KCl 0.5 g,$MgSO_4 \cdot 7H_2O$ 0.5 g,$FeSO_4 \cdot 7H_2O$ 0.01 g,蔗糖 30 g,琼脂 15 g,蒸馏水 1000 mL。

(2)制法:量取 600 mL 蒸馏水分别加入蔗糖、$NaNO_3$、K_2HPO_4、KCl、$MgSO_4 \cdot 7H_2O$、$FeSO_4 \cdot 7H_2O$,逐一加入水中溶解后加入琼脂,加热融化,补加蒸馏水至 1000 mL,分装后,121 ℃灭菌 15 min。

3.马铃薯-葡萄糖琼脂培养基

(1)成分:马铃薯(去皮切块)200 g,葡萄糖 20.0 g,琼脂 20.0 g,蒸馏水 1000 mL。

(2)制法:将马铃薯去皮切块,加 1000 mL 蒸馏水,煮沸 10~20 min。用纱布过滤,补加蒸馏水至 1000 mL。加入葡萄糖和琼脂,加热溶化,分装后,121 ℃灭菌 20 min。

4.麦芽汁琼脂培养基

(1)成分:麦芽汁提取物 20 g,蛋白胨 1 g,葡萄糖 20 g,琼脂 15 g。

(2)制法:称取蛋白胨、葡萄糖、琼脂,加入麦芽汁提取物,适量蒸馏水,加热溶化,补足至 1000 mL,分装后,121 ℃灭菌 20 min。

5.无糖马铃薯琼脂培养基

(1)成分:马铃薯(去皮切块)200 g,琼脂 20.0 g,蒸馏水 1000 mL。

(2)制法:将马铃薯去皮切块,加 1000 mL 蒸馏水,煮沸 10~20 min。用纱布过滤,补加蒸馏水至 1000 mL,加入琼脂,加热融化,分装后,121 ℃ 灭菌 20 min。

检验二十　食品中诺如病毒检验

一、教学目标

1. 了解食品中诺如病毒传播途径和危害。
2. 学习硬质表面和软质水果等食品中诺如病毒的提取。
3. 掌握诺如病毒实时荧光 RT-PCR 检测方法。

二、基本原理

诺如病毒(Norovirus,NV),又称诺瓦克病毒(NorwalkViruses,NV),属于人类杯状病毒科,是引起人类急性胃肠炎的主要病原体之一。诺如病毒是一种重要的食源性病毒,污染的食物和水是诺如病毒传播的最主要载体。诺如病毒感染性腹泻在全世界范围内均有流行,可导致每年 7 亿人感染和 20 万人死亡,感染对象主要是成人和学龄儿童。诺如病毒具有明显的季节性,人们常把它称为"冬季呕吐病"。美国每年在所有的非细菌性腹泻暴发中,60%～90%是由诺如病毒引起。欧盟食品和饲料快速预警系统分析了 2000～2010 年间有关病毒引发的疫情事件通报中,91.7%(33/36)是由诺如病毒引起,其中 66.7%(22/33)是由于食用被诺如病毒污染的牡蛎引起的。1995 年中国报道首例诺如病毒感染,2012 年以来诺如病毒已成为我国非细菌性感染性腹泻病爆发的优势病原体(60%～96%),尤其自 2014 年冬季起,诺如病毒感染暴发疫情大幅增加,显著高于历年水平。2015 年 1～11 月全国通过突发公共卫生事件管理信息系统报告的诺如病毒感染疫情达到了 88 起。

诺如病毒为无包膜单股正链 RNA 病毒,病毒粒子直径约 27～40 nm,基因组全长约 7.5～7.7 kb,分为三个开放阅读框(ORFs),其中 ORF1 编码一个聚蛋白,翻译后被裂解为与复制相关的 7 个非结构蛋白,ORF2 和 ORF3 分别编码主要结构蛋白(VP1)和次要结构蛋白(VP2)(图 5-8)。根据基因特征,诺如病毒被分为 6 个基因群(GⅤ—GⅥ),GI 和 GⅡ

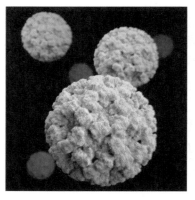

图 5-8　基于真实病毒颗粒的电子显微镜图像的诺如病毒颗粒 3D 图

注:图来自美国疾病控制与预防中心 CDC/Jessica A. Allen

是引起人类急性胃肠炎的两个主要基因群,GⅣ也可感染人,但很少被检出。GⅢ、GⅤ和GⅥ分别感染牛、鼠和狗。根据衣壳蛋白区系统进化分析,GⅠ和GⅡ进一步分为9个和22个基因型,除GⅡ.11、GⅡ.18和GⅡ.19基因型外,其他可感染人。诺如病毒目前还不能进行有效的体外培养,并且变异速度快,每隔2～3年即可出现引起全球流行的新变异株。

鉴于诺如病毒的广泛分布和对人群健康造成的危害,食品安全国家标准制定了《食品微生物学检验 诺如病毒检验》(GB 4789.42—2016),通过对食品中诺如病毒的分离、浓缩、病毒提取、RNA提取和纯化及实时荧光RT-PCR测定等过程,定量检测食品中诺如病毒污染。

三、检验设备和试剂

(一)主要设备

实时荧光PCR仪、冷冻离心机、无菌刀片或等效均质器、涡旋仪、振荡器、水浴锅、离心机、微量移液器、pH计或精密pH试纸、无菌棉拭子、无菌贝类剥刀、橡胶垫、无菌剪刀、无RNase玻璃容器、无RNase离心管、无RNase移液器吸嘴、无RNase PCR薄壁管。

(二)培养基和试剂

实验用水均为无RNase超纯水,GⅠ、GⅡ基因型诺如病毒的引物、探针见本检验附录1表5-4,过程控制病毒的引物、探针见本检验附录3,过程控制病毒见本检验附录3,外加扩增控制RNA见本检验附录4,Tris/甘氨酸/牛肉膏(TGBE)缓冲液,5×PEG/NaCl溶液(500 g/L聚乙二醇PEG8000,1.5 mol/L NaCl),磷酸盐缓冲液(PBS),氯仿/正丁醇的混合液,蛋白酶K溶液,75%乙醇,Trizol试剂,见本检验附录。

四、检验程序

诺如病毒检验程序见图5-9。

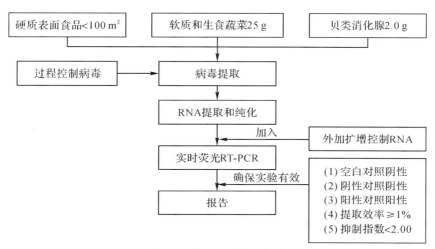

图5-9 诺如病毒检验程序

五、检验步骤

(一)病毒提取

注：样品处理一般应在 4 ℃以下的环境中进行运输。实验室接到样品后应尽快进行检测，如果暂时不能检测应将样品保存在 −80 ℃冰箱中，试验前解冻。样品处理和 PCR 反应在单独的工作区域或房间进行。每个样品可设置 2～3 个平行处理。

1. 软质水果和生食蔬菜

(1)将 25 g 软质水果或生食蔬菜切成约 2.5 cm×2.5 cm×2.5 cm 的小块(如水果或蔬菜小于该体积，可不切)。

(2)将样品小块移至带有 400 mL 网状过滤袋的样品袋，加入 40 mL TGBE 溶液(软质水果样品，需加入 30 U A. niger 果胶酶，或 1140 U A. aculeatus 果胶酶)，加入 10 μL 过程控制病毒。

(3)室温，60 次/min，振荡 20 min。酸性软质水果需在振荡过程中，每隔 10 min 检测 pH，如 pH 低于 9.0 时，使用 1 mol/L NaOH 调 pH 至 9.5，每调整一次 pH，延长振荡时间 10 min。

(4)将振荡液转移至离心管，如体积较大，可使用 2 根离心管。10000 r/min，4 ℃，离心 30 min。取上清至干净试管或三角瓶，用 1 mol/L HCl 调 pH 至 7.0。

(5)加入 0.25 倍体积 5×PEG/NaCl 溶液，使终溶液浓度为 100 g/L PEG，0.3 mol/L NaCl。60 s 摇匀，4 ℃，60 次/min，振荡 60 min。10000 r/min，4 ℃，离心 30 min，弃上清。10000 r/min，4 ℃，离心 5 min 紧实沉淀，弃上清。

(6)500 μL PBS 悬浮沉淀。如食品样品为生食蔬菜，可直接将悬浮液转移至干净试管，测定并记录悬浮液毫升数，用于后续 RNA 提取。如食品样品为软质水果，将悬浮液转移至耐氯仿试管中。加入 500 μL 氯仿/丁醇混合液，涡旋混匀，室温静置 5 min。以 10000 r/min，4 ℃，离心 15 min，将液相部分仔细转移至干净试管，测定并记录悬浮液毫升数，用于后续 RNA 提取。

2. 硬质表面食品

将无菌棉拭子使用 PBS 湿润后，用力擦拭食品表面(<100 cm²)。记录擦拭面积。将 10 μL 过程控制病毒添加至该棉拭子。将棉拭子浸入含 490 μL PBS 试管中，紧贴试管一侧挤压出液体。如此重复浸入和挤压 3～4 次，确保挤压出最大量的病毒，测定并记录液体毫升数，用于后续 RNA 提取。硬质食品表面过于粗糙，可能会损坏棉拭子，可使用多个棉拭子。

3. 贝类

戴上防护手套，使用无菌贝类剥刀打开至少 10 个贝类。使用无菌剪刀、手术钳或其他等效器具在胶垫上解剖出贝类软体组织中的消化腺，置于干净培养皿中。收集 2.0 g。使用无菌刀片或等效均质器将消化腺匀浆后，转移至离心管。加入 10 μL 过程控制病毒。加入 2.0 mL 蛋白酶 K 溶液，混匀。使用恒温摇床或等效装置，37 ℃，320 次/min，振荡 60 min。将试管放入水浴或等效装置，60 ℃，15 min。室温，3000 r/min，5 min 离心，将上清液转移至干净试管，测定并记录上清液毫升数，用于后续 RNA 提取。

（二）病毒 RNA 提取和纯化

注：病毒 RNA 可手工提取和纯化，也可使用商品化病毒 RNA 提取纯化试剂盒。提取完成后，为延长 RNA 保存时间可选择性加入 RNase 抑制剂。操作过程中应佩戴一次性橡胶或乳胶手套，并经常更换。提取出来的 RNA 立即进行反应，或保存在 4℃小于 8h。如果长期储存建议－80℃保存。

1.病毒裂解

将病毒提取液加入离心管，加入病毒提取液等体积 Trizol 试剂，混匀，激烈振荡，室温放置 5 min，加入 0.2 倍体积氯仿，涡旋剧烈混匀 30 s（不能过于强烈，以免产生乳化层，也可用手颠倒混匀）12 000 r/min，离心 5 min，上层水相移入新离心管中，不能吸出中间层。

2.病毒 RNA 提取

离心管中加入等体积异丙醇，颠倒混匀，室温放置 5 min，12 000 r/min，离心 5 min，弃上清，倒置于吸水纸上，沾干液体（不同样品须在吸水纸不同地方沾干）。

3.病毒 RNA 纯化

每次加入等体积 75％乙醇，颠倒洗涤 RNA 沉淀 2 次。于 4℃，12 000 r/min，离心 10 min，小心弃上清，倒置于吸水纸上，沾干液体（不同样品须在吸水纸不同地方沾干）。或小心倒去上清液，用微量加样器将其吸干，一份样本换用一个吸头，吸头不要碰到有沉淀，室温干燥 3 min，不能过于干燥，以免 RNA 不溶。加入 16 μL 无 RNase 超纯水，轻轻混匀，溶解管壁上的 RNA，2000 r/min，离心 5s，冰上保存备用。

（三）质量控制

1.空白对照

以无 RNase 超纯水作为空白对照（A 反应孔）。

2.阴性对照

以不含有诺如病毒的贝类，提取 RNA，作为阴性对照（B 反应孔）。

3.阳性对照

以外加扩增控制 RNA，作为阳性对照（J 反应孔）。

4.过程控制病毒

（1）以食品中过程控制病毒 RNA 的提取效率表示食品中诺如病毒 RNA 的提取效率，作为病毒提取过程控制。

（2）将过程控制病毒按上述步骤提取和纯化 RNA。可大量提取，分装为 10 μL 过程控制病毒的 RNA 量，－80℃保存，每次检测时取出使用。

（3）将 10 μL 过程控制病毒的 RNA 进行数次 10 倍梯度稀释（D～G 反应孔），加入过程控制病毒引物、探针，采用与诺如病毒实时荧光 RT-PCR 反应相同的反应条件确定未稀释和梯度稀释过程病毒 RNA 的 C_t 值。

（4）以未稀释和梯度稀释过程控制病毒 RNA 的浓度 lg 值为 X 轴，以其 C_t 值为 Y 轴，建立标准曲线；标准曲线 r^2 应≥0.98。未稀释过程控制病毒 RNA 浓度为 1，梯度稀释过程控制 RNA 浓度分别为 10^{-1}、10^{-2}、10^{-3} 等。

（5）将含过程控制病毒食品样品 RNA（C 反应孔），加入过程控制病毒引物、探针，采用诺如病毒实时荧光 RT-PCR 反应相同的反应体系和参数，进行实时荧光 RT-PCR 反应，确

定 C_t 值,代入标准曲线,计算经过病毒提取等步骤后的过程控制病毒 RNA 浓度。

（6）计算提取效率,提取效率＝经病毒提取等步骤后的过程控制病毒 RNA 浓度×100％,即（C 反应孔）C_t 值对应浓度×100％。

5. 外加扩增控制

（1）通过外加扩增控制 RNA,计算扩增抑制指数,作为扩增控制。外加扩增控制 RNA 分别加入含过程控制病毒食品样品 RNA（H 反应孔）、10^{-1} 稀释的含过程控制病毒食品样品 RNA（I 反应孔）、无 RNase 超纯水（J 反应孔）,加入 GⅠ或 GⅡ型引物探针,采用附录 3 反应体系和参数,进行实时荧光 RT-PCR 反应,确定 C_t 值。

（2）计算扩增抑制指数,抑制指数＝（含过程控制病毒食品样品 RNA＋外加扩增控制 RNA）C_t 值－（无 RNase 超纯水＋外加扩增控制 RNA）C_t 值,即抑制指数＝（H 反应孔）C_t 值－（J 反应孔）C_t 值。如抑制指数≥2.00,需比较 10 倍稀释食品样品的抑制指数,即抑制指数＝（I 反应孔）C_t 值－（J 反应孔）Ct 值。

（四）实时荧光 RT-PCR

实时荧光 RT-PCR 反应体系和反应参数见本检验附录 2。反应体系中各试剂的量可根据具体情况或不同的反应总体积进行适当调整。可采用商业化实时荧光 RT-PCR 试剂盒。也可增加调整反应孔,实现一次反应完成 GⅠ和 GⅡ型诺如病毒的独立检测。将 18.5 μL 实时荧光 RT-PCR 反应体系添加至反应孔后,不同反应孔加入下述不同物质,检测 GⅠ或 GⅡ基因型诺如病毒,见表 5-3。

A 反应孔:空白对照,加入 5 μL 无 RNase 超纯水＋1.5 μL GⅠ或 GⅡ型引物探针。

B 反应孔:阴性对照,加入 5 μL 阴性提取对照 RNA＋1.5 μL GⅠ或 GⅡ型引物探针。

C 反应孔:病毒提取过程控制 1,加入 5 μL 含过程控制病毒食品样品 RNA＋1.5 μL 过程控制病毒引物探针。

D 反应孔:病毒提取过程控制 2,加入 5 μL 过程控制病毒 RNA＋1.5 μL 过程控制病毒引物探针。

E 反应孔:病毒提取过程控制 3,加入 5 μL 10^{-1} 倍稀释过程控制病毒 RNA＋1.5 μL 过程控制病毒引物探针。

F 反应孔:病毒提取过程控制 4,加入 5 μL 10^{-2} 倍稀释过程控制病毒 RNA＋1.5 μL 过程控制病毒引物探针。

G 反应孔:病毒提取过程控制 5,加入 5μL 10^{-3} 倍稀释过程控制病毒 RNA＋1.5 μL 过程控制病毒引物探针。

H 反应孔:扩增控制 1,加入 5 μL 含过程控制病毒食品样品 RNA＋1 μL 外加扩增控制 RNA＋1.5 μL GⅠ或 GⅡ型引物探针。

I 反应孔:扩增控制 2,加入 5 μL 10^{-1} 倍稀释的含过程控制病毒食品样品 RNA＋1 μL 外加扩增控制 RNA＋1.5 μL GⅠ或 GⅡ型引物探针。

J 反应孔:扩增控制 3/阳性对照,加入 5 μL 无 RNase 超纯水＋1 μL 外加扩增控制 RNA＋1.5 μL GⅠ或 GⅡ型引物探针。

K 反应孔:样品 1,加入 5 μL 含过程控制病毒食品样品 RNA＋1.5 μL GⅠ或 GⅡ型引物探针。

L反应孔:样品2,加入5 μL 10⁻¹倍稀释的含过程控制病毒食品样品RNA＋1.5 μL
GⅠ或GⅡ型引物探针。加样的孔板布局图见表5-3和RT-PCR扩增曲线见图5-10。

表 5-3　诺如病毒 RT-PCR 实验 96 孔板加样布局图

小孔	1	2	3	4	5	6	7	8	9	10	11	12
反应孔	A	B	C	D	E	F	G	H	I	G	K孔	I孔
添加样	空白对照	阴性对照	过程控制1	过程控制2	过程控制3	过程控制4	过程控制5	扩增控制1	扩增控制2	扩增控制3	样品1	样品2

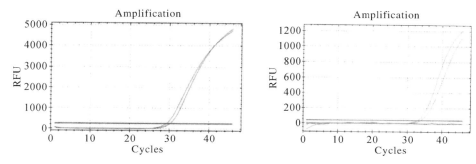

图 5-10　诺如病毒荧光扩增 RT-PCR 图

六、结果与报告

(一)检测有效性判定

1.需满足以下质量控制要求,检测方有效:空白;对照阴性(A反应孔);阴性对照阴性(B反应孔);阳性对照(J反应孔)阳性。

2.过程控制(C～G反应孔)需满足:提取效率≥1%;如提取效率＜1%,需重新检测;但如提取效率＜1%,检测结果为阳性,也可酌情判定为阳性。

3.扩增控制(H～J反应孔)需满足:抑制指数＜2.00;如抑制指数≥2.00,需比较10倍稀释食品样品的抑制指数;如10倍稀释食品样品扩增的抑制指数＜2.00,则扩增有效,且需采用10倍稀释食品样品RNA的C_t值作为结果;10倍稀释食品样品扩增的抑制指数也≥2.00时,扩增可能无效,需要重新检测;但如抑制指数≥2.00,检测结果为阳性,也可酌情判定为阳性。

(二)结果判定

待测样品的C_t值大于等于45时,判定为诺如病毒阴性;待测样品的C_t值小于等于38时,判定为诺如病毒阳性;待测样品的C_t值大于或小于45时,应重新检测;重新检测结果大于等于45时,判定为诺如病毒阴性;小于等于38时,判定为诺如病毒阳性。

(三)报告

根据检测结果,报告"检出诺如病毒基因"或"未检出诺如病毒基因"。

【思考题】

1.简述诺如病毒引起疾病及其传播的特点。

2. 简述从食品中提取诺如病毒的要点。

3. 试述诺如病毒实时荧光 RT-PCR 检测步骤、原理和质量控制对照。

【附录1】实时荧光 RT-PCR 引物和探针

GⅠ、GⅡ型诺如病毒实时荧光 RT-PCR 引物和探针见表 5-4。

表 5-4　GⅠ、GⅡ型诺如病毒实时荧光 RT-PCR 引物和探针

病毒名称	序列	扩增产物长度/bp	序列位置
诺如病毒 GⅠ	QNIF4（上游引物）:5'-CGCTGGATGCGNTTCCAT-3'； NV1LCR（下游引物）:5'-CCTTAG ACGCCATCATCATTTAC -3'； NVGG1p（探针）:5'-FAM-TGG ACA GGA GAY CGC RAT CT-TAMRA-3'	86	位于诺如病毒（GenBank 登录号 m87661）的 5291～5376
诺如病毒 GⅡ	QNIF2（上游引物）:5'-ATG TTCAGRTGGATG AGRTTCTCW-GA-3'； COG2R（下游引物）:5'-TCGACGCCATCTTCATTCACA-3'； QNIFs（探针）:5'-FAM-AGC ACG TGG GAG GGC GAT CGT-AMRA-3'	89	位于 Lordsdale 病毒（GenBank 登录号 x86557）的 5012～5100

【附录2】实时荧光 RT-PCR 的反应体系和参数

1. 实时荧光 RT-PCR 反应体系见表 5-5。

表 5-5　实时荧光 RT-PCR 反应体系

名称	储存液浓度	终浓度	加样量/μL		
RT-PCR 缓冲溶液	5×	1×	5	5	5
MgSO$_4$	25 mmol/L	1 mmol/L	1	1	1
dNTPs	10 mmol/L	0.2 mmol/L	0.5	0.5	0.5
正义引物	50 μmol/L	1 μmol/L	0.5	0.5	0.5
反义引物	50 μmol/L	1 μmol/L	0.5	0.5	0.5
逆转录酶	5 U/μL	0.1 U/μL	0.5	0.5	0.5
DNA 聚合酶	5 U/μL	0.1 U/μL	0.5	0.5	0.5
探针	5 μmol/L	0.1 U/μL	0.5	0.5	0.5
RNA 模板	—	—	5	5	5
水（无 RNase）	—	—	11	11	11
总体积	—	—	25	25	25

2. 实时荧光 RT-PCR 反应参数见表 5-6。

表 5-6　实时荧光 RT-PCR 反应参数

步骤		温度和时间	循环数
RT		55 ℃,1 h	1
预热		95 ℃,5 min	1
扩增	变性	95 ℃,15 s	45
	退火延伸	60 ℃,1 min	

【附录3】过程控制病毒培养及引物、探针

1. 概要

本标准使用过程控制病毒进行过程控制,可使用门哥病毒或其他等效,不与诺如病毒交叉反应的病毒。门哥病毒是小核糖核酸病毒科的鼠病毒。门哥病毒株 MC0 是一种重组病毒,与野生型门哥病毒相比缺乏 poly[C],是与野生型门哥病毒具有相似生长特性的无毒表型。门哥病毒株 MC0 是一种转基因生物,如果检测实验室不允许使用转基因生物,可以使用其他的过程控制病毒。也可使用商业化试剂或试剂盒中的过程控制病毒。

2. 培养试剂和仪器

(1)HeLa 细胞

推荐使用 Eagle 最低必需培养液(Eagle's minimum essential medium,MEM)培养,并将 2 mmol/L L-谷氨酸和 Earle's BSS 调为 1.5 g/L 碳酸氢钠,0.1 mmol/L 非必需氨基酸,1.0 mmol/L 丙酮酸钠,1×链霉素/青霉素液,100 mL/L(生长)或 20 mL/L(维持)胎牛血清。

(2)仪器

为确保细胞培养和病毒生长,需细胞培养所需的 CO_2 浓度可调培养箱,细菌培养耗材(例如培养皿)等。

3. 培养过程

门哥病毒培养在铺满 80%～90% 单层 HeLa(ATCC CCL-2™)细胞中,置于 50 mL/L CO_2 的气氛中(开放培养箱)或不可调的气氛中(封闭培养箱),直至 75% 出现细胞病理效应。细胞培养器皿经过一个冻融循环,将培养物 3000 r/min 离心 10 min。将细胞培养物离心上清留存用于过程控制。

4. 引物、探针

过程控制病毒(门哥病毒)实时荧光 RT-PCR 的引物、探针见表5-7。采用其他等效的过程控制病毒,需对应调整引物探针。

表 5-7　过程控制病毒(门哥病毒)实时荧光 RT-PCR 的引物和探针

病毒名称	序列	扩增产物长度/bp	序列位置
门哥病毒	Mengo110（上游引物）:5'-GCGGGTCCTGCCGAA AGT-3' Mengo209（下游引物）:5'-GAAGTA ACATATAGACAGA-CGCACAC-3' Mengo147(探针):5'-FAM-ATCACATTACTGGCCGAAGC-MGBNFQ-3'	100	位于门哥病毒缺失毒株 MC0(详见附录 D)的 110～209;相当于门哥病毒非缺失毒株 M(GenBank 登录号 122089)的序列 110～270

【附录 4】外加扩增控制 RNA 制备

1. 概要

通过将目标 DNA 序列连接至合适的质粒载体上,目标序列位于 RNA 聚合酶启动子序列的下游序列,从而表达出外部扩增控制 RNA。GI型外部扩增 RNA 序列位于诺如病毒(GenBank登录号 m87661)的 5291~5376。GⅡ型外部扩增 RNA 序列位于 Lordsdale 病毒(GenBank 登录号 x86557)的 5012~5100。

2. 试剂和设备

限制性酶(用于连接及相关的缓冲液),DNA 纯化试剂,体外 RNA 转录试剂(RNA 聚合酶,NTPs,缓冲液等),RNase－freeDNase,RNA 纯化试剂,DNA 凝胶电泳试剂和设备。

3. 质粒 DNA 连接

添加 100~500 ng 纯化的目标 DNA 和质粒载体加入含有合适的限制酶和缓冲液的反应体系中限制酶和缓冲液的使用按照酶厂家推荐,并确保目标序列位于质粒中 RNA 聚合酶启动子序列的下游。37 ℃培养 120 min。DNA 纯化使用 DNA 纯化试剂纯化。使用凝胶电泳检查连接情况,比较连接前与连接后目标 DNA 和质粒情况。

4. 外加扩增控制 RNA 的表达

添加连接后的质粒至转化体系。该体系按照转化体系提供厂家建议配置。使用 RNA 纯化试剂纯化 RNA 后,分装,－80 ℃储存,每次检测前取出备用。

【附录 5】RNase 的去除和无 RNase 溶液的配制

1. RNase 的去除

(1)配制溶液用的酒精、异丙醇等应采用未开封的新品。配制溶液所用的超纯水、玻璃容器、移液器吸嘴、药匙等用具应无 RNase。操作过程中应自始自终佩戴抛弃式橡胶或乳胶手套,并经常更换,以避免将皮肤上的细菌、真菌及人体自身分泌的 RNase 污染用具或带入溶液。

(2)玻璃容器应在 240 ℃烘烤 4 h 以去除 RNase。

(3)离心管、移液器吸嘴、药匙等塑料用具应用无 RNase 超纯水室温浸泡过夜,然后灭菌,烘干;或直接购买无 RNase 的相应用具。

2. 无 RNase 溶液的配制

(1)无 RNase 超纯水。

①成分:超纯水 100 mL,焦碳酸二乙酯(DEPC) 50 μL。

②制法:室温过夜,121 ℃,15 min 灭菌,或直接购买无 RNase 超纯水。

(2)Tris/甘氨酸/牛肉膏(TGBE)缓冲液。

①成分:Tris 基质[三(羟基甲基)氨基甲烷 tris(hydroxymetheyl)aminomethane]12 g,甘氨酸 3.8 g,牛肉膏 10 g,无 RNase 超纯水总体积 1000 mL。

②制法:将固体物质溶解于水,将总体积调整至 1000 mL,如果有必要,25 ℃调节 pH 至 7.3。高压灭菌。

(3)5×PEG/氯化钠溶液(500 g/LPEG 8000,1.5 mol/L 氯化钠)。

①成分:聚乙二醇(PEG)8000 500 g,氯化钠 87 g,无 RNase 超纯水 总体积 1000 mL。

②制法:将固体物质溶解在 450 mL 的水中,如必要可缓慢加热。用水将体积调整至 1000 mL,

混匀。高压灭菌后备用。

（4）磷酸盐缓冲液（PBS）。

①成分：氯化钠 8 g，氯化钾 0.2 g，磷酸氢二钠 1.15 g，磷酸二氢钾 0.2 g，无 RNase 超纯水总体积 1000 mL。

②制法：将固体物质溶解于水，如果有必要，25 ℃时调节 pH 至 7.3。高压灭菌。

（5）氯仿/正丁醇混合物。

①成分：氯仿 10 mL，丁醇 10 mL。

②制法：将上述组分混匀。

（6）蛋白酶 K 溶液。

①成分：蛋白酶 K（30 U/mg）20 mg，无 RNase 超纯水 200 mL。

②制法：将蛋白酶 K 溶于水中。彻底混合。储备液 −20 ℃保存，最多可储存 6 个月。一旦解冻使用，4 ℃保存，1 周内使用。

（7）75％乙醇。

无水乙醇 7.5 mL 加无 RNAase 超纯水 2.5 mL，现配现用。

（8）Trizol 试剂。

①成分：异硫氰酸胍 250 g，0.75 mol/L 柠檬酸钠溶液（pH≥7）17.6 mL，10％十二烷基肌氨酸钠（Sarcosy）溶液 26.4 mL，2mol/L NaAc 溶液（pH≥4）50 mL，无 RNase 超纯水 293 mL，重蒸苯酚 500 mL。

②制法：在 2000 mL 的烧杯中加入无 RNase 超纯水，然后依次异硫氰酸胍、柠檬酸钠溶液、十二烷基肌氨酸钠溶液、NaAc 溶液，混合均匀；加入重蒸苯酚，混合均匀。Trizol 试剂需 4 ℃低温保存，保质期约一年。也可使用商业化的试剂。

第六章　食品工业微生物检验

检验二十一　生活饮用水微生物检验

一、教学目标

1. 学习总大肠菌群、粪大肠菌群（耐热大肠菌群）、大肠埃希氏菌间的关系。
2. 掌握生活饮用水和水源水菌落总数、大肠菌群和大肠埃希氏菌的检测方法。

二、基本原理

由于水质直接影响和决定食品的品质，水的检验在食品的层中极其重要。

水中微生物种类很多，大部分为非致病性的微生物，少部分为致病性的微生物，因此水在传播食源性致病菌中起重要作用。为保证生活饮用水的卫生安全，必须对食品加工用水和饮用水进行定期的微生物学检验。若对样品的每种致病菌都进行检测，导致检测工作成本高且费时。所以，微生物分析中经常采用"指示微生物"。与致病菌相比，"指示微生物"通常数量多，而且容易检测到，并且"指示微生物"的生长和生存特点与致病菌相似。最常用作指示微生物是菌落总数和大肠菌群。

菌落总数检测采用平板菌落计数。总大肠菌群（Total coliforms）系指一群在 37 ℃培养 24 h 能发酵乳酸、产酸产气、需氧和兼性厌氧的革兰氏阴性无芽胞杆菌。和大肠群群定义相同，所以两种视为同一概念。大肠菌群数的高低，表明食品被粪便污染的程度，也反映对人体健康危害性的大小。粪便是人类肠道排泄物，其中有健康人的粪便，也有肠道患者或带菌者的粪便，所以粪便内除一般正常细菌外，同时也会有一些肠道致病菌存在。因此，食品中有粪便污染，则可以推测该食品中存在着肠道致病菌污染的可能性，潜伏着食物中毒和流行病的威胁，必须看作对人体健康具有潜在的危险性。耐热大肠菌群即粪大肠菌群，为总大肠菌群的一个亚种，直接来自粪便，它在 44～44.5 ℃的高温条件下仍可生长繁殖，并将色氨酸代谢成吲哚，其他特性均与总大肠菌群相同。作为一种卫生指标菌，耐热大肠菌群的存在，表明受到粪便污染，可能存在大肠杆菌。大肠埃希氏菌属于大肠菌群中的一员，是人和温血动物肠道内普遍存在的细菌，是粪便中的主要菌种，一般生活在人体肠道中并不致病，但它侵入人体一些部位时可引起感染。因此部分研究表明，较大肠菌群而言，大肠杆菌可以更加准确地反映致病菌的存在状况。

《中华人民共和国国家标准　生活饮用水卫生标准》（GB 5749—2006）中规定生活饮

用水菌落总数每毫升不得超过 100 CFU/mL,总大肠菌群、耐热大肠菌群、大肠埃希氏菌不得检出。按照《中华人民共和国国家标准　生活饮用水标准检测方法微生物指标》(GB 5750.12—2006),生活饮用水中总大肠菌群、耐热大肠菌群和大肠埃希氏菌分别采用多管发酵法、滤膜法、酶底物法检验,见图 6-1。目前食品工业检测生产用水时一般都采用多管发酵法。生活饮用水中的微生物检验指标和方法如图 6-1 所示。

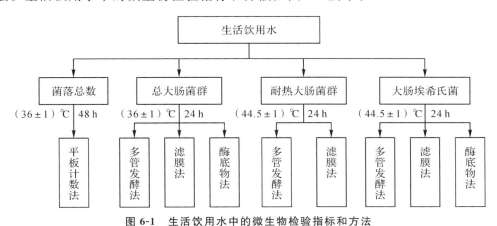

图 6-1　生活饮用水中的微生物检验指标和方法

三、检验设备和试剂

(一)仪器

培养箱(36 ℃±1 ℃),电子天平,显微镜,过滤器,滤膜(孔径 0.45 μm)抽滤设备,镊子,定量盘,程控定量封口机,紫外光灯(6 W、波长 366 nm)。

(二)培养基

营养琼脂,乳糖蛋白胨培养液,伊红美蓝培养基,品红亚硫酸钠培养基,乳糖蛋白胨培养液,MMO-MUG 培养基,生理盐水,EC 肉汤,EC-MUG 培养基。见本检验附录。

四、检验步骤

(一)菌落总数

菌落总数是指水样在营养琼脂上有氧条件下 37 ℃培养 48 h 后,所得 1 mL 水样所含菌落的总数。

1.生活饮用水的检验

将水样用力振荡 20～25 次,使可能存在的细菌凝团得以分散。以无菌操纵方法用灭菌吸管吸取 1 mL 充分混匀的水样,注入灭菌平皿中,倾注约 15 mL 已融化并冷却到 45 ℃左右的营养琼脂,并立即旋摇平皿,使水样与培养基充分混匀。带冷却凝固后,翻转平皿,使底面向上,置于(36±1)℃培养箱内培养 48 h,进行菌落计数,即为水样 1 mL 中的菌落总数。每次检验时应做一平行接种,同时另用一个平皿只倾注营养琼脂作为空白对照。

2.水源水的检验

其他水源水被微生物污染的程度较高,应根据被检水的污染程度,依次做 10 倍递增稀释,吸取不同浓度的稀释液时,应更换吸管,用灭菌吸管吸取未稀释的水样和2~3个适宜稀释度的水样1 mL,分别注入灭菌平皿内。以下操作同生活饮用水的检验步骤。

3.菌落计数及报告方法

同检验一菌落总数测定。

(二)总大肠菌群(Total coliforms)

1.多管发酵法

大肠菌群多管发酵法的检验流程如图6-2。

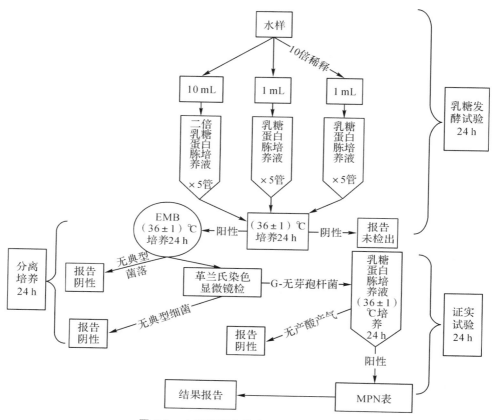

图6-2 大肠菌群多管发酵法的检验流程

(1)检验步骤。

①乳糖发酵试验:取10 mL水样接种到10 mL双料乳糖蛋白胨培养液中,取1 mL水样接种到10 mL乳糖蛋白胨培养液中,另取1 mL水样注入到9 mL生理盐水中,混匀后吸取1 mL(即0.1 mL水样)注入到10 mL单料乳糖蛋白胨培养液中,每一稀释度接种5管。

对已处理过的出厂自来水,需经常检验或每天检验一次,可直接接种5份10 mL水样双料培养基,每份接种10 mL。

检验水源水时,如果污染较严重,应加大稀释度,可接种1,0.1,0.01 mL甚至0.1,0.01,0.01 mL,每个稀释度接种5管,每个水样共接15管。接种1 mL以下水样时,必须作10倍递增稀释后,取1 mL接种,每递增稀释一次,换用1支1 mL灭菌刻度吸管。

将接种管置(36±1)℃培养箱内,培养(24±2)h,如所有乳糖蛋白胨培养管都不产气产酸,则可报告为总大肠菌群阴性,如有产酸产气者,则按下列步骤进行。

②分离培养:将产酸产气的发酵管分别转种在伊红美蓝琼脂平板上,于(36±1)℃培养箱内培养18~24 h,观察菌落形态,选取符合下列特征的菌落做革兰氏染色、镜检和证实试验。深紫黑色、具有金属光泽的菌落;紫黑色、不带或略带金属光泽的菌落;淡紫红、中心较深的菌落。

③证实试验:经上述染色镜检为革兰氏阴性无芽孢杆菌,同时接种乳糖蛋白胨培养液,置(36±1)℃培养箱中培养(24±2)h,有产酸产气者,证实有总大肠菌群存在。

④结果报告:根据证实为总大肠菌群阳性的管数,查 MPN(most probable number,最可能数)检索表,报告每 100 mL 水样中的总大肠菌群数(MPN)值。5 管法结果可见表6-1,15 管法结果见本检验附录 2,稀释样品查表所得结果应乘稀释倍数。如所有乳糖发酵管均阴性时,可报告总大肠菌群未检出。

表 6-1 用 5 份 10 mL 水样时各种阳性和阴性结果组合时的最可能数(MPN)

5 个 10 mL 管中阳性管数	最可能数(MPN)
0	<2.2
1	2.2
2	5.1
3	9.2
4	16.0
5	>16

2.滤膜法

总大肠菌群滤膜法是指用孔径为 0.45 μm 的微孔滤膜过滤水样,将滤膜贴在添加乳糖的选择性培养基上 37 ℃培养 24 h,能形成特征性菌落的需氧和兼性厌氧的革兰氏阴性无芽孢杆菌以检测水中总大肠菌群的方法。总大肠菌群滤膜法操作步骤如图 6-3。

(1)检验步骤。

①准备工作:滤膜来灭菌,将滤膜放入烧杯中,加入蒸馏水,置于沸水浴中煮沸灭菌 3 次。每次 15 min,前两次煮糟后需更换水洗涤 2~3 次,以除去残留溶剂。(或者可直接购买现成的无菌滤膜)。

②滤器灭菌:用点燃的酒精棉球火焰灭菌,也可用蒸汽灭菌器 103.43 kPa (121 ℃,15 lb)高压灭菌 20 min。

③过滤水样:用无菌镊子夹取来菌滤膜边缘部分,将粗糙面向上,贴放于已灭菌的滤床上,固定好滤器,将 100 mL 水样(如水样含菌数较多,可减少过滤水样量,或将水样稀释)注入滤器中,打开滤器阀门,在 -5.07×10^4 Pa(负 0.5 大气压)下抽滤。

④培养:水样过滤完后,再抽气约 5 s,关上滤器阀门,取下滤器,用灭菌镊子夹取滤膜边缘部分,移放在品红亚硫酸钠培养基上,滤膜截留细菌面向上,滤膜应与培养基完全贴紧,两者间不得留有汽泡,然后将平皿倒置放入 37 ℃恒温箱内培养(24±2)h。

操作过程/Process 　　　　　　　　　　　仅需 6 步简单步骤完成实验操作

1. 滤头灭菌——用火焰灭菌枪对滤头进行快速的灭菌，防止不同实验之间的交叉污染。

2. 放置滤膜——直径 50mm 或 47mm 无菌滤膜均可使用，按定位口放置滤膜，确保滤膜在滤头的中心位置。

3. 安装滤杯——取无菌滤杯安装于滤头上，无需另外的密封圈，轻松密封安装。

4. 过滤样品——将液体样品倒入滤杯中，开启对应的阀门进行过滤。

5. 脱卸滤杯——样品过滤结束后将滤杯从滤头上脱卸下来。

6. 抬取滤膜——用滤膜专用镊子从滤头上任意一个缺口抬取滤膜（单边抬取滤膜方法释放少量真空，避免滤膜破损），并将滤膜平贴到培养基上进行微生物培养。

图 6-3　总大肠菌群滤膜法操作步骤

（2）结果观察与报告。

①挑取符合下列特征菌落进行革兰氏染色、镜检：紫红色具有金属光泽的菌落；深红色、不带或略带金属光泽的菌落；淡红色、中心色较深的菌落。典型菌落如图 6-4 所示。

②凡革兰氏染色为阴性的无芽孢杆菌，再接种乳糖蛋白胨培养液，于 37 ℃培养 24 h，有产酸产气者，则判定为总大肠菌群阳性。

按公式计算滤膜上生长的总大肠菌群数，以每 100 mL 水样中的总大肠菌群数（CFU/100 mL）报告之。

$$总大肠群菌菌落数（CFU/100 mL）＝\frac{数出的总大肠菌群菌落数×100}{过滤的水样体积（mL）}$$

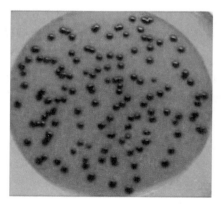

图 6-4　总大肠菌群在品红亚硫酸钠培养基上的典型菌落

3. 酶底物法

总大肠菌群酶底物法是指在选择性培养基上能产生 β-半乳糖苷酶（β-D-galactosidase）分解无色原底物释放出色原体使培养基呈现颜色变化，并能产生 β-葡萄糖醛酸酶（β-glucuronidase）分解荧光底物释放出荧光产物，使菌落能够在紫外灯下产生特征性荧光。

①检验步骤。

a.水样稀释:检测所需水样为 100 mL,若水样污染严重,可对水样进行稀释。取 10 mL 水样加入到 90 mL 灭菌生理盐水中,必要时可加大稀释度。

b.定性反应:用 100 mL 无菌稀释瓶量取 100 mL 水样,加入(2.7±0.5)g MMO-MUG 培养基粉末,混摇均匀使之完全溶解后,放入(36±1)℃的培养箱内培养 24 h。

c.10 管法:用 100 mL 的无菌稀释瓶量取 100 mL 水样,加入 2.7 g±0.5 g MMO-MUG 培养基粉末,混摇均匀使之完全溶解。

准备 10 支 15 mm×10 cm 或适当大小的灭菌试管,用无菌吸管分别从前述稀释瓶中吸取 10 mL 水样至各试管中,放入(36±1)℃的培养箱内培养 24 h。

d.51 孔定量盘法:用 100 mL 无菌稀释瓶量取 100 mL 水样,加入(2.7±0.5)g MMO-MUG 培养基粉末,混摇均匀使之完全溶解。将前述 100 mL 水样全部倒入 51 孔无菌定量盘内,以手抚平定量盘背面以赶除孔内气泡,然后用程定控定量封口机封口,放入(36±1)℃的培养箱内培养 24 h。

②结果报告。

a.结果判读:将水样培养 24 h 后进行结果判读,如果为可疑阳性,可延长培养时间到 28 h 进行结果判读,超过 28 h 之后出现的颜色反应不作为阳性结果。

b.定性反应:水样经过 24 h 培养后如果颜色变为黄色,判断为阳性反应,表示水中含有总大肠菌群,水样颜色未发生变化,判断为阴性反应。定性反应结果以总大肠菌群检出或未检出报告。

c.10 管法:将培养 24 h 之后的试管取出来观察,如果试管内水样变成黄色则表示该试样含有总大肠菌群。计算有黄色反应的试管数,对照表 6-2 查出的总大肠菌群最可能数(MPN)。结果以 MPN/100 mL 表示。如所有管未出现黄色,则可报告为总大肠菌群未检出。

表 6-2　10 管法不同阳性结果的最可能(MPN)及 95%可信范围

阳性试管数	总大肠菌群(MPN/100 mL)	95%可信范围		阳性试管数	总大肠菌群(MPN/100 mL)	95%可信范围	
		下限	上限			下限	上限
0	<1.1	0	3	6	9.2	3.1	21.1
1	1.1	0.03	5.9	7	12.0	4.3	27.1
2	2.2	0.26	8.1	8	16.1	5.9	36.8
3	3.6	0.69	10.6	9	23.0	8.1	59.5
4	5.1	1.3	13.4	10	>23.0	13.5	—
5	6.9	2.1	16.8				

d.孔定量盘法:将培养 24 h 后的定量盘取出观察,如果孔内的水样变成黄色则表示该孔中含有总大肠菌群。计算有黄色反应的孔数,对照表 6-3 查出代表的总大肠菌群最可能数(MPN)。结果以 MPN/100 mL 表示。如所有孔未产生黄色,则可报告为总大肠菌群未检出。

表 6-3　51 空定量盘法不同阳性结果的最可能（MPN）及 95％可信范围

阳性试管数	总大肠菌群（MPN/100 mL）	95％可信范围		阳性试管数	总大肠菌群（MPN/100 mL）	95％可信范围		阳性试管数	总大肠菌群（MPN/100 mL）	95％可信范围	
		下限	上限			下限	上限			下限	上限
0	<1	0.0	3.7	18	22.2	14.1	35.2	36	62.4	44.6	88.8
1	1.0	0.3	5.6	19	23.8	15.3	37.3	37	65.9	47.2	93.7
2	2.0	0.6	7.3	20	25.4	16.5	39.4	38	69.7	50.0	99.0
3	3.1	1.1	9.0	21	27.1	17.7	41.6	39	73.8	53.1	104.8
4	4.2	1.7	10.7	22	28.8	19.0	43.9	40	78.2	56.4	111.2
5	5.3	2.3	12.3	23	30.6	20.4	46.3	41	83.1	59.9	118.3
6	6.4	3.0	13.9	24	32.4	21.8	48.7	42	88.5	63.9	126.2
7	7.5	3.7	15.5	25	34.4	23.3	51.2	43	94.5	68.2	135.4
8	8.7	4.5	17.1	26	36.4	24.7	53.9	44	101.3	73.1	146.0
9	9.9	5.3	18.8	27	38.4	26.4	56.6	45	109.1	78.6	158.7
10	11.1	6.1	20.5	28	40.6	28.0	59.5	46	118.4	85.0	174.5
11	12.4	7.0	22.1	29	42.9	29.7	62.5	47	129.8	92.7	195.0
12	13.7	7.9	23.9	30	45.3	31.5	65.6	48	144.5	102.3	224.1
13	15.0	8.8	25.7	31	47.8	33.4	69.0	49	165.2	115.2	272.2
14	16.4	9.8	27.5	32	50.4	35.4	72.5	50	200.5	135.8	387.6
15	17.8	10.8	29.4	33	53.1	37.5	76.2	51	>200.5	146.1	—
16	19.2	11.9	31.3	34	56.0	39.7	80.1				
17	20.7	13.0	33.3	35	59.1	42.0	84.4				

（三）耐热大肠菌群（粪大肠菌群）（Thermotolerant coliform bacterial）

用提高培养温度的方法将自然环境中的大肠菌群与粪便中的大肠菌群区分开，在 44.5 ℃仍能生长的大肠菌群，称为耐热大肠菌群。

1.多管发酵法

耐热大肠菌群多管发酵法的检验流程如图 6-5。

（1）检验步骤。

①自总大肠菌群乳糖发酵试验中阳性管中取 1 滴接种于 EC 培养基中，置于 44.5 ℃恒温培养箱内，培养（24±2）h，如所有管均不产气，则可报告为隆性，如有产气者，则转种于伊红美蓝琼脂平板上，置 44.5 ℃培养 18～24 h，凡平板上有典型菌落者，则证实为耐热大肠菌群阳性。

②如检测未经氯化消毒的水且只想检测耐热大肠菌群时，或调查水源水的耐热大肠菌群污染时，可用直接多管耐热大肠菌群方法，即在第一步乳糖发酵试验时按总大肠菌群接种乳糖蛋白胨培养液在（44.5±0.5）℃恒温培养。

（2）结果报告。

根据证实为耐热大肠菌群的阳性管数，查最可能数（MPN）检索表，报告每 100 mL 水样中耐热大肠菌群的最可能数（MPN）值。

2.滤膜法

耐热大肠菌群滤膜法是指用孔径为 0.45 μm 的微孔滤膜过滤水样，细菌被阻在膜上，

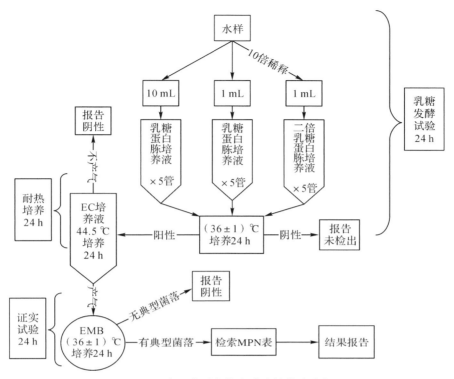

图 6-5 大肠菌群多管发酵法的检验流程

将滤膜贴在添加乳糖的选择性培养基上,44.5 ℃培养 24 h 能形成特征性菌落此来检测水中耐热大肠菌群的方法。

(1)检验步骤。

①过滤水样:同总大肠菌群测定的滤膜法。

②培养:水样滤完后,再抽气约 5 s,关上滤器阀门,取下滤器,用灭菌镊子夹取边缘部分,移放在 MFC 培养基上,滤膜截留细菌面向上,滤膜应与培养基完全贴紧,两者间不得留有气泡,然后将平皿倒置,放入 44.5 ℃隔水式培养箱内培养(24±2)h。如使用恒温水浴,则需用塑料平皿,将皿盖紧,或用防水胶带贴封每个平皿,将平皿成叠封入塑料带内,浸入 44.5 ℃恒温水浴内,培养(24±2)h。耐热大肠菌群在此培养上菌落为蓝色,非耐热大肠菌群菌落为灰色至奶油色。

③对可疑菌落转钟 EC 培养基,44.5 ℃培养(24±2)h,如产气则证实为耐热大肠菌群。

(2)结果报告。

计数被证实的耐热大肠菌群数,水中耐热大肠菌群数系以 100 mL 水样中耐热大肠菌群菌落形成单位(CFU)表示,见下算式。

$$耐热大肠群菌菌落数(CFU/100 \ mL) = \frac{所计得的耐热大肠菌群菌落数 \times 100}{过滤的水样体积(mL)}$$

(四)大肠埃希氏菌(Escherichra coli)

1. 多管发酵法

大肠埃希菌多管发酵法指多管发酵法总大肠菌群阳性,在 EC-MUG 培养基上 44.5 ℃培养(24±2)h 产生 β-葡萄糖醛酸酶(β-glucuronidase),分解 MUG(4-methyl-umbelliferylβ-D-glucuronide)并产生荧光产物,使培养基在波长366 nm紫外光下产生蓝色荧光的细菌。

大肠埃希氏杆菌多管发酵法的检验流程如图6-6。

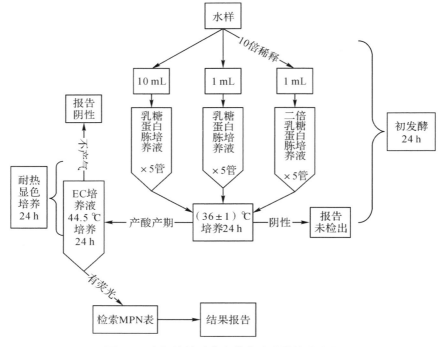

图 6-6　大肠埃希氏菌多管发酵法的检验流程

(1)检验步骤。

①接种:将总大肠菌群多管发酵法初发酵产酸或产气的管进行大肠埃希氏菌检测,用烧灼灭菌的金属接种环或无菌棉签将上述试管中液体接种到EC-MUG管中。

②培养:接已接种的EC-MUG管在培养箱中(44.5±0.5)℃培养(24±2)h。

(2)结果观察与报告。

将培养后的EC-MUG管在暗处用波长为366 nm功率为6 W的紫外光灯照射,如果有蓝色灾光产生则表示水样中含有大肠埃希氏菌,如图6-7所示。

计算EC-MUG阳性管数,查对应的最可能数(MPN)表得出大肠埃希氏菌的最可能数,结果以MPN/100 mL报告。

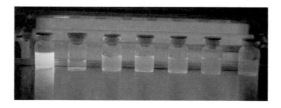

图 6-7　大肠埃希氏菌紫外灯观察

2.滤膜法

用滤膜法检测水样后,将总大肠菌群阳性的滤膜在含有荧光底物的培养基上培养,能产生β-葡萄糖醛酸酶分解荧光底物释放出荧光产物,使菌落能够在紫外光下产生特征性荧光,以此来检测水中大肠埃希氏菌。

（1）检验步骤。

a.接种:将总大肠菌群滤膜法有典型菌落生长的滤膜进行大肠埃希氏菌检测。在无菌操作条件下将滤膜转移到 NA-MUG 平板上,细菌截留面朝上,进行培养。

b.培养:将已接种的 NA-MUG 平板（36±1）℃培养 4 h。

（2）结果观察与报告。

将培养后的 NA-MUG 平板在暗处用波长为 366 nm 功率为 6 W 的紫外灯照射,如果菌落边缘或菌落背面有蓝色荧光产生则表示水样中含有大肠埃希氏菌。

记录有蓝色荧光产生的菌落数并报告,报告格式同总大肠菌群滤膜法格式。

3.酶底物法

在选择性培养基上能产生 β-半乳糖苷酶（β-D-galactosidase）分解色原底物释放出色原体使培养基呈现颜色变化,并能产生 β-葡萄糖醛酸酶（β-glucuronidase）分解荧光底物释放出荧光产物,使菌落能够在紫外灯下产生特征性荧光。

（1）检验步骤。

同总大肠菌群的测定。

（2）结果观察与报告。

①结果判读:同总大肠菌群的测定中酶底物法。水样变黄色同时有蓝色荧光判断为大肠埃希氏菌阳性,水样未变黄色而有荧光产生不判定为大肠埃希氏菌阳性。

②定性反应:将经过 24 h 培养颜色变为黄色的水样在暗处用波长为 366 nm 的紫外光灯照射,如果有蓝色荧光判断为阳性反应,表示水中含有大肠埃希氏菌。水样未产生蓝色荧光判断为阴性反应。结果以总大肠埃希氏菌检出或未检出报告。

③10 管法:将培养 24 h 颜色变成黄色的水样的试管在暗处用波长为 366 nm 的紫外光灯照射,如果有蓝色荧光产生则表示有大肠埃希菌存在。计算有荧光反应的试管数,对照表 6-4 查出其代表的大肠埃希氏菌最可能数（MPN）。结果以 MPN/100 mL 表示。如所有管未产生荧光,则可报告为大肠埃希氏菌未检出。

【思考题】

1.简述生活饮用水中大肠群菌、总大肠菌群、耐热大肠群菌、大肠埃希氏菌检验的关系。

2.比较总大肠菌群多管发酵法、滤膜法和酶底物法优缺点。

3.简述多管发酵法检测水中总大肠菌群、耐热大肠群菌、大肠埃希氏菌检验原理和步骤。

【附录 1】主要培养基和试剂

1.营养琼脂培养基

（1）成分:蛋白胨 10.0 g,牛肉膏 3.0 g,氯化钠 5.0 g,琼脂 15～20 g,蒸馏水 1000 mL。

（2）制法:加热溶解以上各成分,高压蒸汽灭菌（121 ℃,15 min）。制备好的培养基 pH 在7.4±0.2 范围内（温度在 25 ℃时）。使用前可干燥,去除培养基表面多余的水分。灭菌后可放置于低温 2～8 ℃黑暗条件下保存,防止干燥,1 个月内使用。

2.品红硫酸钠培养基

(1)成分:蛋白胨 10.0 g,酵母浸膏 5.0 g,牛肉膏 5.0 g,乳糖 10.0 g,琼脂 15～20 g,磷酸氢二钾 3.5 g,无水亚硫酸钠 5.0 g,碱性品红乙醇溶液(50 g/L) 20 mL,蒸馏水 1000 mL。

(2)储备培养基的制备:先将琼脂加到 500 mL 蒸馏水中,煮沸溶解,于另一份 500 mL 蒸馏水中,加入磷酸氢二钾、蛋白胨 酵母浸膏和牛肉膏,加热溶解,倒入已溶解的琼脂,补足蒸馏水至 1000 mL,混匀后调 pH 为 7.2±0.2,再加入乳糖,分装,115 ℃灭菌 20 min,储存于冷暗处备用。

(3)平皿培养基的配制:将上法配制的储备培养基加热融化,用灭菌吸管按比例吸取一定量的 50 g/L 碱性品红酒精溶液置于灭菌空试管中,再按比例称取所需的无水亚硫酸钠置于另一个灭菌试管中,加灭菌水少许,使其溶解后,置沸水浴中煮沸 10 min 以灭菌。

用灭菌吸管吸取已灭菌的亚硫酸钠溶液,滴加于碱性品红酒精溶液内至深红色褪成粉色为止。将此亚硫酸钠与碱性品红的混合液全部加到已融化的储备培养基内,并充分混匀(防止产生气泡),立即将此种培养基 15 mL 倒入已灭菌的空平皿内。待冷却凝固后置冰箱内备用。此种已制成的培养基于冰箱内保存不宜超过 2 周。如培养基已由淡粉色变成深红色,则不能再用。

3.乳糖蛋白胨培养基

(1)成分:蛋白胨 10.0 g,牛肉膏 3.0 g,乳糖 5.0 g,氯化钠 5.0 g,溴甲酚紫乙醇溶液(16 g/L)1.0 mL,蒸馏水 1000 mL。

(2)制法:将蛋白胨、牛肉膏、乳糖及氯化钠置于蒸馏水中加热溶解,调 pH 为 7.2±0.2,再加入 1 mL 16 g/L 溴甲酚紫溶液,充分混匀,分装于装有导管的试管中,以 115 ℃、20 min 高压灭菌,储备冷暗处备用。

4.MMO-MUG 培养基

可选择市售商品化培养基。

5.EC 培养基

见检验三附录的"2.EC 培养基"。

6.伊红美蓝琼脂

见检验三附录的"7.伊红美蓝琼脂"。

7.MFC 培养

(1)成分:胰蛋白胨 10 g,多胨 5 g,酵母浸膏 3 g,氯化钠 5 g,乳糖 12.5 g,3 号胆盐或混合胆盐 1.5 g,琼脂 15 g,苯胺蓝 0.2 g,蒸馏水 1000 mL。

(2)制法:在 1000 mL 蒸馏水中先加入玫红酸(10 g/L)的氢氧化钠 10 mL,混匀后,取 500 mL 加入琼脂煮沸溶解,另外 500 mL 蒸馏水中,加入出苯胺蓝以外的其他试剂,加热溶解,冷却调 pH 为 7.4,倒入已溶解的琼脂,加入苯胺蓝煮沸,迅速离开热源,待冷却至 60 ℃左右,制成平板(不用高压灭菌)。制备好的培养基应存放在 2～10 ℃,不超过 96 h。

本培养基也可不加琼脂,制成液体培养基,使用时加 2～3 mL 于灭菌吸收垫上,再将滤膜置于培养垫上培养。

8.EC-MUG 培养基

(1)成分:胰蛋白胨 20 g,乳糖 5 g,3 号胆盐或混合胆盐 1.5 g,磷酸氢二钾 4.0 g,磷酸二氢钾 1.5 g,氯化钠 5 g,4-甲基伞形酮-β-D-葡萄糖醛酸苷(MUG)0.05 g,蒸馏水 1000 mL。

（2）制法：将干燥成分加入水中，充分混合，加热溶解，在 366 nm 紫外灯下检查无自发荧光后分装于试管中，调 pH 至 6.9 ± 0.2，高压灭菌 20 min，备用。

9. MUG 营养琼脂培养基（NA-MUG）

（1）成分：胰蛋白胨 5 g，牛肉浸膏 3 g，琼脂 15 g，4-甲基伞形酮-β-D-葡萄糖醛酸苷（MUG）0.1 g，蒸馏水 1000 mL。

（2）制法：将干燥成分加入水中，充分混合，加热溶解，调 pH 6.8 ± 0.2，高压灭菌 15 min。在无菌操作条件下倾倒平板，平板在 4 ℃条件下可保存两周。

本培养基也可不加琼脂，制成液体培养基，使用时加 2～3 mL 于灭菌吸收垫上，再将滤膜置于培养垫上培养。

【附录 2】总大肠菌群 MPN 检索表

表 6-4　总大肠菌群 MPN 检索表

（总接种量 55.5 mL，其中 5 份 10 mL 水样，5 份 1 mL 水样，5 份 0.1 mL 水样）

接种量/mL			MPN/100 mL	阳性管			MPN/100 mL	阳性管			MPN/100 mL
10	1	0.1		10	1	0.1		10	1	0.1	
0	0	0	<2	1	0	0	2	2	0	0	5
0	0	1	2	1	0	1	4	2	0	1	7
0	0	2	4	1	0	2	6	2	0	2	9
0	0	3	5	1	0	3	8	2	0	3	12
0	0	4	7	1	0	4	10	2	0	4	14
0	0	5	9	1	0	5	12	2	0	5	16
0	1	0	2	1	1	0	4	2	1	0	7
0	1	1	4	1	1	1	6	2	1	1	9
0	1	2	6	1	1	2	8	2	1	2	12
0	1	3	7	1	1	3	10	2	1	3	14
0	1	4	9	1	1	4	12	2	1	4	17
0	1	5	11	1	1	5	14	2	1	5	19
0	2	0	4	1	2	0	6	2	2	0	9
0	2	1	6	1	2	1	8	2	2	1	12
0	2	2	7	1	2	2	10	2	2	2	14
0	2	3	9	1	2	3	12	2	2	3	17
0	2	4	11	1	2	4	15	2	2	4	19
0	2	5	13	1	2	5	17	2	2	5	22
0	3	0	6	1	3	0	8	2	3	0	12
0	3	1	7	1	3	1	10	2	3	1	14

接种量/mL			MPN/100 mL	阳性管			MPN/100 mL	阳性管			MPN/100 mL
10	1	0.1		10	1	0.1		10	1	0.1	
0	3	2	9	1	3	2	12	2	3	2	17
0	3	3	11	1	3	3	15	2	3	3	20
0	3	4	13	1	3	4	17	2	3	4	22
0	3	5	15	1	3	5	19	2	3	5	25
0	4	0	8	1	4	0	11	2	4	0	15
0	4	1	9	1	4	1	13	2	4	1	17
0	4	2	11	1	4	2	15	2	4	2	20
0	4	3	13	1	4	3	17	2	4	3	23
0	4	4	15	1	4	4	19	2	4	4	25
0	4	5	17	1	4	5	22	2	4	5	28
0	5	0	9	1	5	0	13	2	5	0	17
0	5	1	11	1	5	1	15	2	5	1	20
0	5	2	13	1	5	2	17	2	5	2	23
0	5	3	15	1	5	3	19	2	5	3	26
0	5	4	17	1	5	4	22	2	5	4	29
0	5	5	19	1	5	5	24	2	5	5	32
3	0	0	8	4	0	0	13	5	0	0	23
3	0	1	11	4	0	1	17	5	0	1	31
3	0	2	13	4	0	2	21	5	0	2	43
3	0	3	16	4	0	3	25	5	0	3	58
3	0	4	20	4	0	4	30	5	0	4	76
3	0	5	23	4	0	5	35	5	0	5	95
3	1	0	11	4	1	0	17	5	1	0	33
3	1	1	14	4	1	1	21	5	1	1	46
3	1	2	17	4	1	2	26	5	1	2	63
3	1	3	20	4	1	3	31	5	1	3	84
3	1	4	23	4	1	4	36	5	1	4	110
3	1	5	27	4	1	5	42	5	1	5	130
3	2	0	14	4	2	0	22	5	2	0	49
3	2	1	17	4	2	1	26	5	2	1	70
3	2	2	20	4	2	2	32	5	2	2	94

接种量/mL			MPN/100 mL	阳性管			MPN/100 mL	阳性管			MPN/100 mL
10	1	0.1		10	1	0.1		10	1	0.1	
3	2	3	24	4	2	3	38	5	2	3	120
3	2	4	27	4	2	4	44	5	2	4	150
3	2	5	31	4	2	5	50	5	2	5	180
3	3	0	17	4	3	0	27	5	3	0	79
3	3	1	21	4	3	1	33	5	3	1	110
3	3	2	24	4	3	2	39	5	3	2	140
3	3	3	28	4	3	3	45	5	3	3	189
3	3	4	32	4	3	4	52	5	3	4	210
3	3	5	36	4	3	5	59	5	3	5	250
3	4	0	21	4	4	0	34	5	4	0	130
3	4	1	24	4	4	1	40	5	4	1	170
3	4	2	28	4	4	2	47	5	4	2	220
3	4	3	32	4	4	3	54	5	4	3	280
3	4	4	36	4	4	4	62	5	4	4	350
3	4	5	40	4	4	5	69	5	4	5	430
3	5	0	25	4	5	0	41	5	5	0	240
3	5	1	29	4	5	1	48	5	5	1	350
3	5	2	32	4	5	2	56	5	5	2	540
3	5	3	37	4	5	3	64	5	5	3	920
3	5	4	41	4	5	4	72	5	5	4	1600
3	5	5	45	4	5	5	81	5	5	5	＞1600

检验二十二　天然矿泉水中铜绿假单胞菌检验

一、教学目标

1. 学习铜绿假单胞菌的生物学特性。
2. 掌握饮用水中铜绿假单胞菌检验的方法。

二、基本原理

铜绿假单胞菌（*Pseudomonas aeruginosa*）原称绿脓杆菌，属于假单胞菌（*Pseudomonas*）。广泛分布于自然界及正常人皮肤、肠道和呼吸道，也是水源和食品中常见的条件致病菌。铜绿假单胞菌是革兰氏阴性杆菌，菌体大小 $(0.5\sim1)\,\mu m\times(1.5\sim5.0)\,\mu m$，细长且长短不一，有时呈球杆状或线状，成对或短链状排列。菌体的一端有单鞭毛，无芽胞，无荚膜。铜绿假单胞菌生长对营养要求不高，专性需氧，生长温度范围 $25\sim42$ ℃，最适生长温度为 $25\sim30$ ℃。在普通平板上生长良好，专性需氧，菌落形态不一，多为直径 $2\sim3$ mm，边缘不整齐，扁平湿润。在血平板上会形成透明溶血环，液体培养呈混浊生长，并有菌膜形成。铜绿假单胞菌能产生两种水溶性色素：一种是绿脓素，为蓝绿色的吩嗪类化合物，无荧光性，具有抗菌作用；另一种为荧光素，呈绿色。绿脓素只有铜绿假单胞菌产生，故有诊断意义。

我国国家标准《食品安全国家标准　包装饮用水》（GB 19298—2014）和《食品安全国家标准　饮用天然矿泉水》（GB 8537—2018）对铜绿假单胞菌等微生物限量有明确的要求，见表 6-5。并规定按照国家标准《食品安全国家标准　饮用天然矿泉水检验方法》（GB 8538—2016）中开展检验。本方法采用滤膜法，将 250 mL 水样用孔径为 0.45 μm 的滤膜过滤，并将过滤膜移至假单胞菌琼脂基础培养芽（CN）琼脂选择性培养基上，于 (36 ± 1) ℃ 培养 $24\sim48$ h，典型菌落能够在 CN 琼脂培养基上生长并产生绿脓素，能够利用乙酰胺产氨的革兰氏阴性无芽孢杆菌，证实为铜绿假单胞菌。

表 6-5　包装饮用水和饮用天然矿泉水的微生物限量

饮用水	项目	采样方案[a] 及限量			检验方法
		n	c	m	
包装饮用水	大肠菌群/(CFU/mL)	5	0	0	GB 4789.3 平板计数法
	铜绿假单胞菌/(CFU/250 mL)	5	0	0	GB 8538
饮用天然矿泉水	大肠菌群/(CFU/100 mL)[b]	5	0	0	GB 8538
	粪链球菌/(CFU/250 mL)	5	0	0	
	铜绿假单胞菌/(CFU/250 mL)	5	0	0	
	产气荚膜梭菌/(CFU/50 mL)	5	0	0	

a. 样品的采样及处理按 GB 4789.1 执行；b. 采用滤膜法时，则大肠菌群项目的单位 CFU/100 mL。

三、检验设备和试剂

(一)主要设备

百级洁净工作台、抽滤过滤系统、玻璃棒、滤纸等。

(二)培养基和试剂

假单胞菌琼脂基础培养基/CN 琼脂,金氏 B(King's B)培养基,乙酰胺液体培养基,绿脓菌素测定用培养基。见本检验附录。

四、检验程序

饮用水中铜绿假单胞菌检验程序如图 6-8 所示。

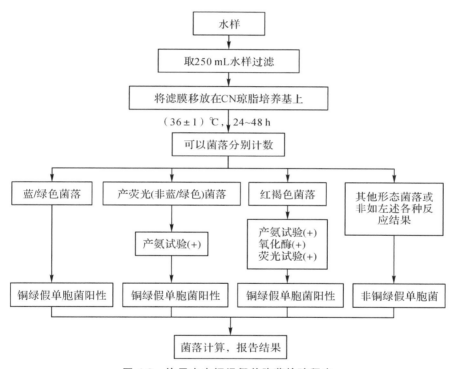

图 6-8　饮用水中铜绿假单胞菌检验程序

五、检验步骤

(一)水样过滤

在 100 级的洁净工作台进行过滤操作。首先用无菌镊子夹取灭菌滤膜边缘部分,将粗糙面向上,贴放在已灭菌的滤床上,固定好滤器,将 250 mL 水样或稀释液通过孔径 0.45 μm 的滤膜过滤,然后将过滤后的滤膜贴在已制备好的 CN 琼脂平板上,平铺并避免在滤膜和培养基之间夹留着气泡。

(二)培养

将平板倒置于(36±1)℃培养 24～48 h,并防止干燥。

（三）结果观察

1. 在培养 20～24 h 和 40～48 h 后观察滤膜上菌落的生长情况并计数。

2. 计数所有显蓝色或绿色（绿脓色素）疑似铜绿假单胞菌的菌落,并进行绿脓菌素确证性试验。

3. 在紫外线下检查滤膜时,应避免长时间在紫外光下照射,否则可能会将平板上的菌落杀灭,而导致无法在证实培养基上生长。计数滤膜上所有发荧光不产绿脓色素疑似铜绿假单胞菌菌落,并进行乙酰胺肉汤确证性试验。

4. 将其他所有红褐色不发荧光的菌落进行氧化酶测试、乙酰胺液体培养基、金氏 B 培养基确证性试验,培养 20～24 h 观察结果,防止因为培养 40～48 h 导致菌落过分生长而出现菌落融合。

最终铜绿假单胞菌菌落计数应按（六）中式（6-1）进行计算。在 CN 琼脂上生长的菌落选择和验证步骤见表 6-6。

表 6-6　在 CN 琼脂上生长的菌落选择和验证步骤

在 CN 琼脂上生长的菌落形态	乙酰胺肉汤	氧化酶试验	在金氏 B 培养基上产生荧光	判定为铜绿假单胞菌
蓝色/绿色	NT[a]	NT	NT	是
产荧光（非蓝/绿）	＋	NT	NT	是
红褐色	＋	＋	＋	是
其他颜色	NT[a]	NT	NT	否

[a] 备注:NT 表示不用测试。

（四）确证性试验

1. 营养琼脂

尽可能将所有经滤膜过滤后,在（36±1）℃培养了 20～24 h,将需验证的可疑菌落划线接种营养琼脂培养基,于（36±1）℃培养了 20～24 h。检查再次纯化的菌落,并将最初显红褐色的菌落进行氧化酶试验。

2. 氧化酶试验

取 2～3 滴新鲜配置的氧化酶试剂滴到放于平皿里的洁净滤纸上,用铂金丝接种环或玻璃棒,将适量的纯种培养物涂布在预备好的滤纸上,在 10 s 内显深蓝紫色的视为阳性反应。也可以按照商品化氧化酶测试产品的说明书进行该项测试。

3. 金氏 B（King's B）培养基

红褐色的且氧化酶反应呈阳性的培养物接种于金氏 B 培养基上,于（36±1）℃恒温箱培养 1～5 d。每天需取出在紫外灯下检查其是否产生荧光性,将 5 d 内产生荧光的菌落记录为阳性。

4. 乙酰胺肉汤

将第一步中的纯培养物接种到装有乙酰胺肉汤的试管中,在（36±1）℃培养 20～24 h。然后向每支试管培养物加入 1～2 滴钠氏试剂,检查各试管的产氨情况,如表现出从深黄色到砖红色的颜色变化,则为阳性结果,否则为阴性。确证性试验结果判定见表 6-6。

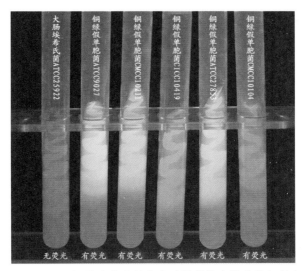

图 6-9　铜绿假单胞菌生长在金氏培养基上的紫外灯观察

（五）计数

将产生绿脓色（蓝色/绿色）或氧化酶反应呈阳性，在紫外灯下产生荧光，且在乙酰胺肉汤中产氨的所有菌落证实为铜绿假单胞菌，并进行计数。

通过计数培养后的滤膜上的菌落以获得铜绿假单胞菌的数量。其他产生荧光或者呈红棕色的菌落需要进一步验证。（最初滤膜上显荧光的菌落经氧化酶反应均呈阳性，因此不需在这个测试中计数。

（六）结果与报告

根据蓝色或绿色菌落的计数和确证性试验的结果，计算每 250 mL 水样中的铜绿假单胞菌数量。菌落计数按如下公式计算：

$$N = P + F\left(\frac{c_F}{n_F}\right) + R\left(\frac{c_R}{n_R}\right) \tag{6-1}$$

式中：

P——呈蓝/绿色的菌落数；

F——显荧光的菌落数；

c_F——产氨阳性的显荧光菌落数；

n_F——进行产胺测试的显荧光菌落数；

R——呈红褐色的菌落数；

c_R——产氨、氧化酶、金氏 B 培养基上显荧光测试均阳性的红褐色菌落数；

n_R——进行产胺、氧化酶、金氏 B 培养基上显荧光测试的红褐色菌落数。

结果以 CFU/250 mL 计。

【思考题】

1. 铜绿假单胞菌是否为致病菌？

2. 简述铜绿假单胞菌的确证试验，若水样中未检出铜绿假单胞菌，如何报告结果？

【附录】主要培养基和试剂

1. 假单胞菌琼脂基础培养基(CN 琼脂)

(1)成分:明胶胨 16.0 g,胰蛋白胨 10.0 g,K_2SO_4 10.0 g,$MgCl_2$ 1.4 g,甘油 10 mL,琼脂 15~20 g,蒸馏水 1000 mL。

(2)CN 补充成分:溴化十六烷基三甲铵(cetrimide)0.2 g,萘啶酮酸 0.015 g。

(3)制法:将明胶胨、胰蛋白胨、K_2SO_4、$MgCl_2$、琼脂溶解于 1000 mL 蒸馏水中,加入 10 mL 甘油,加热煮溶。并高压蒸汽灭菌(121 ℃,15 min)。灭菌后,待培养基冷却至 45~50 ℃时,加入溶于 2 mL 灭菌蒸馏。水的 CN 补充成分,与尚处于融溶状态的基础培养基混合,倾注到灭菌平板上,培养基厚度至少高 5 mm,培养基的最终 pH 应在 7.1±0.2 范围内(温度为 25 ℃时)。将制备好的平板置于黑暗处,于 2~8 ℃保存,同时防止干燥,在 1 月内使用。不要使培养基保持融溶状态超过 4 h。不得再次煮融培养基。

2. 金氏 B(King's B)培养基

(1)成分:蛋白胨 20.0 g,甘油 10 mL,K_2HPO_4 1.5 g,$MgSO_4 \cdot 7H_2O$ 1.5 g,琼脂 15.0 g,蒸馏水 1000 mL。

(2)制法:加热溶解以上各组分,然后冷却至 45~50 ℃,用 HCl 或 NaOH 调节 pH 到 7.2±0.2 范围内(温度为 25 ℃时)。最后将培养基分装到试管中,每管 5 mL,盖好试管帽后,高压蒸汽灭菌(121 ℃,15 min)。灭菌后,取出,冷却培养基,制成斜面。于低温 2~8 ℃黑暗条件下保存,3 个月内使用。

3. 乙酰胺液体培养基

(1)成分:溶液 A,KH_2PO_4 1.0 g,$MgSO_4$ 0.2 g,乙酰胺 2.0 g,NaCl 0.2 g,蒸馏水 900 mL;溶液 B,$Na_2MoO_4 \cdot 2H_2O$ 0.5 g,$FeSO_4 \cdot 7H_2O$ 0.05 g,蒸馏水 100 mL。

(2)制法:加热溶解 A 组分,用 HCl 或 NaOH 调 pH 到 7.0±0.5 范围内(当温度为 25 ℃时)。然后将 1 mL 溶液 B 加入到 900 mL 新鲜制备的溶液 A 中,用水定容到 1000 mL。分装到试管中,每管 5 mL,盖好试管帽后,高压蒸汽灭菌(121 ℃,15 min)。灭菌后,取出,于低温 2~8 ℃黑暗条件下保存,3 个月内使用。

注:乙酰胺具有刺激性且能够致癌,在称量、使用和丢弃培养基时应适当注意。

4. 绿脓菌素测定用培养基

(1)成分:蛋白胨 20.0 g,氯化镁 1.4 g,硫酸钾 10.0 g,琼脂 18.0 g,甘油(化学纯)10.0 g,蒸馏水 1000 mL。

(2)制法:将蛋白胨、氯化镁和硫酸钾加到蒸馏水中,加温使其溶解,调 pH 至 7.4,加入琼脂和甘油,加热溶解,分装于试管内,68.95 kPa(115 ℃,10 lb)高压灭菌 20 min 后,制成斜面备用。

检验二十三　食品中乳酸菌检验

一、教学目标

1. 学习食品中分离计数乳酸菌中原理。
2. 掌握食品中乳酸菌计数的检测方法。
3. 了解厌氧菌的分离、培养及计数的方法。

二、基本原理

乳酸菌（Lactic acid bacteria）是一类可发酵碳水化合物（主要为葡萄糖）产生大量乳酸的革兰氏阳性细菌的总称。乳酸菌大多数不运动，少数周毛运动，菌体常排列成链。该菌发酵产物中只有乳酸的称为同型乳酸发酵，而产物中除乳酸外还有较多乙酸、乙醇、CO_2 等物质的称为异型乳酸发酵。乳酸菌可分为微好氧菌和专性厌氧菌。根据细胞为球状或杆状，可分为两大类，即乳酸链球菌族（Streptococceae）和乳酸杆菌族（Lactobacilleae）。乳酸链球菌族菌体呈球状，通常成对或成链，在固体培养基上菌落较小，生长缓慢。乳酸杆菌族菌体呈杆状，单个或成链，有时成丝状，产生假分枝。

乳酸菌与人们生活密切相关，含乳酸菌的食品种类众多。在 2010 年原微生物公布的《可用于食品的菌种名单》，包括了乳酸杆菌属的 14 个种、双歧杆菌属的 6 个种、链球菌属的 2 个种。2011 年公布的《可用于婴幼儿食品的菌种名单》包括了 2 株乳杆菌和 2 株双歧杆菌。乳酸菌数量是评价乳酸菌制品质量品质的重要微生物指标。《食品安全国家标准发酵乳》（GB 19302—2010）中要求，乳酸菌制品中乳酸菌的活菌含量要 $\geqslant 10^6$ CFU/g（mL）。乳酸菌制品所使用的发酵菌种主要为嗜热链球菌、嗜酸乳杆菌、保加利亚乳杆菌、双歧杆菌、干酪乳杆菌等。

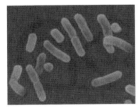
乳酸杆菌

双歧杆菌

嗜热链球菌

图 6-10　乳酸菌的菌体形体特征

食品中乳酸菌的检验方法参考现行的国家标准《食品安全国家标准　食品微生物学检验　乳酸菌检验》（GB 4789.35—2016）。本标准中乳酸菌主要为嗜热链球菌属（Streptococcus thermophilus）、乳杆菌属（Lactobacillus）和双歧杆菌属（Bifidobacterium）。由于乳酸菌对营养要求复杂，生长需要碳水化合物、氨基酸、肽类、脂肪酸、酯类、核酸衍生物、维生素、矿物质等，故一般的肉汤培养基难以满足需求。采用 MRS 或 MC 培养基，通过稀释平板法对食品中乳酸菌进行计数。莫匹罗星锂盐是一种能抑制双歧杆菌以外的多数乳酸菌的抗生素,将此抗生素加入到改良 MRS 培养基中,双歧杆菌被选择性生长,从而达到从益生菌酸乳中计数双歧杆菌。

三、检验设备和试剂

(一)常见设备

均质器及无菌均质袋、培养箱(36±1)℃、冰箱 2~5 ℃、天平、无菌试管(18 mm×180 mm、15 mm×100 mm)、无菌吸管(1 mL、10 mL)、厌氧产气袋或厌氧产气盒、厌氧产气片等。

(二)试剂和培养基

生理盐水、MRS 培养基及莫匹罗星锂盐和半胱氨酸盐酸盐改良 MRS 培养基、MC 培养基、0.5%蔗糖发酵管、0.5%纤维二糖发酵管、0.5%麦芽糖发酵管、0.5%甘露醇发酵管、0.5%山梨醇发酵管、0.5%乳糖发酵管、七叶苷发酵管、革兰氏染色液、莫匹罗星锂盐、半胱氨酸盐酸盐。见本检验附录。

四、检验程序

乳酸菌检验程序见图 6-11。

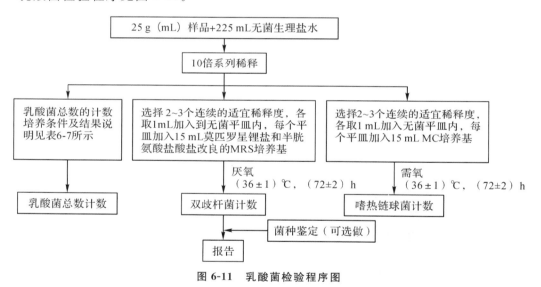

图 6-11　乳酸菌检验程序图

五、检验步骤

(一)样品制备及稀释

样品的全部制备过程均应遵循无菌操作程序。

1.冷冻样品可先使其在 2~5 ℃条件下解冻,时间不超过 18 h,也可在温度不超过 45 ℃的条件解冻,时间不超过 15 min。

2.固体和半固体食品:以无菌操作称取 25 g 样品,置于装有 225 mL 生理盐水的无菌均质杯内,于 8000~10000 r/min 均质 1~2 min,制成 1∶10 样品匀液;或置于 225 mL 生理盐水的无菌均质袋中,用拍击式均质器拍打 1～2 min 制成 1：10 的样品匀液。

3.液体样品:液体样品应先将其充分摇匀后以无菌吸管吸取样品 25 mL 放入装有 225 mL 生理盐水的无菌锥形瓶(瓶内预置适当数量的无菌玻璃珠)中充分振摇,制成 1：10 的样品匀液。

4.稀释:用 1 mL 无菌吸管或微量移液器吸取 1：10 样品匀液 1 mL,沿管壁缓慢注于装有 9 mL 生理盐水的无菌试管中(注意吸管尖端不要触及稀释液),振摇试管或换用 1 支无菌吸管反复吹打使其混合均匀,制成 1：100 的样品匀液。另取 1 mL 无菌吸管或微量移液器吸头一次,即换用 1 次 1 mL 灭菌吸管或吸头。按上次操作顺序,做 10 倍递增样品,每递增稀释一次,即换用 1 次 1 mL 灭菌吸管或吸头。

(二)乳酸菌计数

乳酸菌总数计数培养条件的选择及结果说明见表 6-7。

表 6-7　乳酸菌总数计数培养条件的选择及结果说明

样品中所包括乳酸菌菌属	培养条件的选择及结果说明
仅包括双歧杆菌属	按(二)1 的规定执行
仅包括乳杆菌属	按照(二)3 操作。结果即为乳杆菌属总数
仅包括嗜热链球菌	按照(二)2 操作。结果即为嗜热链球菌总数
同时包括双歧杆菌属和乳杆菌属	(1)按照(二)3 操作。结果即为乳酸菌总数; (2)如需单独计数双歧杆菌属数目,按照(二)1 操作
同时包括双歧杆菌属和嗜热链球菌	(1)按照(二)1 和(二)2 操作,二者结果之和即为乳酸菌总数 (2)如需单独计数双歧杆菌属数目,按照(二)1 操作
同时包括乳杆菌属和嗜热链球菌	(1)按照(二)2 和(二)3 操作,二者结果之和即为乳酸菌总数; (2)(二)2 结果为嗜热链球菌总数; (3)(二)3 结果为乳杆菌属总数
同时包括双歧杆菌属、乳杆菌属和嗜热链球菌	(1)按照(二)2 和(二)3 操作,二者结果之和即为乳酸菌总数; (2)如需单独计数双歧杆菌属数目,按照(二)1 操作

1.双歧杆菌计数

根据对待检样品双歧杆菌含量的估计,选择 2～3 个连续的适宜稀释度,每个稀释度吸取 1 mL 样品匀液于灭菌平皿内,每个稀释度做两个平皿。稀释液移入平皿后,将冷却至 48 ℃的莫匹罗星锂盐和半胱氨酸盐酸盐改良的 MRS 培养基倾注入平皿约 15 mL,转动平皿使混合均匀。(36±1)℃厌氧培养(72±2)h,培养后计数平板上的所有菌落数。从样品稀释到平板倾注要求在 15 min 内完成。

2.嗜热链球菌计数

根据对待检样品嗜热链球菌含量的估计,选择 2～3 个连续的适宜稀释度,每个稀释度吸取 1 mL 样品匀液于灭菌平皿内,每个稀释度做两个平皿。稀释液移入平皿后,将冷却至 48 ℃的 MC 培养基倾注入平皿约 15 mL,转动平皿使混合均匀。(36±1)℃需氧培养(72±2)h。从样品稀释到平板倾注要求在 15 min 内完成。菌落中等偏小,边缘整齐光滑的红色菌落,直径(2±1)mm,菌落背面为粉红色。

3.乳杆菌计数

根据对待检样品活菌总数的估计,选择2～3个连续的适宜稀释度,每个稀释度吸取1 mL样品匀液于灭菌平皿内,每个稀释度做两个平皿。稀释液移入平皿后,将冷却至48 ℃的MRS培养基倾注入平皿约15 mL,转动平皿使混合均匀。(36±1)℃厌氧培养(72±2)h。从样品稀释到平板倾注要求在15 min内完成。

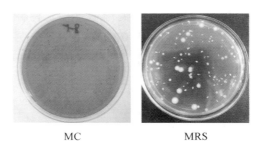

MC　　　　　　　MRS

图6-12　嗜热链球菌和乳杆菌在MC和MRS琼脂平板上的菌落形态

(三)菌落计数

注:可用肉眼观察,必要时用放大镜或菌落计数器,记录稀释倍数和相应的菌落数量。菌落计数以菌落形成单位(colony-formingunits,CFU)表示。

1.选取菌落数在30～300 CFU之间、无蔓延菌落生长的平板计数菌落总数。低于30 CFU的平板记录具体菌落数,大于300 CFU的可记录为多不可计。每个稀释度的菌落数应采用两个平板的平均数。

2.其中一个平板有较大片状菌落生长时,则不宜采用,而应以无片状菌落生长的平板作为该稀释度的菌落数;若片状菌落不到平板的一半,而其余一半中菌落分布又很均匀,即可计算半个平板后乘以2,代表一个平板菌落数。

3.当平板上出现菌落间无明显界线的链状生长时,则将每条单链作为一个菌落计数。

六、结果的表述

1.若只有一个稀释度平板上的菌落数在适宜计数范围内,计算两个平板菌落数的平均值,再将平均值乘以相应稀释倍数,作为每克或每毫升中菌落总数结果。

若有两个连续稀释度的平板菌落数在适宜计数范围内时,按式(6-2)计算:

$$N = \frac{\sum C}{(n_1 + 0.1n_2)d} \tag{6-2}$$

式中:

$\sum C$——平板(含适宜范围菌落数的平板)菌落数之和;

n_1——第一稀释度(低稀释倍数)平板个数;

n_2——第二稀释度(高稀释倍数)平板个数;

d——稀释因子(第一稀释度)。

2.若所有稀释度的平板上菌落数均大于300 CFU,则对稀释度最高的平板进行计数,其他平板可记录为多不可计,结果按平均菌落数乘以最高稀释倍数计算。

3.若所有稀释度的平板菌落数均小于 30 CFU,则应按稀释度最低的平均菌落数乘以稀释倍数计算。

4.若所有稀释度(包括液体样品原液)平板均无菌落生长,则以小于 1 乘以最低稀释倍数计算。

5.若所有稀释度的平板菌落数均不在 30～300 CFU 之间,其中一部分小于 30 CFU 或大于 300 CFU 时,则以最接近 30 CFU 或 300 CFU 的平均菌落数乘以稀释倍数计算。

七、菌落数的报告

1.菌落数小于 100 CFU 时,按"四舍五入"原则修约,以整数报告。

2.菌落数大于或等于 100 CFU 时,第 3 位数字采用"四舍五入"原则修约后,取前 2 位数字,后面用替位数;也可用 10 的指数形式来表示,按"四舍五入"原则修约后,采用两位有效数字。

称重取样以 CFU/g 为单位报告,体积取样以 CFU/mL 为单位报告。

八、乳酸菌的鉴定(可选做)

(一)纯培养

挑取 3 个或以上单个菌落,嗜热链球菌接种于 MC 琼脂平板,乳杆菌属接种于 MRS 琼脂平板,置(36±1)℃厌氧培养 48 h。

(二)鉴定

涂片镜检:乳杆菌属菌体形态多样,呈长杆状、弯曲杆状或短杆状。无芽胞,革兰氏染色阳性。嗜热链球菌菌体呈球形或球杆状,直径为 0.5～2.0 μm,成对或成链排列,无芽胞,革兰氏染色阳性。如图 6-13。

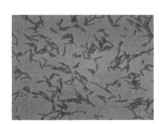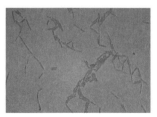

图 6-13　乳杆菌的革兰氏染色结果

(三)乳酸菌菌种主要生化反应

乳酸菌菌种主要生化反应见表 6-8 和表 6-9。

表 6-8　常见乳杆菌属内种的碳水化合物反应

菌　种	七叶苷	纤维二糖	麦芽糖	甘露醇	水杨苷	山梨醇	蔗糖	棉子糖
干酪乳杆菌干酪亚种(*L. caseisubsp. casei*)	+	+	+	+	+	+	+	—
德氏乳杆菌保加利亚种(*L. delbrueckii subspb. ulgaricus*)	—	—	—	—	—	—	—	—

续表

菌　种	七叶苷	纤维二糖	麦芽糖	甘露醇	水杨苷	山梨醇	蔗糖	棉子糖
嗜酸乳杆菌(*L. acidophilus*)	＋	＋	＋	－	＋	－	＋	d
罗伊氏乳杆菌(*Lr. euteri*)	ND	－	＋	－	－	－	＋	＋
鼠李糖乳杆菌(*Lr. hamnosus*)	＋	＋	＋	＋	＋	＋	＋	－
植物乳杆菌(*L. plantarum*)	＋	＋	＋	＋	＋	＋	＋	＋

注：＋表示 90％以上菌株阳性；－表示 90％以上菌株阴性；d 表示 11％～89％菌株阳性；ND 表示未测定。

表 6-9　嗜热链球菌的主要生化反应

菌　种	菊糖	乳糖	甘露醇	水杨苷	山梨醇	马尿酸	七叶苷
嗜热链球菌(*St. hermophilus*)	－	＋	－	－	－	－	－

注：＋表示 90％以上菌株阳性；－表示 90％以上菌株阴性。

【思考题】

1. 简述食品中乳酸菌的主要种类和培养特性。

2. MC 培养基中为什么要加碳酸钙？

3. 微生物厌氧培养的方法有哪些？

【附录】主要培养基和试剂

1. MRS 培养基

(1)成分：蛋白胨 10.0 g，牛肉粉 5.0 g，酵母粉 4.0 g，葡萄糖 20.0 g，吐温 80 1.0 mL，$MgSO_4 \cdot 7H_2O$ 2.0 g，醋酸钠·$3H_2O$ 5.0 g，柠檬酸三铵 2.0 g，$MgSO_4 \cdot 7H_2O$ 0.2 g，$MnSO_4 \cdot 4H_2O$ 0.05 g，琼脂粉 15.0 g。

(2)制法：将上述成分加入到 1000 mL 蒸馏水中，加热溶解，调节 pH 至 6.2±0.2，分装后 121 ℃高压灭菌 15～20 min。

2. 莫匹罗星锂盐和半胱氨酸盐酸盐改良 MRS 培养基

(1)莫匹罗星锂盐储备液制备：称取 50 mg 莫匹罗星锂盐加入到 50 mL 蒸馏水中，用 0.22 μm 微孔滤膜过滤除菌。

(2)半胱氨酸盐酸盐储备液制备：称取 250 mg 半胱氨酸盐酸盐加入到 50 mL 蒸馏水中，用 0.22 μm 微孔滤膜过滤除菌。

(3)制法：950 mL MRS 培养基，临用时加热熔化琼脂，在水浴中冷至 48 ℃，用带有 0.22 μm 微孔滤膜的注射器将莫匹罗星锂盐储备液及半胱氨酸盐酸盐储备液制备加入到熔化琼脂中，使培养基中莫匹罗星锂盐的浓度为 50 μg/mL，半胱氨酸盐酸盐的浓度为 500 μg/mL。

3. MC 培养基

(1)成分：大豆蛋白胨 5.0 g，牛肉粉 3.0 g，酵母粉 3.0 g，葡萄糖 20.0 g，乳糖 20.0 g，碳酸钙 10.0 g，琼脂 15.0 g。

(2)制法：将以上成分加入 1000 mL 蒸馏水中，加热溶解，调节 pH 至 6.0±0.2，加入 1％中性红 5.0 mL 溶液。分装后 121 ℃，高压灭菌 15～20 min。

4.乳酸杆菌糖发酵管

(1)基础成分:牛肉膏 5.0 g,蛋白胨 5.0 g,酵母浸膏 5.0 g,吐温 80 0.5 mL,琼脂 1.5 g,1.6%溴甲酚紫酒精溶液 1.4 mL,蒸馏水 1000 mL。

(2)制法:按 0.5%加入所需糖类,并分装小试管,121 ℃高压灭菌 15~20 min。

5.七叶苷培养基

(1)成分:蛋白胨 5.0 g,磷酸氢二钾 1.0 g,七叶苷 3.0 g,枸橼酸铁 0.5g,溴甲酚紫酒精溶液 1.4 mL,蒸馏水 100 mL。

(2)制法:将上述成分加入蒸馏水中,加热溶解,121 ℃高压灭菌 15~20 min。

检验二十四　食品中双歧杆菌检验

一、教学目标

1.了解双歧杆菌的生物学特性。

2.掌握双歧杆菌检验的方法。

3.双歧杆菌检验的原理。

二、基本原理

双歧杆菌（*Bifidobacterium*）是一群能分解葡萄糖产生乙酸和乳酸,厌氧,不耐酸,不形成芽孢,不运动,革兰氏阳性杆菌。细胞呈多样形态,有短杆较规则形、纤细杆形、球形、长杆弯曲形、分支或分叉形、棍棒状或匙形。双歧杆菌的菌落光滑、凸圆、边缘整齐,乳脂呈白色、闪光并具有柔软的质地。首先双歧杆菌是人和动物肠道内最重要的生理性细菌之一,定植于肠道内,是肠道的优势菌群。该菌可以在肠粘膜表面形成一个生理屏障,从而抵御伤寒沙门杆菌、致泻性大肠杆菌、痢疾志贺氏菌等病原菌的侵袭,保持机体肠道内正常的微生态平衡。它参与了宿主的多种生态效应和生理过程,对维持宿主健康起着重要作用。

近年来,双歧杆菌的微生态制剂产品在市场上较多,主要以发酵乳和保健品的形式出现,微生态活菌制剂中双歧杆菌的活菌数是该产品在保质期内的重要质量指标。国家标准GB4789.34—2016规定了食品中 6 类双歧杆菌检验方法。

本标准适用于双歧杆菌纯菌菌种的鉴定及计数,适用于食品中仅含有单一双歧杆菌的菌种鉴定,适用于食品中仅含有双歧杆菌属的计数,即食品中可包含一个或多个不同的双歧杆菌菌种。双歧杆菌作为专性厌氧菌,检测方法繁琐,有必要选择一种能让大多数已知的双歧杆菌在其良好生长的选择性培养基中对其进行质量控制。GB 4789.34—2016 选择MRS 琼脂培养基对双歧杆菌进行检验。厌氧培养的方法很多,实验室往往采用厌氧产气袋或厌氧产气罐,配套厌氧产气包、氧气指示剂现实厌氧培养(图 6-14)。

图 6-14　厌氧培养的相关产品

三、检验设备和试剂

（一）常用设备

恒温培养箱:(36±1)℃、冰箱:2~5 ℃、天平:感量 0.01 g、无菌试管:18 mm×180 mm、

15 mm×100 mm、无菌吸管：1 mL（具 0.01 mL 刻度）、10 mL（具 0.1 mL 刻度）或微量移液器（200～1000 μL）及配套吸头。无菌培养皿：直径 90 mm。

（二）培养基和试剂

双歧杆菌培养基、PYG 培养基、MRS 培养基、甲醇、三氯甲烷、硫酸、冰乙酸、乳酸。见本检验附录。

四、检验程序

双歧杆菌的检验程序见图 6-15。

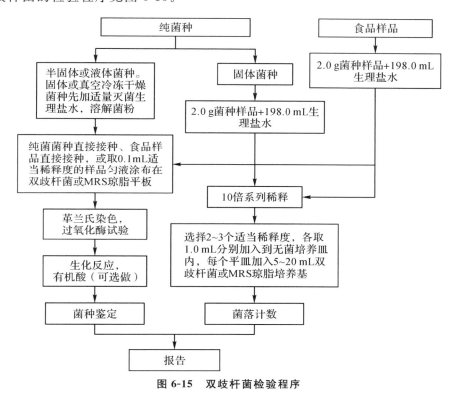

图 6-15　双歧杆菌检验程序

五、检验步骤

（一）无菌要求

全部操作过程均遵循无菌操作流程。

（二）双歧杆菌的鉴定

1.纯菌菌种

（1）样品处理：半固体或液体菌种直接接种在双歧杆菌琼脂平板或 MRS 琼脂平板。固体菌种或真空冷冻干燥菌种，可先加适量灭菌生理盐水或其他适宜稀释液，溶解菌粉。

（2）接种：接种于双歧杆菌琼脂平板或 MRS 琼脂平板。（36±1）℃厌氧培养（48±2）h，可延长至（72±2）h。

2.食品样品

(1)样品处理:取样 25.0 g(mL),置于装有 225.0 mL 生理盐水的灭菌锥形瓶或均质袋内,于 8000~10000 r/min 均质 1~2 min,或用拍击式均质器拍打 1~2 min,制成 1:10 的样品匀液。冷冻样品可先使其在 2~5 ℃条件下解冻,时间不超过 18 h;也可在温度不超过 45 ℃的条件解冻,时间不超过 15 min。

(2)接种或涂布:将上述样品匀液接种在双歧杆菌琼脂平板或 MRS 琼脂平板,或取 0.1 mL 适当稀释度的样品匀液均匀涂布在双歧杆菌琼脂平板或 MRS 琼脂平板。36± 1 ℃厌氧培养(48±2)h,可延长至(72±2)h。

(3)纯培养:挑取 3 个或以上的单个菌落接种于双歧杆菌琼脂平板或 MRS 琼脂平板。(36±1)℃厌氧培养(48±2)h,可延长至(72±2)h。

3.菌种鉴定

(1)涂片镜检:挑取双歧杆菌平板或 MRS 平板上生长的双歧杆菌单个菌落进行染色。双歧杆菌为革兰氏染色阳性,呈短杆状、纤细杆状或球形,可形成各种分支或分叉等多形态,不抗酸,无芽孢,无动力。

(2)生化鉴定:挑取双歧杆菌平板或 MRS 平板上生长的双歧杆菌单个菌落,进行生化反应检测。过氧化氢酶试验为阴性。双歧杆菌的主要生化反应见表 6-10。可选择生化鉴定试剂盒或全自动微生物生化鉴定系统。

(3)有机酸测定:测定双歧杆菌的有机酸代谢产物(可选项),见附录 B。

(三)双歧杆菌的计数

1.纯菌菌种

(1)固体和半固体样品的制备:以无菌操作称取 2.0 g 样品,置于盛有 198.0 mL 稀释液的无菌均质杯内,8000~10000 r/min 均质 1~2 min,或置于盛有 198.0 mL 稀释液的无菌均质袋中,用拍击式均质器拍打 1~2 min,制成 1:100 的样品匀液。

(2)液体样品的制备:以无菌操作量取 1.0 mL 样品,置于 9.0 mL 稀释液中,混匀,制成1:10 的样品匀液。

2.食品样品

取样 25.0 g(mL),置于装有 225.0 mL 生理盐水的灭菌锥形瓶或均质袋内,于 8000~10000 r/min 均质 1~2 min,或用拍击式均质器拍打 1~2 min,制成 1:10 的样品匀液。冷冻样品可先使其在 2~5 ℃条件下解冻,时间不超过 18 h;也可在温度不超过 45 ℃的条件解冻,时间不超过 15 min。

3.系列稀释及培养

用 1 mL 无菌吸管或微量移液器,制备 10 倍系列稀释样品匀液,于 8000~10000 r/min 均质 1~2 min,或用拍击式均质器拍打 1~2 min。每递增稀释一次,即换用 1 次 1 mL 灭菌吸管或吸头。根据对样品浓度的估计,选择 2~3 个适宜稀释度的样品匀液,在进行 10 倍递增稀释时,吸取 1.0 mL 样品匀液于无菌平皿内,每个稀释度做两个平皿。同时,分别吸取 1.0 mL 空白稀释液加入两个无菌平皿内作空白对照。及时将 15~20 mL 冷却至 46 ℃的双歧杆菌琼脂培养基或 MRS 琼脂培养基(可放置于(46±1)℃恒温水浴箱中保温)倾注平皿,并转动平皿使其混合均匀。从样品稀释到平板倾注要求在 15 min 内完成。待琼脂凝固后,将平板翻转,(36±1)℃厌氧培养(48±2)h,可延长至(72±2)h。培养后计数平板上的所有菌落数。

表 6-10　双歧杆菌菌种主要生化反应

编号	项目	两歧双歧杆菌 (B. bifidum)	婴儿双歧杆菌 (B. infantis)	长双歧杆菌 (B. longum)	青春双歧杆菌 (B. adolescentis)	动物双歧杆菌 (B. animalis)	短双歧杆菌 (B. breve)
1	L-阿拉伯糖	−	−	+	+	+	−
2	D-核糖	−	+	+	+	+	+
3	D-木糖	−	+	+	d	+	+
4	L-木糖	−	−	−	−	−	−
5	阿东醇	−	−	−	−	−	−
6	D-半乳糖	d	+	+	+	d	+
7	D-葡萄糖	+	+	+	+	+	+
8	D-果糖	d	+	+	d	d	+
9	D-甘露糖	−	+	+	−	−	−
10	L-山梨糖	−	−	−	−	−	−
11	L-鼠李糖	−	−	−	−	−	−
12	卫矛醇	−	−	−	−	−	−
13	肌醇	−	−	−	−	−	+
14	甘露醇	−	−	−	−a	−	−a
15	山梨醇	−	−	−	−a	−	−a
16	α-甲基-D-葡萄糖苷	−	−	+	−	−	−
17	N-乙酰葡萄糖胺	−	−	−	−	−	+
18	苦杏仁苷(扁桃苷)	−	−	−	+	+	−
19	七叶灵	−	−	+	+	+	−
20	水杨苷(柳醇)	−	+	−	+	+	−
21	D-纤维二糖	−	+	−	d		−
22	D-麦芽糖	−	+	+	+	+	+
23	D-乳糖	+	+	+	+	+	+
24	D-蜜二糖	−	+	+	+	+	+
25	D-蔗糖	−	+	+	+	+	+
26	D-海藻糖(蕈糖)	−	−	−	−	−	−
27	菊糖(菊根粉)	−	−a	−	−a	−	−a
28	D-松三糖	−	−	−	+	−	−
29	D-棉籽糖	−	+	+	+	+	+
30	淀粉	−	−	−	−	−	−
31	肝糖(糖原)	−	−	−	−	−	−
32	龙胆二糖	−	+	−	+	+	+
33	葡萄糖酸钠	−	−	−	+	−	−

注:+表示 90% 以上菌株阳性;−表示 90% 以上菌株阴性;d 表示 11%～89% 以上菌株阳性;a 表示某些菌株阳性。

4. 菌落计数和报告

同乳酸菌的计数和报告。

六、结果与报告

根据双歧杆菌计数的结果,报告双歧杆菌属的种名。根据菌落计数结果出具报告,报告单位以 CFU/g(mL)表示。

【思考题】

1. 双歧杆菌生化鉴定的方法有哪些?

2. 简述双歧杆菌检验用培养基中各成分的作用。

【附录1】主要培养基和试剂

1. 双歧杆菌琼脂培养基

(1)成分:蛋白胨 15.0 g,酵母浸膏 2.0 g,葡萄糖 20.0 g,可溶性淀粉 0.5 g,氯化钠 5.0 g,西红柿浸出液 400.0 mL,吐温 80 1.0 mL,肝粉 0.3 g,琼脂粉 20.0 g,蒸馏水 1000.0 mL。

半胱氨酸盐溶液的配制:称取半胱氨酸 0.5 g,加入 1.0 mL 盐酸,使半胱氨酸全部溶解,配制成半胱氨酸盐溶液。

西红柿浸出液的制备:将新鲜的西红柿洗净后称重切碎,加等量的蒸馏水在 100 ℃水浴中加热,搅拌 90 min,然后用纱布过滤,校正 pH 7.0±0.1,将浸出液分装后,121 ℃高压灭菌 15～20 min。

(2)制法:将所有成分加入蒸馏水中,加热溶解,然后加入半胱氨酸盐溶液,校正 pH 至 6.8±0.1。分装后 121 ℃高压灭菌 15～20 min。

2. PYG 液体培养基

(1)成分:蛋白胨 10.0 g,葡萄糖 2.5 g,酵母粉 5.0 g,半胱氨酸-HCl 0.25 g,盐溶液 20.0 mL,维生素 K_1 溶液 0.5 mL,氯化血红素溶液(5 mg/mL)2 mL,蒸馏水 500.0 mL。

盐溶液的配制:称取无水氯化钙 0.2 g,硫酸镁 0.2 g,磷酸氢二钾 1.0 g,磷酸二氢钾 1.0 g,碳酸钠 10.0 g,氯化钠 2.0 g,加蒸馏水至 1000 mL。

氯化血红素溶液(5 mg/mL)的配制:称取氯化血红素 0.5 g 溶于 1 mol/L 氢氧化钠1.0 mL 中,加蒸馏水至 100 mL,121 ℃高压灭菌 15～20 min。

维生素 K_1 溶液的配制:称取维生素 K_1 1.0 g,加无水乙醇 99.0 mL,过滤除菌,避光冷藏保存。

(2)制法:除氯化血红素溶液和维生素 K_1 溶液外,其余成分加入蒸馏水中,加热溶解,校正 pH 至 6.0±0.1,加入中性红溶液。分装后 121 ℃高压灭菌 15～20 min。临用时加热熔化琼脂,加入氯化血红素溶液和维生素 K_1 溶液,冷至 50 ℃使用。

3. MRS 培养基

见乳酸菌附录。

【附录2】双歧杆菌的有机酸代谢产物检测方法

(参考 GB 4789.34—2016)

检验二十五 商业无菌检验

一、教学目的

1. 了解罐藏食品微生物污染的来源。
2. 掌握食品商业无菌检验的基本要求和操作程序。

二、基本原理

将经过一定处理的食品装入镀锡薄板罐、玻璃罐或其他包装容器中,经密封杀菌,使罐内食品与外界隔绝而不再被微生物污染,同时又使罐内绝大部分微生物(即能在罐内环境生长的腐败菌和致病菌)死灭并使酶失活,从而消除了引起食品变坏的主要原因,获得在室温下长期贮藏的保存方法。这种密封在容器中并经杀菌而在室温下能够较长时间保存的食品称为罐藏食品,即罐头食品(Canned food)。

低酸性罐藏食品(Low acid canned food),除酒精饮料以外,凡杀菌后平衡 pH 大于4.6,水分活度大于 0.85 的罐藏食品,原来是低酸性的水果、蔬菜或蔬菜制品,为加热杀菌的需要而加酸降低 pH,属于酸化的低酸性罐藏食品。一般采用 100℃ 以上高温高压的方式杀菌。

酸性罐藏食品(Acid canned food)杀菌后平衡 pH 等于或小于 4.6 的罐藏食品。pH 小于 4.7 的番茄、梨和菠萝以及其制成的汁,以及 pH 小于 4.9 的无花果均属于酸性罐藏食品。一般采用低温(100℃ 以下)连续杀菌。

罐藏食品经过适度的热杀菌后,不含有致病微生物,也不含有在通常温度下能繁殖的非致病性微生物,这种状态称作商业无菌。罐藏食品污染易出现胖听现象或内容物腐败。胖听是由于罐藏内微生物活动或化学作用产生气体导致外包装凸起。内容物腐败是由泄露或再处理过程污染导致。商业无菌检验原理为将密封完好的罐藏食品置于一定温度下,培养一定时间后,观察是否出现胖听情况,同时开启胖听罐和(或)未胖听罐,与未处理罐头进行比较,分析质地变化,测定 pH,并进行镜检观察,以判断罐藏食品是否达到商业无菌。

我国规定食品商业无菌检验应按照《食品安全国家标准 食品微生物学检验 商业无菌检验》(GB 4789.26—2013)进行。本方法通过称重、保温、感官检验、pH 测定、涂片镜检等项目对食品进行检验和分析比较,判定是否符合商业无菌的要求。

三、检验设备和试剂

(一)主要设备

恒温水浴箱、均质器及无菌均质袋、均质杯或乳钵、pH 计(精确度 pH 0.05 单位)、开罐器和罐头打孔器、超净工作台或百级洁净实验室等。

(二)培养基和试剂

无菌生理盐水、结晶紫染色液、二甲苯、含 4% 碘的乙醇溶液。见本验验附录。

四、检验程序

商业无菌检验程序如图 6-16。

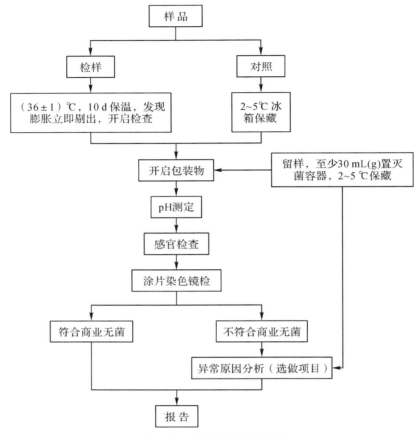

图 6-16　商业无菌检验程序

五、检验步骤

(一)样品准备

去除表面标签,在包装容器表面用防水的油性记号笔做好标记,并记录容器、编号、产品性状、泄漏情况、是否有小孔或锈蚀、压痕、膨胀及其他异常情况。

(二)称重

1 kg 及以下的包装物精确到 1 g,1 kg 以上的包装物精确到 2 g,10 kg 以上的包装物精确到 10 g,并记录。

(三)保温

1. 每个批次取 1 个样品置 2～5 ℃冰箱保存作为对照,将其余样品在(36±1)℃下保温 10 d。保温过程中应每天检查,如有膨胀或泄漏现象,应立即剔出,开启检查。

2. 保温结束时,再次称重并记录,比较保温前后样品重量有无变化。如有变轻,表明样品发生泄漏。将所有包装物置于室温直至开启检查。

（四）开启

1. 如有膨胀的样品，则将样品先置于 2～5 ℃冰箱内冷藏数小时后开启。

2. 如有膨用冷水和洗涤剂清洗待检样品的光滑面。水冲洗后用无菌毛巾擦干。以含 4％碘的乙醇溶液浸泡消毒光滑面 15 min 后用无菌毛巾擦干，在密闭罩内点燃至表面残余的碘乙醇溶液全部燃烧完。膨胀样品以及采用易燃包装材料包装的样品不能灼烧，以含 4％碘的乙醇溶液浸泡消毒光滑面 30 min 后用无菌毛巾擦干。

3. 在超净工作台或百级洁净实验室中开启。带汤汁的样品开启前应适当振摇。使用无菌开罐器在消毒后的罐头光滑面开启一个适当大小的口，开罐时不得伤及卷边结构，每一个罐头单独使用一个开罐器，不得交叉使用。如样品为软包装，可以使用灭菌剪刀开启，不得损坏接口处。立即在开口上方嗅闻气味，并记录。

注：严重膨胀样品可能会发生爆炸，喷出有毒物。可以采取在膨胀样品上盖一条灭菌毛巾或者用一个无菌漏斗倒扣在样品上等预防措施来防止这类危险的发生。

（五）留样

开启后，用灭菌吸管或其他适当工具以无菌操作取出内容物至少 30 mL（g）至灭菌容器内，保存 2～5 ℃冰箱中，在需要时可用于进一步试验，待该批样品得出检验结论后可弃去。开启后的样品可进行适当的保存，以备日后容器检查时使用。

（六）感官检查

在光线充足、空气清洁无异味的检验室中，将样品内容物倾入白色搪瓷盘内，对产品的组织、形态、色泽和气味等进行观察和嗅闻，按压食品检查产品性状，鉴别食品有无腐败变质的迹象，同时观察包装容器内部和外部的情况，并记录。

（七）pH 测定

1. 样品处理

（1）液态制品混匀备用，有固相和液相的制品则取混匀的液相部分备用。

（2）对于稠厚或半稠厚制品以及难以从中分出汁液的制品（如：糖浆、果酱、果冻、油脂等），取一部分样品在均质器或研钵中研磨，如果研磨后的样品仍太稠厚，加入等量的无菌蒸馏水，混匀备用。

2. 测定

（1）将电极插入被测试样液中，并将 pH 计的温度校正器调节到被测液的温度。如果仪器没有温度校正系统，被测试样液的温度应调到（20±2）℃的范围之内，采用适合于所用 pH 计的步骤进行测定。当读数稳定后，从仪器的标度上直接读出 pH，精确到 pH 0.05 单位。

（2）同一个制备试样至少进行两次测定。两次测定结果之差应不超过 0.1 pH 单位。取两次测定的算术平均值作为结果，报告精确到 0.05 pH 单位。

3. 分析结果

与同批中冷藏保存对照样品相比，比较是否有显著差异。pH 相差 0.5 及以上判为显著差异。

(八)涂片染色镜检

1.涂片

取样品内容物进行涂片。带汤汁的样品可用接种环挑取汤汁涂于载玻片上,固态食品可直接涂片或用少量灭菌生理盐水稀释后涂片,待干后用火焰固定。油脂性食品涂片自然干燥并火焰固定后,用二甲苯流洗,自然干燥。

2.染色镜检

对上一步骤中涂片用结晶紫染色液进行单染色,干燥后镜检,至少观察 5 个视野,记录菌体的形态特征以及每个视野的菌数。与同批冷藏保存对照样品相比,判断是否有明显的微生物增殖现象。菌数有百倍或百倍以上的增长则判为明显增殖。

七、结果判定

样品经保温试验未出现泄漏;保温后开启,经感官检验、pH 测定、涂片镜检,确证无微生物增殖现象,则可报告该样品为商业无菌。

样品经保温试验出现泄漏;保温后开启,经感官检验、pH 测定、涂片镜检,确证有微生物增殖现象,则可报告该样品为非商业无菌。

若需核查样品出现膨胀、pH 或感官异常、微生物增殖等原因,可取样品内容物的留样按照附录 2 进行接种培养并报告。若需判定样品包装容器是否出现泄漏,可取开启后的样品按照附录 B 进行密封性检查并报告。

【思考题】

1.判定食品商业无菌的依据是什么?

2.涂色染色镜检中只用结晶紫染色液单染色就可以吗?

3.有些样品,经感官检验、涂片镜检,均未发现微生物增殖,但 pH 测定,前后相差大于0.5,那结果是"商业无菌",还是"非商业无菌"?

【附录1】主要培养基和试剂

1.无菌生理盐水

见检验一附录的"3.无菌生理盐水"。

2.结晶紫染色液

(1)成分:结晶紫 1.0 g,95%乙醇 20.0 mL,1%草酸胺溶液 80.0 mL。

(2)制法:将 1.0 g 结晶紫完全溶解于 95%乙醇,再与 1%草酸铵溶液混合。

(3)染色法:将涂片在酒精灯火焰上固定,滴加结晶紫染液,染 1 min,水洗。

【附录2】异常原因分析(选做项 B)

参考 GB 4789.26—2013 附录 B。

检验二十六　消毒餐具微生物检验

一、教学目的

1. 了解消毒餐（饮）具的卫生要求。
2. 掌握消毒餐（饮）具大肠菌群纸片法和沙门氏菌的检验方法。

二、基本原理

饮食业餐饮具消毒是控制肠道传染病发生和流行的重要环节之一，也是防止胃肠道传染病传播的重要措施。现行国家标准 GB 14934—2016 消毒餐（饮）具卫生标准，适用于餐饮服务提供者、集体用餐配送单位、餐（饮）具集中清洗消毒服务单位提供的消毒餐（饮）具，也适用于其他消毒食品容器和食品生产经营工具、设备。该标准明确大肠菌群和沙门氏菌的微生物限量，见表 6-11。

表 6-11　消毒餐饮具微生物限量

项目		限量
大肠菌群	发酵法/（/50 cm^2）	不得检出
	纸片法/（/50 cm^2）	不得检出
沙门氏菌/（/50 cm^2）		不得检出

三、检验设备和试剂

（一）主要设备

微生物实验常规灭菌及培养设备。

（二）培养基和试剂

大肠菌群快速检验纸片（5 cm× 5 cm，面积 25 cm^2）、月桂基硫酸盐胰蛋白胨（LST）肉汤、蛋白胨水等。

四、检验步骤

（一）大肠菌群（发酵法）及致病菌指标的餐（饮）具采样

1. 筷子

以 5 根筷子为一件样品。将 5 根筷子的下段（进口段）5 cm 处（长 5 cm×周长 2 cm×5 根，50 cm^2），置 10 mL 灭菌生理盐水大试管中，充分振荡 20 次后，移出筷子。视具体情况，5 根筷子可分别振荡。或用无菌生理盐水湿润棉拭子，分别在 5 根筷子的下段（进口段）5 cm处表面范围均匀涂抹 3 次后，用灭菌剪刀剪去棉拭子与手接触的部分，将棉拭子置相应的液体培养基内。

2.其他餐(饮)具:

以 1 mL 无菌生理盐水湿润 10 张 2.0 cm×2.5 cm(5 cm²)灭菌滤纸片(总面积为50 cm²)。选择餐(饮)具通常与食物接触的内壁表面或口唇接触处,每件样品分别贴上 10 张湿润的灭菌滤纸片。30 s 取下,置相应的液体培养基内。或用无菌生理盐水湿润棉拭子,分别在 2 个 25 cm²(5 cm×5 cm)面积范围来回均匀涂抹整个方格 3 次后,用灭菌剪刀剪去棉拭子与手接触的部分,将棉拭子置相应的液体培养基内。4 h 内送检。

图 6-17　工作人员在某食堂餐具上大肠菌群指标的采样

(二)大肠菌群(纸片法)指标的餐(饮)具采样

1.筷子

以 5 根筷子为一件样品,用无菌生理盐水湿润大肠菌群快速检验纸片后,立即将筷子下段(进口段)(约 5 cm)涂抹纸片,每件样品涂抹两张快速检验纸片,置无菌塑料袋内。

2.其他餐(饮)具

用无菌生理盐水湿润餐具大肠菌群快速检验纸片后,立即贴于餐(饮)具通常与食物或口唇接触的内壁表面或与口唇接触处,每件贴两张快速检验纸片,30 s 后取下,置无菌塑料袋内。

(三)大肠菌群发酵法

1.筷子

如为棉拭子涂膜采样,直接将采样后的棉拭子置 10 mL 月桂基硫酸盐胰蛋白胨(LST)肉汤内。如为生理盐水振荡采样,直接将采样后的 10 mL 液体全部加入 10 mL 双料月桂基硫酸盐胰蛋白胨(LST)肉汤内,(36±1)℃培养 24～48 h。

2.其他餐(饮)具

直接采样后的棉拭子或全部纸片置 10 mL 月桂基硫酸盐胰蛋白胨(LST)肉汤内。(36±1)℃培养 24～48 h。

3.观察结果及后续复发酵试验

按照检验二的方法进行。

(四)大肠菌群纸片法

将已采样的大肠菌群快速检验纸片置(36±1)℃培养 16～18 h,观察结果。结果判定按产品说明书执行。

(五)沙门氏菌检验

1.预增菌

(1)筷子:如为棉拭子涂抹采样,直接将采样后的棉拭子置 10 mL 缓冲蛋白胨水内。如为生理盐水振荡采样,直接将采样后的 10 mL 液体全部加入 90 mL 缓冲蛋白内。(36±1)℃培养 18～24 h。

(2)其他餐(饮)具:直接将采样后的棉拭子或全部纸片置 10 mL 缓冲蛋白胨水内。(36±1)℃培养 18～24 h。

2.后续试验

进一步的增菌、分离、生化鉴定、血清学鉴定按照检验四的相关方法进行。

五、结果报告

综上以上试验结果,报告每 50 cm^2 检出或未检出大肠菌群。

综合以上生化试验和血清学鉴定的结果,报告每 50 cm^2 检出或未检出沙门氏菌。

【附录】培养基和试剂

1.月桂基硫酸盐胰蛋白胨(LST)肉汤

见检验二附录的"1.月桂基硫酸盐胰蛋白胨(LST)肉汤"。

2.蛋白胨水

(1)成分:蛋白胨 1.0 g,蒸馏水 1000 mL。

(2)制法:将蛋白胨溶于蒸馏水中,调节 pH 值 7.1±0.2,高压灭菌 15 min 备用。

3.沙门氏菌检验试剂

见检验四附录。

检验二十七　食品生产企业环境微生物的检验

一、教学目的

1. 了解食品工业洁净用房对环境的要求。
2. 学习工业洁净室(区)浮游菌和沉降菌的概念和测试方法。
3. 掌握装配与包装车间空气、工作台表面和工人手表面细菌总数的检验方法。

二、基本原理

洁净厂房也称无尘车间、洁净室(Clean room),是指将一定空间范围之内空气中的微粒子、有害空气、细菌等污染物排除,并将室内温度、洁净度、室内压力、气流速度与气流分布、噪音振动及照明、静电控制在某一需求范围内,而所给予特别设计的房间,见图 6-18。不论外在空气条件如何变化,洁净厂房室内均能维持原先所设定要求的洁净度、温湿度及压力等性能的特性。有卫生生产环境要求的洁净生产区,包括易腐性食品(即半成品或成品)的最后冷却或包装前的存放、前处理场所;不能最终灭菌的原料前处理、产品灌封、成型场所,产品最终灭菌后暴露环境;内包装材料准备室和内包装室以及食品生产、改进食品特性或保存性的加工处理场所和检验室等。洁净厂房的浮游菌(Airborne microbe)是指收集悬浮在空气中的活微生物粒子,通过专门的培养基,在适宜的生长条件下繁殖到可见的菌落数。沉降菌(Settling microbe)是指用标准方法收集到的活微生物粒子,通过专用的培养基,在适宜的生长条件下繁殖到可见的菌落数。

图 6-18　洁净厂房图

食品工业洁净区域验收标准参照《食品工业洁净用房建筑技术规范》(GB 50687—2011),沉降菌和浮游菌检验标准参照《医药工业洁净室(区)浮游菌的测试方法》(GB/T 16293—2010)、《医药工业洁净室(区)沉降菌的测试方法》(GB/T 16294—2010)。浮游菌采用计数浓度法,即通过收集悬游在空气中的生物性粒子于专门的培养基,经若干时间,在适宜的生长条件下让其繁殖到可见的菌落进行计数,从而判定洁净环境内单位体积空气中的活微生物数,以此来评定洁净室(区)的洁净度。沉降菌采用沉降法,即通过自然沉降原理收集在空气中的生物粒子于培养基平皿（一般多采用 90 mm 直径硼硅酸玻璃培养皿，俗称沉降碟）。

三、术语和定义

（一）浮游菌浓度

单位体积空气中含浮游菌菌落数的多少，以计数浓度表示，单位是个/m³ 或个/L。

（二）沉降菌菌落数

规定时间内每个平板培养皿收集到空气中沉降菌的数目，以 1 个/皿。

（三）纠偏限度

对于受控的洁净室（区），由使用者自行设定微生物含量等级。当检测结果超过该等级时，应启动检测程序对该区域的微生物污染情况立即进行跟踪。

（四）警戒限度

对于受控的洁净室（区），由使用者自行设定一个微生物含量等级，从而给定了一个与正常状态相比最早警戒的偏差值。当超过该最早警戒的偏差值时，应启动保证工艺或环境不收影响的程序及相关措施。

四、洁净室（区）浮游菌测试

（一）检验仪器和培养基

1. 主要设备：浮游菌采样器（图 6-19）、恒温培养箱、高压蒸汽灭菌锅。
2. 培养基：大豆酪蛋白琼脂（TSA）或者沙氏培养基（SDA）。

图 6-19　浮游菌采样器

（二）检验步骤

1. 浮游菌采样器原理

浮游菌采样器一般采用撞击法原理，可分为狭缝式采样器、离心式或者针孔式采样器。狭缝式采样器由内部风机将气流吸入，通过采样器的狭缝式平板，将采集的空气喷射并撞击到缓慢旋转的平板培养基表面上，附着在活微生物粒子经培养后形成菌落。离心式采样器由于内部风机的高速旋转，气流从采样器前部吸入从后部流出，在离心力作用下，空气中的活微生物粒子有足够的时间撞击到专用的固形培养基上,附着的活微生物粒子经过培养后形成菌落。针孔式采样器是气流通过一个金属盖吸入,盖子上是密集的经过机械加工的特制小孔,通过风机将收集到的细小的空气流直接撞击到平板培养表面上的,附着的活微生物粒子经培养后形成菌落。

2.浮游菌采样器取样

测试前仪器、培养皿表面必须严格消毒。

①采样器进入被测房间前先用消毒房间的消毒剂灭菌,用于100级洁净室的采样器宜预先放在被测房间内。

②用消毒剂擦净培养皿的外表面。

③采样前,先用消毒剂清洗采样器的顶盖、转盘、以及罩子的内外面、采样结束、再用消毒剂轻轻喷射罩子的内壁和转盘。

④采样口及采样管,使用前必须高温灭菌。如果消毒剂对采样管的外壁及内壁进行消毒时,应将管中的残留液倒掉并晾干。

⑤采样者应穿戴与被测洁净区域相应的工作服,在转盘上放入或调换培养皿前,双手用消毒剂消毒或戴无菌手套。

⑥采样仪器经消毒后先不放入培养皿,开启浮游菌采样器,使仪器中的残余消毒剂蒸发,时间不少于 5 min,并检查流量并根据采样量调整设定采样时间。

⑦关闭浮游菌采样器,放入培养皿,盖上盖子。

⑧置采样口于采样点后,开启浮游菌采样器进行采样。

3.培养

全部采样结束后,将培养皿倒置于恒温培养箱中培养。采样大豆酪蛋白琼脂配制的培养皿采样后,在 30～35 ℃培养,时间不少于 2 d;采用沙氏培养基配制的培养皿经采样后,在 20～25 ℃培养,时间不少于 5 d。每批培养基应有对照试验,检验培养基本身是否污染,可每批选定 3 只培养皿作对照片培养。

4.菌落计数

用肉眼对培养皿上所有的菌落直接计数、标记或在菌落计数器上点计,然后用 5～10 倍放大镜检查,有否遗漏。若平板上有 2 个或 2 个以上的菌落重叠,可分辨时仍以 2 个或 2 个以上菌落计数。

(三)测试规则

1.测试条件

在测试之前,要对洁净室(区)相关参数进行预先测试,这类测试将会提供测试悬浮粒子的环境条件,这种预先测试可包括:温度和相对湿度的测试。洁净室(区)的温度和相对湿度应与其生产及工艺要求相适应(无特殊要求时,温度在 18～26 ℃,相对湿度在 45％～65％为宜),同时应测试仪器的使用范围;室内送风量或风速的测试,或压差的测试;高效过滤器的泄漏测试。

2.测试状态

空态、静态和动态三种状态均可进行测试;空态或静态测试时,室内测试人员不得多于 2 人,测试报告中应标明测试时所采用的状态和室内的测试人员数。

3.测试时间

在空态或静态 a 测试时,对单向流洁净室(区)而言,测试宜在净化空气调节系统正常运行时间不少于 10 min 后开始。对非单向流洁净室(区),测试宜在净化空气调节系统正常运行时间不少于 30 min 后开始。在静态 b 测试时,对单向流洁净室(区),测试宜在生产操作人员撤离现场并经过 10 min 自净后开始;对非单向流洁净室(区),测试宜在生产操作人员撤离现场并经过 20 min 自净后开始。在动态测试时,则须记录生产开始的时间以及测试时间。

4.浮游菌浓度计算

(1)采样点数量及其布置

浮游菌测试的最少采样点数目可在以下两种方法中任选一种:

①$NL=\sqrt{A}$

式中:

NL——最少采样点;

A——洁净室或被控洁净区的面积,单位为平方米(m^2)。

注:在单向流情况下,面积 A 可以认为是垂直于气流方向上的横截面积。

②最少采样点数目可从表 6-12 所示。

表 6-12 最少采样点数目

面积 m²	洁净度级别			
	100	10 000	100 000	300 000
<10	2~3	2	2	2
≥10～<20	4	2	2	2
≥20～<40	8	2	2	2
≥40～<100	16	4	2	2
≥100～<200	40	10	3	3
≥200～<400	80	20	6	6
≥400～<1000	160	40	13	13
≥1000～<2000	400	100	32	32
≥2000	800	200	63	63

注:对于 100 级的单向流洁净室(区),包括 100 级洁净工作台(bench),面积指的是送风口表面积;对于 10000 级以上的非单向流洁净室(区),面积指的是房间面积。

采样点的位置应满足以下要求:采样点一般在离地面 0.8 m 高度的水平面上均匀布置;送风口测点位置离开送风面 30 cm 左右;可在关键设备或关键工作活动范围处增加测点。

(2)最少采样量

浮游菌每次最小采样量见表 6-13 所示。

表 6-13　浮游菌每次最小采样量

洁净度级别	采样量 L/次
100 级	1000
10000 级	500
100000 级	100
300000 级	100

①采样次数：每个采样点一般采样一次。

②采样注意事项：对于单向流洁净室或送风口，采样器采样品朝向应正对气流方向；对于非单向流洁净室，采样口向上。布置采样点时，至少应尽量避开尘粒较集中的回风口。采样时，测试人员应站在采样口下风侧，并尽量少走动。应采取一切措施防止采样过程的污染和其他可能对样本的污染。培养皿在用于检测时，为避免培养皿运输或搬动过程造成的影响，宜同时进行阴性对照试验，每次或每个区域取 1 个对照皿，与采样皿同法操作但不需暴露采样，然后与采样后的培养皿一起放入培养箱内培养，结果应无菌落生长。

5.记录

测试报告应包含以下内容：

（1）测试者的名称和地址，测试日期；

（2）测试依据；

（3）被测洁净室的平面位置（必要时标注相邻区域的平面位置）；

（4）有关测试仪器及其测试方法的描述：包括测试环境条件，采样点数目以及布置图，测试次数，采样流量，或可能存在的测试方法的变更，测试仪器的证书等；若为动态测试，则还应记录现场操作人员数量及位置，现场运转设备、数量和位置；

（6）测试结果，包括所有统计计算资料。

6.结果计算

（1）用计算方法得出各个培养皿的菌落数。

（2）每个测点的浮游菌平均浓度的计算：

浮游菌平均浓度（个/m³）＝菌落数/采样量。

示例：某测点采样量为 400L，菌落数为 1，则：浮游菌平均浓度＝1/0.4＝2.5 个/m³。

7.结果判定

（1）每个测点的浮游菌平均浓度必须低于所选定评定标准中的界限。

（2）在静态测试时，若测点的浮游菌平均浓度超过评定标准，则应重新采样两次，两次测试结果均合格才能判为符合。

四、洁净室(区)沉降菌测试

(一)设备和材料

1.设备：恒温培养箱、培养皿、高压蒸汽灭菌器。

2.培养基：大豆酪蛋白琼脂（TSA）或者沙氏培养基（SDA）。

（二）测试步骤

1.测试前培养皿表面必须严格消毒。

2.将已制备好的培养皿按采样点布置图逐个放置,然后从里到外逐个打开培养皿盖,使培养基表面暴露在空气中。

3.静态测试时,培养皿暴露时间为 30 min 以上;动态测试时,培养皿暴露时间为不大于 4 h。

4.全部采样结束后,将培养皿倒置于恒温培养箱中培养。

5.采样大豆酪蛋白琼脂配制的培养皿采样后,在 30～35 ℃培养,时间不少于 2 d;采用沙氏培养基配制的培养皿经采样后,在 20～25 ℃培养,时间不少于 5 d,在沙氏培养基的典型菌落见图 6-20。

图 6-20 沙氏培养基上的菌落形态

6.每批培养基应有对照试验,检验培养基本身是否污染,可每批选定 3 只培养皿作对照片培养。

（三）菌落计数

用肉眼对培养皿上所有的菌落直接计数、标记或在菌落计数器上点计,然后用 5～10 倍放大镜检查,看是否有遗漏。若平板上有 2 个或 2 个以上的菌落重叠,可分辨时仍以 2 个或 2 个以上菌落计数。

（四）注意事项

1.测试用具要作灭菌处理,以确保测试的可靠性、正确性。

2.采取一切措施防止人为对样本污染。

3.对培养基、培养条件及其他参数作详细的记录。

4.由于细菌种类繁多,差别甚大,计数时一般用透射光于培养皿背面或正面仔细观察,不要漏计培养皿边缘生长的菌落,并须注意细菌菌落或培养沉淀物的区别,必要时用显微镜鉴别。

5.采样前应仔细检查每个培养皿的质量。

（五）测试规则

1.测试条件

参照浮游菌测试。

2.测试状态

参照浮游菌测试。

3.测试时间

参照浮游菌测试。

4.沉降菌菌落数计算

（1）采样点数量及布置

参照浮游菌测试。

（2）最少培养皿数

在满足最少采样点数目的的同时，还宜满足最少培养皿数见表 6-14。

表 6-14　最少培养皿数

洁净度级别	最少培养皿数（Φ90 mm）
100	14
10000	2
100000	2
300000	2

（3）采样次数

参照浮游菌测试。

（4）采样注意事项

参照浮游菌测试。

5.记录

参照浮游菌测试。

6.结果计算

（1）用计数方法得出各个培养皿的菌落数。

（2）每个测点的沉降菌平均菌落数的计算，见下公式。

$$M = \frac{(M_1 + M_2 + \cdots + M_a)}{n} \qquad (6\text{-}3)$$

式中：

M——平均菌落数；

M_1——1 号培养皿菌落数；

M_2——2 号培养皿菌落数；

M_a——n 号培养皿菌落数；

n——培养皿总数。

7.结果评定和日常监控

参照浮游菌测试。

五、非洁净区微生物测试

(一)空气采样与测试方法

1.样品采集

在动态下进行。室内面积不超过 30 m²,在对角线上设里、中、外三点,里、外点位置距墙1 m;室内面积超过 30 m²,设东、西、南、北、中 5 点,周围 4 点距墙 1 m。

采样时,将含营养琼脂培养基的平板(直径 9 cm)置采样点(约桌面高度),打开平皿盖,使平板在空气中暴露 5 min。

2.细菌培养

在采样前将准备好的营养琼脂培养基置(35±2)℃培养 24 h,取出检查有无污染,将污染培养基剔除。

将已采集的培养基在 6 h 内送实验室,于(35±2)℃培养 48 h 观察结果,计数平板上细菌菌落数,计数原则同检验一菌落总数。

3.菌落计算

$$Y_1 = \frac{A \times 50000}{S_1 \times t}$$

(6-4)

式中:

Y_1——空气中细菌菌落总数,CFU/m³;

A——平板上平均细菌菌落数;

S_1——平板面积,cm²;

t——暴露时间,min。

(二)工作台与工人手表面微生物测试

1.样品采集

(1)工作台表面:将经灭菌的内径为 5 cm×5 cm 的灭菌规格板放在被检物体表面,用浸有灭菌生理盐水的棉签在其内涂抹 10 次,然后剪去手接触部分棉棒,将棉签放入含 10 mL 灭菌生理盐水的采样管内送检。

(2)工人手:被检人五指并拢,用浸湿生理盐水的棉签在右手指曲面,从指尖到指端来回涂擦 10 次,然后剪去手接触部分棉棒,将棉签放入含 10 mL 灭菌生理盐水的采样管内送检。

图 6-21　某食品公司工作台和工人手表面的微生物测试

2.细菌菌落总数检测

将已采集的样品在 6 h 内送实验室,每支采样管充分混匀后取 1 mL 样液,放入灭菌平皿内,倾注营养琼脂培养基。每个样品平行接种两块平皿,置(35±1)℃培养 48 h,计数平板上细菌菌落数。

3.菌落计算

$$Y_2 = \frac{A}{S_2} \times 10 \tag{6-5}$$

式中:

Y_2——工作台表面细菌菌落总数,CFU/cm²;

A——平板上平均细菌菌落数;

S_2——采样面积,cm²。

$$Y_3 = A \times 10 \tag{6-6}$$

式中:

Y_3——工人手表面细菌菌落总数,CFU/只手;

A——平板上平均细菌菌落数。

(三)设备表面微生物测试

食品工业中许多企业对生产环境的致病菌,也可按上述方法进行采样,然后按《仪器安全国家标准食品微生物学检验》(GB 4789—2016)检测,作为内部控制,但必须有专业指导书和相应的操作规范。如表 6-15 为某企业制作的检验规范。

【附录 1】洁净室(区)采样点布置

见 GB/T 16293—2010 附录 A。

【附录 2】培养基和试剂

1.大豆酪蛋白琼脂培养基(TSA)的灭菌及准备

成分:酪蛋白胰酶消化物 15 g,大豆粉木瓜蛋白酶消化物 5 g,氯化钠 5 g,纯化水 1000 mL。

制法:取上述成分除琼脂,混合,微热溶解,调节 pH 值使灭菌后为 7.3±0.2,加入琼脂,加热融化后,分装,灭菌,冷却至约 60 ℃,在无菌操作要求下倾注约 20 mL 至无菌平皿中。加盖后在室温放至凝固。

2.沙氏琼脂培养基(SDA)的灭菌及准备

成分:葡萄糖 40 g,酪蛋白胰酶消化物、动物组织的胃酶消化物等量混合 10 g,琼脂 15.0 g。

制法:取上述成分除琼脂,混合,微热溶解,调节 pH 值使灭菌后为 5.6±0.2,加入琼脂,加热融化后,分装,灭菌,冷却至约 60 ℃,在无菌操作要求下倾注约 20 mL 至无菌平皿中。加盖后在室温放至凝固。

3.培养基平皿培养及保存

制备好的培养基平皿宜在 2~8 ℃保存,一般以一周为宜或按厂商提供的标准执行。采用适宜方法在平皿上做好培养基的名称、制备日期记录的标记。

表 6-15　涂抹、落菌、水质微生物取样检测验验规范

检测点	检验项目	技术要求	检验方法	采样方法	检验频率	判定方案
工器具、案板等接触面（生产现场）	菌落总数	≤5000个/25 cm²（生） ≤2500个/25 cm²（熟）	梯度稀释，倾注接种营养琼脂培养基，36±1℃，48 h后计数报告	用浸有灭菌生理盐水的棉签在被检物体表面，取25 cm²的面积，在其内涂抹10次，然后剪去手接触部分棉棒，将棉签放入含10 mL灭菌生理盐水的采样管内送检	1次/周/车间	一项不合格判为不合格品。合格品不合格品按不合格品控制程序执行。
	大肠菌群	≤30 MPN/25 cm²（生）阴性（熟）	试管法：梯度稀释，三个稀释度接种BGLB肉汤培养基三管，(36±1)℃，48 h后记录产气管数，查MPN表报告			
员工手（生产现场）	菌落总数	≤5000个/手（生） ≤2500个/手（熟）	梯度稀释，倾注接种营养琼脂培养基，36±1℃，48 h后计数报告	被检人五指并拢，用浸湿生理盐水的棉签在右手曲面，从指尖到指端来回涂擦10次，然后剪去手接触部分棉棒，将棉签放入含10 mL灭菌生理盐水的采样管内送检	1次/周/车间	
	大肠菌群	≤90 MPN/手（生）阴性（熟）	试管法：梯度稀释，三个稀释度接种BGLB肉汤培养基三管，(36±1)℃，48 h后记录产气管数，查MPN表报告			
员工手（生产现场） 车间	菌落总数	≤30个/皿	平板暴露法：车间在30 m²以上者，于东、南、西、北（距墙1 m处）、中五点，小于30 m²者，于一条对角线里，中、外三点，高度均为1.5 m处采样，打开平皿盖，使平板暴露在空气中暴露5 min	取样后的琼脂培养于37℃温箱培养48 h后观察结果，求出5个或3个采样点的平均数	2次/周/车间	
更衣室	菌落总数	≤40个/皿				
生产用水	菌落总数	≤100 CFU/mL	梯度稀释，倾注接种营养琼脂培养基，(36±1)℃，48 h后报告	对待取样的水龙头进行消毒，并打开水龙头数分钟，用经过灭菌的玻璃采样瓶去除0.5 L后及时送检，采样玻璃采样瓶每125 mL水样加入0.1 mg硫代硫酸钠除去残留余氯	1次/月，全年检测完所有水龙头	
	大肠菌群	不得检出	多管发酵法：1孔糖发酵试验：接种5份10 mL水样双料培养基，每份接种10 mL水样，将接种管置（36±1）℃培养箱内，培养（24±2）h，如所有乳糖菌群都不产气者，则可报告为总大肠菌群阴性。如有产酸产气者，则按下列步骤进行。2分离培养：将产酸产气的发酵管分别转种在伊红美蓝琼脂平板上，于（36±1）℃培养箱内培养（18~24）h，观察菌落形态。3证实试验：挑取符合下列特征的菌落作革兰氏染色，同时接种乳糖发酵管，置（36±1）℃培养箱中培养（24±2）h，有产酸产气者，即证实有总大肠菌群存在。4结果报告：经乳糖胆盐培养液证实有总大肠菌群的，查MPN值。报告每100 mL水样查表所得结果应乘稀释倍数。如所有乳糖发酵管均阴性时，可报告总大肠菌群未检出			

附　录

附录 1　细菌生化试验

新陈代谢是生物有机体基本的特征之一,是生命活动中一切生化反应的总称。细菌在生长过程中会分泌不同的酶参与新陈代谢,各种细菌所具有的酶系统不尽相同,对营养基质的分解能力也不一样,因而代谢产物或多或少地各有区别,以供鉴别细菌之用。通过检测细菌酶系统及代谢产物的生理,用生化试验的方法检测细菌对各种基质的代谢作用及其代谢产物,从而鉴别细菌的种属,称为细菌的生化反应。生化试验可以分为糖代谢试验、蛋白质代谢试验、盐利用试验和呼吸酶类试验 4 种,如附表 1 所示。

附表 1　细菌生化试验类型

生化试验类型	生化试验种类
糖代谢试验	糖(醇)类发酵试验、氧化发酵试验 O-F、VP 和甲基红试验
蛋白质代谢试验	蛋白质水解试验、硫化氢试验、吲哚试验、脱羧酶试验、脱氨试验、尿素酶试验
盐利用试验	枸橼酸盐试验、丙二酸盐试验、硝酸盐还原试验
呼吸酶类试验	氧化酶试验、细胞色素氧化酶试验

一、生化试验原理和现象

(一)克氏双糖铁(KIA)及三糖铁(TSI)试验

本培养基适合于肠杆菌科的鉴定。用于观察细菌对糖的利用和硫化氢(变黑)的产生。

由克氏双糖铁(KIA,其中含 0.1% 葡萄糖,1% 乳糖)或三糖铁(TSI,其中含 0.1% 葡萄糖,1% 乳糖和 1% 蔗糖)培养基制成高层和短的试管斜面,其中葡萄糖含量仅为乳糖或蔗糖的 1/10。若细菌只分解葡萄糖而不分解乳糖和蔗糖,分解葡萄糖产酸使 pH 降低,因此斜面和底层均先呈黄色,但因葡萄糖量少,所生成的少量酸可因接触空气而氧化,最终产物是 CO_2 和 H_2O。因斜面面积大而且细菌数量多,葡萄糖很快利用完,并利用培养基中含氮物质蛋白胨,生成碱性产物,故使斜面后来又变成红(酚红指示剂 6.8 黄～8.4 红);底层由于处于缺氧状态下,细菌缓慢分解葡萄糖,所生成的酸类一时不被氧化而仍保持黄色。细菌分解葡萄糖、乳糖或蔗糖产酸产气,使斜面和柱层培养基均呈现黄色,且有气泡。细菌产生硫化氢时与培养基中的硫酸亚铁作用,形成黑色的硫化铁。常见的 KIA 和 TSI 结果判定如表附表 2 所示。

附表 2　常见的 KIA 和 TSI 反应现象和结果判定

现象	发酵糖类	典型菌株
斜面碱性/底层碱性（K/K）	不发酵碳水化合物,系非发酵菌的特征	铜绿假单胞菌
斜面碱性/底层酸性（K/A）	发酵葡萄糖,不发酵乳糖或蔗糖,是不发酵乳糖菌的特征	志贺氏菌
斜面碱性/底层酸性和黑色（K/A）	发酵葡萄糖,不发酵乳糖或蔗糖并产硫化氢,是产硫化氢不发酵乳糖菌的特征	沙门氏菌、枸橼酸杆菌和变形杆菌
斜面酸性/底层酸性（A/A）	发酵葡萄糖、乳糖或蔗糖,是发酵乳糖的大肠菌群的特征	大肠杆菌、克雷伯菌和肠杆菌属

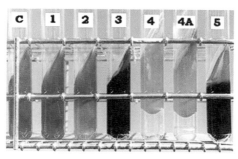

附图 1　三糖铁（TSI）试验

C:空白管;1:假单胞菌;2:志贺氏菌;3:沙门氏菌;4:大肠杆菌（4A 变种）;5:奇异变形杆菌

（二）糖（醇、苷）类发酵试验

不同的细菌含有发酵不同糖（醇、苷）类的酶,因而发酵糖类的能力各不相同,有的能分解多种糖类,有的仅能分解 1～2 种糖类,还有的不能分解。细菌分解糖类后的代谢产物亦不相同,有的产酸、产气,有的仅产酸,故可利用此特点以鉴别细菌。酸的产生可利用指示剂来判定,若培养基含溴甲酚紫,当发酵产酸时,可使培养基由紫色变成黄色,气体产生可由发酵管中倒置的小倒管中有无气泡来证明。糖（醇、苷）类发酵试验是鉴定细菌最主要和最基本的试验,特别对肠杆菌科细菌的鉴定尤为重要。不同细菌可发酵不同的糖（醇、苷）类,如沙门氏菌可发酵葡萄糖,但不发酵乳糖,大肠杆菌则可发酵葡萄糖和乳糖。即使是两种细菌均可发酵同一种糖类,其发酵结果也不尽相同,如致贺氏菌和大肠杆菌均可发酵葡萄糖,但前者仅产酸,而后者则产酸、产气,故可利用此试验鉴别细菌。

大肠杆菌　　沙门氏菌　　志贺氏菌　　空白管

葡萄糖发酵试验

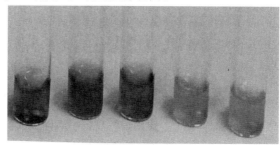

空白管　　变形杆菌　　志贺氏菌　　克雷伯氏杆菌　　鼠伤寒沙门氏菌

山梨醇发酵试验

附图 2　糖类发酵试验

(三)氨基酸脱羧酶试验

细菌利用培养基成分中的葡萄糖产酸,可为氨基酸脱羧制造所需的酸性环境。另外,脱羧酶是一种诱导酶,对底物具有特异性,在细菌细胞分裂终结时产生,在没有相应氨基酸的培养基中不产生该酶。例如,细菌产生赖氨酸脱羧酶,使培养基中的氨基酸脱羧产生尸胺,并释放 CO_2,这一过程中,培养基的颜色变化为先由紫色变为黄色,又在脱羧后变为紫色(指示剂为溴甲酚紫),而不含赖氨酸的氨基酸脱羧酶培养基变黄后不会再变紫色。故观察结果时,如为阳性,则试验管为紫色,对照管为黄色;如为阴性,则对照管和试验管均为黄色。在使用时,须同时接种一支氨基酸脱羧酶对照管,且接种后两管都要滴加无菌的液体石蜡覆盖液面。细菌鉴定时常用的两种氨基酸脱羧酶试验为赖氨酸脱羧酶试验和鸟氨酸脱羧酶试验。

埃希氏大肠杆菌(阳性)　　弗氏志贺氏菌(阴性)

图3　赖氨酸脱羧酶试验

(四)尿素酶(Urease)试验

有些细菌能产生尿素酶,将尿素分解并产生 2 个分子的氨,使培养基变成碱性,指示剂酚红由黄色变成粉红色。尿素酶不是诱导酶,无论底物尿素是否存在,细菌均能合成此酶。其活性最适 pH 为 7.0。结果判定:培养基呈红色为阳性,不变色为阴性。

(五)靛基质试验

某些细菌(如大肠杆菌)能分解蛋白胨中的色氨酸,生成的吲哚(靛基质),吲哚与试剂中的二甲氨基苯甲醛结合,生成玫瑰色的靛基质(红色化合物)。结果判定:两层液体交界处出现红色为阳性,无色为阴性。

(六)甲基红(MR)试验

某些细菌如大肠杆菌等分解葡萄糖产生丙酮酸,丙酮酸进一步被分解,产生甲酸、乙酸和琥珀酸等,使培养基 pH 下降至 4.5 以下,这时若加入甲基红指示剂(pH 4.4 红色～6.2 黄色),呈红色。如细菌分解葡萄糖产酸量少,或产生的酸进一步转化为其他物质(如醇、醛、酮、气体和水),培养基 pH 在 5.4 以上,加入甲基红指示剂呈橘黄色。本试验常与 V-P 试验一起使用,因为前者呈阳性的细菌,后者通常呈阴性。

（七）V-P 试验

原理：某些细菌如产气肠杆菌，分解葡萄糖产生丙酮酸，丙酮酸缩合，脱羧形成乙酰甲基甲醇。在碱性条件下，乙酰甲基甲醇被氧化成二乙酰，二乙酰与蛋白胨中的精氨酸等含胍基化合物结合形成红色化合物，称为 V-P 试验。结果判定：红色者为阳性，黄色或类似铜色为阴性。

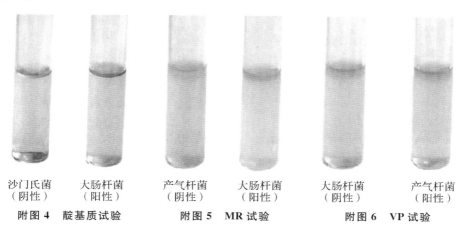

沙门氏菌（阴性）	大肠杆菌（阳性）	产气杆菌（阴性）	大肠杆菌（阳性）	大肠杆菌（阴性）	产气杆菌（阳性）
附图 4　靛基质试验		附图 5　MR 试验		附图 6　VP 试验	

（八）氰化钾试验

原理：氰化钾（KCN）是呼吸链末端抑制剂，氰化钾可以抑制某些细菌的呼吸酶系统，细胞色素、细胞色素氧化酶、过氧化氢酶和过氧化物酶以铁卟啉作为辅基，氰化钾能和铁卟啉结合，使这些酶失去活性，使细菌生长受到抑制。结果中，对照管和含氰化钾的试验管中都有菌生长，为阳性；对照管细菌生长，在含氰化钾的试验管有菌不生长，为阴性。能否在含有氰化钾的培养基中生长，是鉴别肠杆菌科各属的常用特征之一。

（九）硫化氢试验

某些细菌（如副伤寒沙门氏菌）能分解含硫的氨基酸（如甲硫氨酸、胱氨酸、半胱氨酸等），产生硫化氢，硫化氢与培养基中的铅盐或铁盐，形成褐色沉淀硫化铅或硫化铁。培养基中的硫代硫酸钠为还原剂，能保持还原环境，使硫化氢不至被氧化。当所供应的氧足以满足细胞代谢时，则不会产生硫化氢，因此，不能使用通气过多的培养方式。当细菌穿刺接种试管斜面后，只在试管底部（厌氧状态）产生硫化氢。

（十）明胶液化试验

某些细菌具有胶原酶，使明胶分解，失去凝固能力，呈现液体状态。观察结果时，应将明胶培养基轻轻放入 4 ℃ 冰箱 30 min，此时明胶又凝固。若放置冰箱 30 min 仍不凝固，说明明胶被试验细菌液化，为阳性。

（十一）枸橼酸盐利用试验

在柠檬酸盐培养基中，柠檬酸钠为碳的唯一来源，磷酸二氢铵是氮的唯一来源。某些细菌如产气肠杆菌能利用枸橼酸盐为碳源，因此能在枸橼酸盐培养基上生长，并分解柠檬酸盐生成碳酸盐，并同时利用铵盐生成氨，使培养基呈碱性。此时培养基中的溴麝香草酚蓝指示剂由绿色变成深蓝色。不能利用柠檬酸盐为碳源的细菌,在该培养基上不生长,培养基不变色。

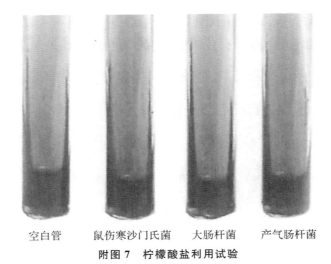

空白管　　　鼠伤寒沙门氏菌　　大肠杆菌　　产气肠杆菌

附图7　柠檬酸盐利用试验

(十二)丙二酸盐利用

丙二酸是三羧酸循环中琥珀酸脱氢酶的抑制剂。能否利用丙二酸是细菌鉴定中的一个鉴别特性。许多微生物代谢有三羧酸循环,而琥珀酸脱氢酶是三羧酸循环的一个环节,丙二酸盐与琥珀酸竞争琥珀酸脱氢酶,由于丙二酸盐不被分解,琥珀酸脱氢酶被占据,不能释放出来催化琥珀酸脱氢酶反应,抑制了三羧酸循环。该生化试验的培养基中添加了溴百里酚蓝,如果细菌在测定培养基上生长并变蓝色,为阳性;反之,如果试验管未变色,而空白对照培养基有菌生长,则为影响,即不利用丙二酸盐。

(十三)β-半乳糖苷酶(ONPG)试验

乳糖发酵过程中需要乳糖通透酶和β-半乳糖苷酶才能快速分解。有些细菌只有半乳糖苷酶,因而只能迟缓发酵乳糖,所有乳糖快速发酵和迟缓发酵的细菌均可快速分解邻硝基酚-β-D-半乳糖苷(O-nitrophenyl-β-D-galactopyranoside,ONPG)而生成黄色的邻硝基酚(附图8)。该试验用于枸橼酸菌属、亚利桑那菌属与沙门氏菌属的鉴别。

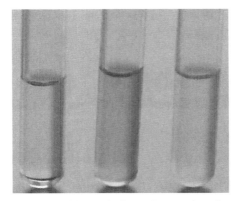

鼠伤寒沙门氏菌　大肠杆菌(阳性)　志贺氏菌

附图8　β-半乳糖苷酶(ONPG)试验

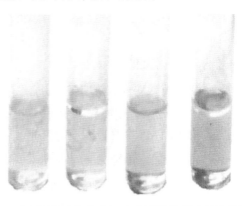

大肠杆菌(发酵型)　铜绿假单胞菌(氧化型)

附图9　葡萄糖代谢类型鉴别试验

（十四）葡萄糖代谢类型鉴别试验

细菌在分解葡萄糖的过程中，必须有分子氧参加，称为氧化型；能进行五羊降解的称为发酵型；不分解葡萄糖的细菌为产碱型。发酵型细菌无论在有氧或无氧环境中都能分解葡萄糖，而氧化型细菌在无氧环境中则不能分解葡萄糖。本试验又称氧化或发酵（O/F 或 Hugh-Leifson，HL）试验，可用于区别细菌的代谢类型。两管培养基菌不产酸（颜色不变）为阴性；两管都产酸（变黄）为发酵型；加液体石蜡管不产酸，无液体石蜡管产酸为氧化型。

（十五）动力试验

半固体培养基可用于细菌动力试验，有鞭毛的细菌除了沿穿刺线生长外，在穿刺线两侧也可见羽毛状或云雾状浑浊生长。无鞭毛的细菌只能沿穿刺线呈明显的线状生长，穿刺线两边的培养基仍然澄清透明，为动力试验阴性。

（十六）淀粉水解试验

细菌对大分子的淀粉不能直接利用，须靠产生的胞外酶（淀粉酶）将淀粉水解为小分子糊精或进一步水解为葡萄糖（或麦芽糖），再被细菌吸收利用。淀粉水解后，遇碘不再变蓝。在营养琼脂或其他易于细菌生长的培养基中添加 0.2% 的可溶性淀粉，培养基灭菌后倒成平板，然后取菌种点种于平板上，形成菌落后在平板上滴加卢格尔氏碘液，以铺满菌落周围为度。若平板呈蓝色，而菌落周围如有无色透明圈出现，说明淀粉被水解，透明圈的大小，说明分解淀粉能力的搞定。

（十七）马尿酸水解试验

某些细菌可具有马尿酸水解酶，可使马尿酸水解为苯甲酸和苷氨酸，苯甲酸与三氯化铁试剂结合，形成苯甲酸铁沉淀。出现恒定之沉淀物为阳性。主要用于 B 群链球菌的鉴定。

（十八）氧化酶试验

氧化酶亦即细胞色素氧化酶，为细胞色素呼吸酶系统的终末呼吸酶，氧化酶先使细胞色素 C 氧化，然后此氧化型细胞色素 C 再使对氨基二甲基苯胺（Para-amino dimethylaniline hudrochloride）氧化，产生颜色反应。方法一：如细菌在固体培养基上长出菌落，可将试剂直接滴在细菌的菌落上，菌落呈玫瑰红色然后变为深紫色者为氧化酶阳性。方法二：取白色洁净滤纸一角，蘸取试验菌菌落少许，加试剂一滴 1% 盐酸四甲基苯二胺水溶液或 1% 盐酸二甲基对苯二胺水溶液，阳性者立即呈粉红色，而后颜色逐渐加深。

（十九）过氧化氢酶试验

过氧化氢酶又称接触酶，有些细菌可产生该酶，能催化过氧化氢分解成水和氧气。若有气泡（氧气）出现，则为过氧化氢酶阳性，无气泡出现为阴性（附图 10）。

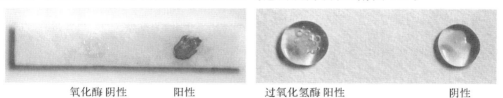

氧化酶 阴性　　　阳性　　　过氧化氢酶 阳性　　　　　阴性

附图 10　氧化酶和过氧化氢酶试验

二、商品化细菌生化鉴定系统

近年来,国内外出现了许多商品化细菌微量快速生化鉴定系统,其基本原理是不同种类的细菌具有各自特定的酶系统组合和代谢途径与方式,即具有各自特定的生理生化反应体系,可依据代谢产物与特定试剂反应所表现的实验结果,组成一组数据,再结合数码分类鉴定系统进行菌种的鉴定。目前,常用的如法国梅里埃公司生产的 API 板条,国内北京陆桥、青岛海博等生产较多的微量生化鉴定系统。这些鉴定系统不仅能快速、敏感、准确、重复性好地鉴定微生物,而且使用简易,节省人力、物力、时间和空间,但是不同产品也存在较大差异,有的价格贵,有的有个别反应不准的缺点。

API 20E 是肠道杆菌和其他革兰氏阴性杆菌的标准鉴定系统,由 20 个含干燥底物的小管所组成。这些测定管用细菌悬浮液接种。培养一定时间,通过代谢作用产生颜色的变化,或是通过加入试剂后变色而观察其结果。

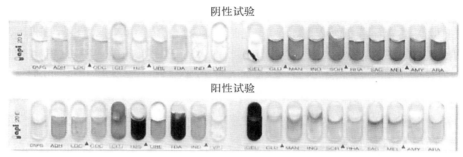

附图 11　梅里埃细菌生化鉴定系统 API 20E

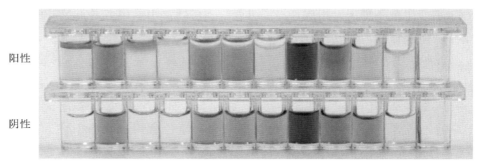

附图 12　海博生物大肠埃希氏菌杆菌 O157:H7 NM 微量生化鉴定系统

附录2　常用染色液的配制

一、革兰氏染色

(一)革兰氏染色液

1.结晶紫染色液

(1)成分:结晶紫 1.0 g,95％乙醇 20.0 mL,1‰草酸铵水溶液 80.0 mL。

(2)制法:将结晶紫完全溶解于乙醇中,然后与草酸铵溶液混合。

2.革兰氏碘液

(1)成分:碘 1.0 g,碘化钾 2.0 g,蒸馏水 300.0 mL。

(2)制法:将碘与碘化钾先进行混合,加入蒸馏水少许充分振摇,待完全溶解后,再加蒸馏水至 300 mL。

3.沙黄复染液

(1)成分:沙黄 0.25 g,95％乙醇 10.0 mL,蒸馏水 90.0 mL。

(2)制法:将沙黄溶解于乙醇中,然后用蒸馏水稀释。

(二)染色步骤

1.取干净载玻片一块,在载玻片的左右各加一滴蒸馏水,按无菌操作法取菌涂片;让涂片自然晾干或者在酒精灯火焰上方文火烤干。

2.将涂片在酒精灯火焰上固定,滴加结晶紫染色液,染 1 min,水洗。

3.滴加革兰氏碘液,作用 1 min,水洗。

4.滴加95％乙醇脱色,约 15～30 s,直至染色液被洗掉,不要过分脱色,水洗。

5.滴加复染液,复染 1 min。水洗、待干、镜检。

可用于区分革兰氏阴性菌(G−)和革兰氏阳性菌(G＋),其中 G−染成红色,G＋染成紫色。

二、美蓝染色

(一)美蓝染色液

1.成分:美兰 0.3 g,95％乙醇 30 mL,0.01％氢氧化钾溶液 100 mL。

2.制法:将美蓝溶解于乙醇中,然后与氢氧化钾混合。

(二)染色步骤

将涂片在火焰上固定,待冷。滴加染色液,染 1～3 min,水洗,待干,镜检。用于细菌单染色,可长期保存。

三、乳酸式碳酸棉蓝染色

(一)染色液

1.成分:石碳酸 10 g,乳酸 10 mL,甘油 20 mL,棉蓝 0.02 g,蒸馏水 10 mL。

2.制法:将棉蓝溶于蒸馏水中,再加入其他成分,微加热使其溶解,冷却后使用。

(二)染色步骤

滴少量染液于真菌涂片上,加上盖玻片即可观察。霉菌菌丝和孢子均可染成蓝色。

四、芽孢染色液

(一)染色液

孔雀绿染液(孔雀绿 5 g,蒸馏水 100 mL),番红水溶液(番红 0.5 g,蒸馏水 100 mL)。

(二)染色步骤

1.将培养 24 h 左右的枯草芽孢杆菌或其他芽孢杆菌做涂片,后干燥、固定。

2.滴加 3～5 滴孔雀绿染液于已固定的涂片上。

3.用木夹夹住载玻片在火焰上加热,使染液冒蒸汽但勿沸腾,切忌使染液蒸干,必要时可添加少许染液。加热时间从染液冒蒸汽时开始计算约 4～5 分钟。该步也可不加热,改用饱和的孔雀绿水溶液(约 7.6%)染 10 min。

4.倾去染液,待玻片冷却后水洗至孔雀绿不再褪色为止。

5.用番红水溶液复染 1 min,水洗至水为无色。

6.待干燥后,置油镜观察,芽孢呈绿色,菌体呈红色。

附录 3　常用指示剂的配制

附表 3　培养基常用指示剂及变色范围

指示剂		变色范围(pH)	颜色变化	
麝香草酚蓝(酸域)	Thymol blue	1.2～1.8	红	黄
甲基黄	Methyl yellow	2.9～4.0	红	黄
甲基橙	Methyl orange	3.1～4.4	红	黄
溴酚蓝	Bromphenol blue	3.0～4.6	黄	紫
溴甲酚蓝	Bromcresol green	4.0～5.6	黄	蓝
甲基红	Methyl red	4.4～6.2	红	黄
石蕊	Litmus	4.5～8.3	红	蓝
氯酚红	Chlorophenol red	4.8～6.4	黄	红
溴甲酚紫	Bromcresol purple	5.2～6.8	黄	紫
溴酚红	Bromphenol red	5.2～7.0	黄	红
溴麝香草酚蓝	Bromthymol blue	6.0～7.6	黄	蓝
中性红	Neutral red	6.8～8.0	红	黄橙
蔷薇酸	Rosalic acid	6.8～8.2	黄	红
酚红	Phenol red	6.8～8.4	黄	红
甲酚红	Cresol red	7.2～8.8	黄	红
麝香草酚蓝(碱域)	Thymol blue	8.0～9.6	黄	蓝
酚酞	Phenolphthalein	8.0～10.0	无	红

常见指示剂的配置方法

(1)中性红指示剂:取 0.04 g 中性红溶于 100 mL 蒸馏水,过滤。

(2)溴甲酚紫指示剂:取溴甲酚紫 0.04 g 溶于 0.01 mol/L NaOH 7.4 mL,加 92.6 mL 蒸馏水,常用浓度为 0.04%。

(3)溴麝香草酚蓝指示剂:取溴麝香草酚蓝 0.04 g 溶于 0.01 mol/L NaOH 6.4 mL,加蒸馏水 93.6 mL,常用浓度为 0.04%。

(4)甲基红指示剂:取甲基红 0.04 g 溶于 60 mL 95%乙醇中,然后加入 40 mL 蒸馏水。

(5)酚红指示剂:取 0.04 g 苯酚红溶于 2.3 mL 0.05 mol/LNaOH 溶液,再加入 100 mL 蒸馏水。

附录 4 部分微生物菌种保藏机构名称和缩写

缩写	中文名称	缩写	中文名称
ATCC	美国典型微生物菌种保藏中心	CMCC	中国医学细菌保藏管理中心
CCGMC	中国普通微生物菌种保藏管理中心	ACCC	中国农业微生物菌种保藏管理中心
CICC	中国工业微生物菌种保藏管理中心	AS	中国科学院微生物研究所
CFCC	中国林业微生物菌种保藏管理中心	ISF	中国农业科学院土壤肥料研究所
AS-IV	中国科学院武汉病毒研究所	CACC	中国抗生素菌种保藏管理中心
CAF	中国林业科学院菌种保藏管理中心	QDIO	中国科学院海洋研究所
SH	上海市农业科学院食用菌研究所	NICPB	中国药品生物制品检定所
IA	中国医学院抗菌素研究所	CVCC	中国兽医微生物菌种保藏管理中心
IFFI	中国食品发酵工业研究所	YM	云南省微生物研究所
ID	中国医学院皮肤病研究所	SIA	四川抗菌素工业研究所
IV	中国医学院病毒研究所	CBS	荷兰微生物菌种保藏中心
NCTC	英国国立标准菌种保藏所	CIVBP	中国兽医药品监察所

附录 5　食品微生物常见检测项目关系图

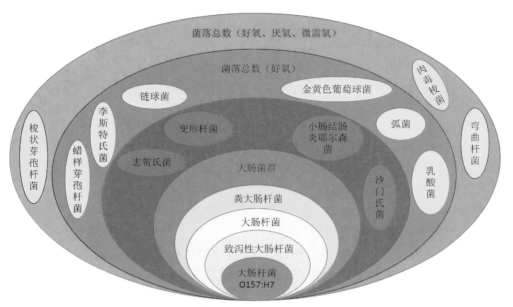

附图 13　食品微生物常见检测项目关系图

参考文献

［1］中华人民共和国卫生部. GB 4789.11—2016 食品安全国家标准　食品微生物学检验［S］. 北京：中国标准出版社.

［2］中华人民共和国卫生部. GB 4789.11—2014 食品安全国家标准　食品微生物学检验［S］. 北京：中国标准出版社.

［3］中华人民共和国卫生部. GB 4789.11—2013 食品安全国家标准　食品微生物学检验［S］. 北京：中国标准出版社.

［4］中华人民共和国卫生部. GB 4789.11—2012 食品安全国家标准　食品微生物学检验［S］. 北京：中国标准出版社.

［5］国家食品药品监督管理总局科技和标准司. 微生物检验方法食品安全国家标准实操指南［M］. 北京：中国医药科技出版社，2017.

［6］贺稚非，刘素纯，刘书亮. 食品微生物检验原理与方法［M］. 3 版. 北京：科学出版社，2018.

［7］刘云国. 食品卫生微生物标准鉴定图谱［M］. 北京：科学出版社，2009.

后　记

　　本教材是编者在多年教学实践的基础上，参考现行的《食品安全国家标准　食品微生物学检验》(GB 4789)编写的。在查阅国内外有关书籍和期刊文献，结合工作经验和思考，我们在编写中做了以下几个方面的努力：首先，归类食品微生物检验项目，根据检验方法和意义、细菌形态特点，分为食品微生物指示菌、食品革兰氏阴性肠道致病菌、食品革兰氏阳性致病菌、食品产毒霉菌和病毒、食品工业微生物的五类检验；其次，由于食品微生物学检验对基础理论的忽视，本书介绍了食品微生物检验项目的背景、危害、检验原理，形成食品微生物学检验的专业理论知识基础；书中还涉及微生物检验中的典型菌落图片、现象图及新技术原理图，形象直观，有利于帮助初学者进行检验微生物的鉴定。另外，书附录中详细地整理了微生物的生化试验原理，给工作人员提供检验结果的分析。

　　自 2019 年 7 月开始准备、整理、撰写，朱军莉（浙江工商大学）、赵广英（浙江工商大学）、许光治（浙江农林大学）、石双妮（浙江工商大学）、黄建锋（国家预包装食品质量监督检验中心—浙江）五位老师付出辛勤工作，经数次修改完善，最终定稿。本书的整体构架和基本材料由赵广英指导，第一、二、三、五、六章和附录由朱军莉执笔，第四章由许光治执笔，第六章检验二十二至二十五由石双妮执笔，第六章检验二十一、二十六、二十七由黄建锋执笔。

　　本书在编写过程中得到了各个编委所在单位和领导的支持，特别感谢浙江工商大学食品与生物工程学院食品工程与质量安全实验教学示范中心、浙江省食品质量与安全本科院校优势专业建设项目的资助。青岛海博生物有限公司为本书提供了大量图片；百度图库、食品伙伴网、梅里埃公司等也提供了部分图片；浙江工商大学食品与质量安全专业研究生王雅莹、洪小利和毕伟伟等对本书的校阅做了大量具体的工作，在此一并表示感谢。还要感谢浙江工商大学出版社和责任编辑吴岳婷的支持。

　　由于作者水平有限，撰写时间比较仓促，书中错误和遗漏在所难免，恳请广大同行专家和读者批评指正，以便本书不断完善和提高！

编　者

2020 年 3 月于杭州